南方湿润地区土石坝运维安全评价方法及应用

莫崇勋 岑威钧 陈建国 等 著

科学出版社

北 京

内 容 简 介

本书系统阐述了南方湿润地区土石坝运维安全基础理论、关键技术及典型应用的最新研究成果，提出了南方湿润地区土石坝运维安全的评价方法，分析了南方湿润地区土石坝及其运维的特性，讨论了南方湿润地区土石坝防洪危险性、易损性和风险，进行了应力-应变静力、动力分析，以及探讨了塑性混凝土配合比设计、塑性混凝土防渗墙质量检测技术等关键问题。

本书总结了作者多年在南方湿润地区土石坝运维安全评价方法及应用的创新研究成果，对从事土石坝运维研究的广大科技工作者和工程技术人员具有较高的参考价值，也可作为高等院校水利工程、水文水资源、水工、岩土、安全管理等专业高年级本科生、研究生参考书。

图书在版编目（CIP）数据

南方湿润地区土石坝运维安全评价方法及应用 / 莫崇勋等著. -- 北京 ：科学出版社，2024. 5. -- ISBN 978-7-03-078722-4

Ⅰ. TV641

中国国家版本馆 CIP 数据核字第 2024RH8677 号

责任编辑：韦 沁 / 责任校对：何艳萍
责任印制：肖 兴 / 封面设计：北京图阅盛世

科学出版社 出版
北京东黄城根北街 16 号
邮政编码：100717
http://www.sciencep.com
北京厚诚则铭印刷科技有限公司印刷
科学出版社发行 各地新华书店经销
*
2024 年 5 月第 一 版 开本：787×1092 1/16
2024 年 5 月第一次印刷 印张：12 1/5
字数：296 000

定价：138.00 元

（如有印装质量问题，我社负责调换）

作 者 名 单

莫崇勋　岑威钧　陈建国

唐　岗　韦海勇　陈桂斌

前　言

中国幅员辽阔，南北纬度纵跨约 49°，水文气候特性差异明显。其中，南方湿润地区约占中国国土面积的 32.2%，该区域较北方干旱地区具有汛期径流变化显著、极端暴雨频发以及常年湿热多雨等特点。土石坝在中国南方湿润地区分布广泛、数量众多，它们在水资源调配、防灾减灾等方面发挥重要作用，对促进南方湿润地区社会经济快速发展具有重要意义。但是，受主观和客观因素影响，已建的水库土石坝工程存在防洪安全与结构安全隐患，造成对下游人民生命财产的威胁和导致水库工程兴利效益的降低。良好的运维能够保证土石坝的运行稳定与安全，有效防止可能发生的灾害事故，而这需要建立完善的土石坝运维安全评价技术理论体系。因此，在南方湿润地区土石坝工程运维中，如何对其进行安全评价，这是水利工作面临的一个重要课题，而解决该课题的理论和技术对加强该地区的水库土石坝工程运维管理水平具有重大现实意义。

南方湿润地区土石坝运维安全评价理论是一门新兴学科，在国内外专家、学者的共同努力下，利用多种手段和方法进行了广泛的探索，取得了众多喜人成果。但是受限于南方湿润地区特有的水文气象特性以及土石坝本身具有系统复杂性等众多因素，南方湿润地区土石坝运维安全评价在理论方法及工程实践上都不可避免存在不足之处。因此，本书综合笔者近 10 年来围绕南方湿润地区土石坝运维安全问题的研究成果，系统介绍南方湿润地区土石坝运维安全评价中的防洪风险评估，三维应力-应变静力、动力分析，塑性混凝土防渗墙混凝土配合比设计及质量检测等关键核心技术问题及其工程应用，期冀促进该学科的发展与进步，为该地区的土石坝运维安全评价工作提供技术支撑。

本书共分为 9 章，其中第 1 章至第 5 章由莫崇勋和唐岗撰写，第 6 章至第 8 章由岑威钧和韦海勇撰写，第 9 章由陈建国和陈桂斌撰写；全书由莫崇勋统稿。本书在撰写过程中得到博士研究生黄珂珂、赖树锋、李娜，以及硕士研究生钟于艺、姜长浩、农颂、许家萌、林子焓、王海洋、冯涛的大力协助，对他们的辛勤付出表示感谢！

本书得到国家自然科学基金（52269002、50969001、51569003、51969004、51369005、51009055、52169024、42172287）、广西重点研发计划（AB24010047、AB18126046、AB17292083）、广西自然科学基金（2012GXNSFAA053199、2015GXNSFAA139248、2016GXNSFBA380056、2017GXNSFAA198361）以及广西水利科技（SK2021-3-23、SK2022-021）等项目的支持，在此一并表示衷心的感谢！

本书参考了国内外相关文献，在此谨向文献作者致以谢意！

因作者水平有限，不妥之处在所难免，敬请读者予以批评指正。

作　者
2024 年 1 月于南宁

目　录

第1章 概 述

1.1 研 究 背 景

水是生命之源，维护着生态平衡和生物多样性，支撑着农业、工业和能源生产的运转。水资源不仅是人类满足基本需求的关键资源，还承载着文化和社会价值。可见，水资源是极其宝贵的资源。

尽管人们意识到水是如此珍贵的自然资源，但受世界人口增长、人类对自然资源过度开发、基础设施投入不足等因素的影响，水资源的供应量远不能满足人类生产和生活的需求量。人类生存所必需的基本生活用水面临水量短缺、水质不达标和获取困难等问题。联合国《世界水发展报告》指出（Ferreira and Walton，2005）：全球淡水资源仅占全球总数量的 2.50%，淡水资源大部分储存在极地冰帽和冰川中，真正可供人类直接利用的淡水资源仅占全球总数量的 0.80%。我国作为世界第三大国家，人均淡水资源仅占世界人均淡水资源的 1/4，属于水资源短缺的国家。2022 年《中国水资源公报》显示：2022 年，我国全国平均年降水量为 631.5mm，比多年平均值偏少 2.0%，全国水资源总量为 27088.1 亿 m^3，比多年平均值偏少 1.9%，存在全国降水量和水资源量比多年平均值偏少，且水资源时空分布不均的问题。由此可见，目前我国水资源仍然面临着十分严峻的问题。

基于国家水资源问题综合考虑，建设水库大坝能够达到高效管理、调节水资源，储存降水以应对干旱和其他极端天气条件的效果，可利于维持农业灌溉和城市用水的稳定性。同时，大坝还起到了重要的洪水控制作用，降低河流泛滥造成的损害，并能利用水流的动能为社会提供了清洁、可再生的水电能源，满足日益增长的能源需求。

《2022 年全国水利发展统计公报》显示：目前全国已建成各类水库大坝 95296 座，水库总库容为 9887 亿 m^3，其中土石坝占比超过 90%。土石坝作为我国水利工程建设项目的主要组成部分之一，具有可就近取材、结构简单、适应性强和选址方便等优点（余峰等，2022），是世界大坝工程建设中应用最广、发展最快的一种坝型，其在防洪和兴利方面发挥了极为重要的作用，为经济社会发展做出了巨大贡献。

南方湿润地区具有汛期径流变化显著、极端暴雨频发以及常年湿热多雨等特点。以珠江为代表的南方湿润地区河流日流量变化率常常在 10%以上，个别日流量变化率甚至超过 90%；而在其他地区的黄河日流量变化率通常在 10%以下，变化最大时也不超过 40%。因此，南方湿润地区日径流量变化较其他地区更为剧烈。南方湿润地区多年平均相对湿度为 60%～80%，多年平均气温为 18～24℃，而非南方湿润地区多年平均相对湿度为 20%～60%，多年平均气温为-4～18℃。中国气象局的数据显示，华南地区为近年来我国暴雨发生次数最多的区域，华东地区次之，其中，广西壮族自治区东兴国家级气象观测站在近 12 年间，共记录到 161 次暴雨天气过程，暴雨发生次数为全国国家级气象观测站之最。数据显示，

2012～2022年，我国日降水量最大值80%以上都出现在南方湿润地区，反映出南方湿润地区暴雨频发的特性。这些区域特性使南方湿润地区的土石坝材料演变过程和水文过程比非南方湿润地区更加复杂，导致南方湿润地区土石坝防洪和结构安全问题更加突出。

受南方湿润地区特定的地理与气候条件影响，土石坝在实际运行过程中，一方面存在漫坝或溃坝事故隐患，现有防洪安全评价方法存在考虑因素单一、风险标准取值不统一、评价方式不合理等突出问题，影响了土石坝防洪安全评价技术的应用和推广；另一方面存在严重破损问题，现有安全评价和设计体系在土石坝应力-应变分析以及防渗材料设计中未能充分考虑南方湿润地区降雨情况、气候干湿变化和土石坝材料性能变异等问题，影响了病险问题的处理效果，严重时会导致大坝失事。据统计，在已发生的大坝失事中，坝体渗漏事故占 31.7%，洪水漫顶失事占 50.6%，造成了巨大的人员伤亡和社会经济损失（吴中如等，2008）。

同时，为应对日趋严重的干旱缺水、水环境污染、水生态恶化、水土流失等问题，水利部以“人与自然和谐”的理念为出发点，在2002年提出了由“控制洪水”转向“洪水管理”国家水资源问题（向立云，2013），如何在考虑区域环境特性的基础上，保证大坝运行稳定并不断优化水库防洪运行调度方案，以提升水库蓄水潜力和缓解水资源供需矛盾，是水利科技领域急需解决的前沿课题。因此，开展南方湿润地区土石坝运维安全评价具有深远的意义，能有效减缓位于南方湿润地区的土石坝在运维过程中存在的安全性问题，提升水库工程综合效益、促进水利科技创新、推动区域经济发展。

1.2 研究进展

1.2.1 土石坝防洪安全评估研究

土石坝防洪安全评估包括危险性评估、易损性评估及风险评估。其中，危险性评估和易损性评估为前提和基础，风险评估为目标和结果。

1. 危险性评估

洪水灾害具有自然和社会的双重属性。洪水危险性评估需从形成洪水灾害的自然属性角度分析，即从形成洪水灾害的致灾因子和孕灾环境条件进行洪灾危险性分析（何报寅等，2002）。土石坝防洪危险性评估是土石坝防洪安全研究的重要基本环节，也是相关研究的热点问题。

1）国内方面

目前，我国洪水灾害危险性分析的常用方法有气象动力学方法、水文水力学方法、数理统计方法、模糊数学方法、系统仿真方法、调查法、故障树法等（郭凤清等，2013），这些方法为土石坝防洪危险性评估提供了理论支撑。

早期对于水库大坝防洪危险性评估的方法有泄洪能力限定法、随机微分方法和随机模拟计算法等，这些方法都根据所建立的模型，计算漫坝概率，并与一定的漫坝允许概率进行比较，优化了水库防洪规划方案，具有一定的技术应用价值。

泄洪能力限定法：徐祖信和郭子中（1989）提出泄洪设施的泄洪能力是影响水库防洪危险性的决定性因素，提出了开敞式溢洪道水力设计的风险计算模式，系统分析影响泄洪风险的随机变量，给出分布与参数，将风险分析引入溢洪道水力设计标准当中。杨百银等（1999）继续将泄洪能力限定方法进行拓展完善，根据水库的防洪任务，将水库分为有调洪库容和无调洪库容两种情况对漫坝概率进行分析，为梯级水库泄洪设施的危险性评估奠定了基础。

随机微分方法：姜树海（1994）首次对调洪过程建立随机微分方程，正确反映出各种不确定性因素对库水位过程的影响，定出调洪过程各个时刻的库水位的概率分布，从而得到漫坝概率。陈肇和和李其军（2000）对溃坝风险进行了系统性的研究，提出的风险取值标准可作为防洪减灾的一种辅助策略在坝体坚固、管理人员素质较高的大型水库推广应用。

随机模拟计算法：梅亚东和谈广鸣（2002）提出用随机模拟方法计算大坝防洪安全综合风险率，通过水库调洪演算，得到水库最高调洪水位随机分布和洪水漫顶风险率。

然而，早期防洪危险性评估存在一个共同的缺点，没有将大坝漫坝危险性与联合国人道主义事务部（United Nations Department of Humanitarian Affairs，UNDHA）对自然灾害和事故的危险性评估联系起来，并将危险程度作为统一衡量标准，取值为［0，1］。

随后，研究人员针对这一统一问题进行了相关研究。莫崇勋等（2010）基于联合国对自然灾害风险的定量表述，提出了水库大坝漫坝危险度的定义和求解模型，对漫坝风险等级［0，1］进行 5 级制等级分类，并赋予相应的漫坝危险属性，为漫顶安全评估提供依据。

近些年来，危险性定量等级划分被广泛运用在南方湿润地区土石坝防洪危险评估中。潘海平（2014）基于联合国人道主义事务部提出的自然灾害风险表达式，采用随机模拟分析法对浙江省某土石坝漫坝概率进行了建模分析，通过引入事故树将漫坝概率扩展向最终失事，确定漫坝危险度风险水平，并结合易损性，进而确定风险度。姜庆玲（2015）在对广西澄碧河水库调度防洪风险定量评估中，通过建立土石坝水库漫坝危险度模型，指出了土石坝水库正常运行所要求满足的危险度取值原则。罗德河等（2023）利用 HEC-RAS 模拟广东省新兴县工程水库均质土石坝的二维溃坝及洪水演进，构建淹没区的危险度指标，将淹没区划分为高风险、中风险、低风险，并绘制洪水淹没风险图作为分区制定应急转移方案的依据，为应急决策和减灾提供技术支撑。

2）国外方面

相较于国内，国外对于危险性的研究相对较少。国外对洪灾危险性分析研究主要集中在水文频率和风险率计算方法、洪泛区洪水风险分析和区域层次洪水危险性区划等方面（毛德华等，2009a，2009b）。

选择线型和参数估计是水文频率计算中的重要环节。目前运用较多的线型分布为正态分布、耿贝尔（Gumbel）极值分布、威尔布（Weibull）分布、皮尔逊Ⅲ（P-Ⅲ）型分布和皮尔逊Ⅱ（P-Ⅱ）型分布等。通过研究，美国水资源协会（Americal Water Resources Association，AWRA）推荐使用对数皮尔逊Ⅲ型分布。

通过对风险率概念的引入使得研究人员能够从新的角度把握设计洪水标准。Todorovic 和 Zelenhasic（1970）基于极值理论，运用 POT（peak over threshold）模型率先描述了洪水季节性变化情况，并改进该方法，使之可以推广到非同分布的随机变量。Ashkar 和 Bobée

（1986）通过使用 Phien 和 Hsu 提出的矩量法分析水文数据的 P-Ⅲ曲线分布，发现该方法对于小样本资料可能会产生误导性结果，具有一定的局限性，并对此方法进行了改进。Futter 等（1991）基于短期洪水风险预报，从假定模型构建、所需数据及模型精确性等方面对 Cox 回归模型和条件分布模型进行了对比研究。Fernández 和 Sales（1999）根据重现期和失事风险的定义，提出的方法可适用于研究相互关联的年径流系列、水库水位系列等。Sen（1999）通过使用一阶马尔可夫（Markov）过程对线性相关的水文系列风险进行计算。Archer 和 Fowler（2008）研究了季节性洪水变化的计算方法并进行了评估。

2. 易损性评估

洪水灾害的易损性与不合理的区域产业结构、城镇布局以及生态破坏程度密切相关。因此，合理评价一个区域的防洪易损性，并通过优化布局和合理调整产业结构来减轻洪水对于土石坝的威胁是一个非常重要的课题。其科学意义在于，以综合评价理论建立土石坝防洪易损性评价模型为研究目标，根据国家对安全事故的等级划分规定，确定防洪易损度的等级划分标准，为灾害易损性评价提供依据。

目前，隶属灾害易损性评估的水库防洪易损性评估研究在国内外基本尚处在萌芽阶段。

1）国内方面

国内学者对于易损性的定义给出了不同解释。刘希林等（2001）把易损性概念引入我国，将联合国对于易损性的定义与 Panizza 教授的解释结合，将易损性定义为“在给定地区和给定时段内，由于潜在自然灾害而可能导致的潜在总损失”，并对泥石流易损度计算和评价指标进行探讨运用于实际当中。文彦君（2012）认为易损性是指受到伤害或破坏的程度，体现的是人类社会对自然灾害的承受能力。

郭跃（2005）将易损性的定义概括为 3 类：一是易损性指易于遭受自然灾害的破坏和损害；二是易损性就是个人或群体预见、处理、抵御灾害和从灾害中恢复的能力的特征；三是易损性指灾害风险及其处理灾害事件的社会和经济能力的综合量度。

蔡向阳和铁永波（2016）对各种易损性评估方法进行优缺点对比分析，并对灾害易损性评估现状进行了总结，具体分析情况见表 1.1。

表 1.1　常用的灾害易损性评价方法对比分析（据蔡向阳和铁永波，2016）

方法	原理	比较
核算灾体价值法	通过对受灾体类型划分、受灾体分布的基本属性提取，计算受灾体灾前价值，据此进行易损性评价	将承灾体货币化进行评价基础，默认承灾体在灾害中完全破坏；在核算价值时忽略了人口易损性，和实际情况会有不小的出入；但可用于区域性的易损性评价，简洁、直观
模糊综合评价法	基于模糊变换原理和最大隶属度原则，通过对事物的多方面综合分析，从而得出科学的评价	能够有效减少人为因素或不确定因素的影响，但评价精度较依赖于评价指标的获得程度以及对界线值的设定是否合理
多因子复合函数法	影响因素众多，利用分类的方法寻找承灾体中最具代表性且对易损性影响最大的因子	能根据不同的孕灾环境和承灾体，进行指标的优化处理，但在对人口指标和财产指标的细化上是主观的
物元综合评判法	根据物元要素的特点（如发散性、可扩性、共轭性等）建立模型，进行拓展，从而解决事物的矛盾问题	该方法只能得出评判等级且具有主观性，因此评价精度不足，其应用存在一定的局限性

续表

方法	原理	比较
BP 神经网络法	训练已有的样本数据对未来进行分析与预测	该方法对样本质量要求颇高，在实际应用中具有较大难度，因此实际操作性不太强
空间多准则评价方法	把系统分为目标层和指标层，通过隶属关系建立目标和指标之间的联系，基于客观现实和理论模型给出权重，对隶属性求和，得出目标层结果，从而分析、决策问题	该方法恰当地综合了定性和定量方法，把复杂的问题化为多层次单目标的决策问题，然后通过简单的运算得出评价结果，原理通俗易懂条理清晰
基于历史记录评价方法	以丰富的地质灾害历史记录为依据，综合分析灾害统计资料，确定易损性影响因子	目前我国无负责灾害数据管理的部门，资料多分散且不具系统性，故该方法实用性不大

自 20 世纪 70 年代起，人们逐渐意识到易损性指标对评估自然灾害的作用，各领域研究学者发现，每种社会群体都包含了不同种类的易损性，其评价指标也不尽相同，易损性不能作为一个概括性术语（张一凡，2009）。然而，目前对于易损性的研究多集中在自然灾害领域，对于水利工程领域水库大坝防洪的易损性评估研究较少，所以建立南方湿润地区土石坝防洪易损性评估指标体系与方法，对于南方湿润地区土石坝运维安全评价有着深远的意义。

金菊良等（2002）提出洪水灾害易损性是对于洪水灾害承载体的洪水承载能力的分析，分析的最终结果是在各洪水强度和所造成的灾害损失之间建立函数关系。洪水灾害易损性不仅反映了灾害承载体易于受到致灾洪水的破坏、伤害或损伤的特性，而且反映了各类承灾体对洪水灾害的承受能力。

关于洪涝灾害易损性的定量研究，国内学者也进行了积极探索和实践。金菊良等（1998）基于遗传算法的神经网络模型建立了洪水灾害承灾体的易损性模型。黄诗峰（1999）对于辽河流域洪灾进行了易损性评价。毛德华和王立辉（2002）运用模糊综合评价法对湖南省城市洪涝易损性进行评估，将全省城市易损性程划分为 5 个等级进行定性和定量分析。莫崇勋等（2010）根据水库工程失事的自然与社会特征，建立了其失事易损度的评价模型，使失事易损度取值范围为［0，1］，为漫坝风险评判提供了方法依据。姜庆玲（2015）由分析土石坝溃坝的生命损失、经济损失、社会损失和环境损失建立起广西澄碧河水库土石坝水库漫坝易损度模型，对澄碧河水库可能的漫坝易损度进行预测。郑俊峰等（2022）采用 $FLAC^{3D}$ 有限差分计算软件模拟分析土石坝拓宽施工过程中及工后坝体变形和受力特性，揭示新旧坝体间相互作用机制，评价拓宽坝体稳定性。

2）国外方面

对于易损性的定性表达，英国布拉德福德大学灾害研究中心最早认识到灾害易损性的重要性，并由此开展针对灾害易损性的研究（Wisner et al.，1977）。之后，国外学者对易损度的概念进行深化和完善。Maskrey（1989）认为是“因为极端事件导致被损害的可能性”，显然该定义是将易损度界定为一种概率，并不能反映承灾体对灾害的承受能力。联合国人道主义事务部在 1991 年和 1992 年给出了的易损性（vulnerability）定义：“潜在损害现象可能造成的损失程度”（United Nations Department of Humanitarian Affairs，1991，1992）。Deyle 等（1998）将易损度定义为“人类居住地对自然灾害有害影响的敏感性”。Panizza（1996）

认为“易损度是在人类介入的情况下，可能直接或间接敏感于物质损失的某一地区所存在的一切人或事物的综合体”，这一定义将易损度从抽象变为了具体。

对于易损性的定量表达可用易损度来表示。从 20 世纪 80 年代开始，易损度在地震和雪崩等自然灾害领域研究卓有成效（Corsanego et al.，1984；Kappos et al.，1998）。但总体来说，正如国际地质科学联合会（International Union of Geological Sciences，IUGS）在 1997 年指出，国际上对易损度的研究进展较为浅显（IUGS，1997）。1995 年 3 月，英国皇家学会区域易损度协会在伦敦召开关于自然灾害易损度评价专题讨论会，参会人员不仅认识到易损度研究对减轻自然灾害所带来损害的重要意义，还认识到了当前易损度评价的困难之处。

3. 风险评估

风险评估是在危险性和易损性评价结果的基础上，对两者进行耦合研究。在土石坝防洪安全运用中具有重要科学意义，通过建立土石坝防洪风险度评价模型，对风险度进行等级划分，并赋予相应的评价指标，为水库防洪风险评估提供依据。

1）国内方面

我国在大坝安全领域的研究对风险的定义主要分为两种。一种是狭义的风险，即事件的不确定因素产生某种程度损失的概率，只考虑事故发生的概率；另一种是广义的风险，即事故发生概率和后果严重程度的度量，同时考虑失事概率和失事后果。目前，国内外大坝风险研究普遍认同广义的风险定义，包括了失事概率和失事后果两方面（姜庆玲，2015）。

大坝风险分析是近十年发展起来的一种评价大坝对下游威胁程度的新技术和方法，是建立在大坝失事概率的分析和大坝失事所造成的下游经济损失估算的基础上的（邵北筠，2002）。近些年来我国逐渐从国外引进坝体风险评估的先进方法，相关的研究也逐年发展起来。

土石坝的风险评估主要包括漫坝风险、坝坡失稳和渗透破坏等几种主要失事模式（黄海鹏，2015），我国科研工作者对以上几种主要的土石坝风险类型进行了相关分析。

漫坝风险方面，谢崇宝等（1997）探讨分析了水库防洪风险计算中存在的各种不确定性量，初步研究水库防洪全面风险率模型的应用问题。陈肇和和李其军（2000）结合水文学和水力学等学科知识全面考虑洪水、风浪、库容和泄水能力的不确定性，建立了土石坝对抗洪水和风浪联合作用下的漫坝风险理论，并提出了求解漫坝风险率的 JC 法，为土石坝防洪安全评估提供可靠的定量依据。麻荣永等（2004）对土石坝漫坝模糊风险方法进行了优化，不用事先确定设计参数和失效准则的模糊隶属函数，避免了烦琐的积分运算，概念清晰明了，更加便于在工程中推广应用。莫崇勋等（2010）根据联合国对自然灾害风险的定量表达式，提出水库土石坝漫坝危险度的定义和求解模型，将漫坝危险度划分为 5 个等级并予以相应的危险属性，为漫坝风险提供了评估依据。王薇（2012）采用 LHS-MC 方法评估洪水和风浪作用下大坝的漫坝风险，以土石坝为例说明该方法用于土石坝漫坝风险评估的有效性。葛巍（2016）综合分析影响土石坝施工期漫坝风险关键因素的不确定性，基于蒙特卡罗（Monte Carlo，MC）方法模拟水文、水力和施工进度，建立了土石坝施工期漫坝风险动态分析模型，揭示相关因素不确定性对于土石坝施工期漫坝风险的影响特性。林鹏智和陈宇（2018）选取能有效处理不确定性问题的贝叶斯网络理论对梯级水库群展开大坝失效风险研究，克服了现有大坝风险分析方法多针对单库大坝且不能有效考虑不确定性因素对风险评估结果的影响这一研究局限，为大坝风险分析提供了新的研究方法。

坝坡失稳方面，牛运光（2004）选取了国内典型土石坝滑坡事件，从勘测设计、施工、运行管理及其他方面进行事故原因分析，并针对各方面提出土石坝防滑坡及抢护处理措施，为土石坝运维安全提供理论依据。王一汉等（2012）运用极限平衡法考虑不同降雨强度及持续时间下对非饱和渗流土石坝下游坝坡稳定性的影响进行分析，得出降雨入渗是导致土石坝坝体失稳的关键因素。李南生等（2013）将非线性统一强度理论应用于土石坝边坡稳定分析中，提出一个土石坝边坡稳定优化分析模型。孙锐娇等（2017）对土壤斜墙防渗体的碾压式土石坝计算溃坝的水力参数和流量变化过程线，利用 HEC-RAS 软件模拟主坝溃决后洪水在下游的演进过程，并结合 ArcGIS 软件进行淹没范围分析，得到的淹没生命和经济损失数，可为水库风险分析和风险管理提供依据。赵雪莹等（2017）结合数学模型及贵阳松柏山、花溪梯级水库实际工程概况，对梯级水库大坝群的溃坝洪水风险开展研究，获得上下游风险区域的水位变化情况，分析了梯级水库群不同水位组合溃坝洪水对下游的影响。

渗透破坏方面，丁树云和蔡正银（2008）研究和总结了国内外土石坝渗流研究现状和成果，提出土石坝渗流研究重点应在研制能够测定宽级配料在有围压条件下垂直向、水平向临界水力坡降与渗透系数的设备上，并应开展相应的理论分析，结合建立渗透分析模型，利用其分析散粒体颗粒间受力相互作用发生变形的过程，并确立相应的数值模拟方法，为土石坝渗透指明研究方向。郑敏生等（2010）基于国外学者的体积含水量曲线、渗透性函数的估算方法，对非饱和区均质土石坝稳态渗流、瞬态渗流进行了分析与比较。刘娟奇等（2014）基于非饱和土体渗流的基本理论，分析了不同速度库水位下降条件下均质土石坝非稳定渗流场的变化规律，获得新集水库坝体内浸润线及坝坡安全系数的变化规律。周乐（2014）利用 SPAW 软件结合土体自身特性获取土石坝非饱和渗流分析中两个重要的渗流参数，并对已成熟的渗流参数数学模型进行了数据拟合和修正，利用 ANSYS 软件对土石坝稳定渗流过程进行了详细的数值模拟分析，为土石坝建设提供了参考依据。胡孟凡等（2023）通过引入收敛速度快、全局寻优能力强的粒子群算法，优化了传统的反向传播（back propagation，BP）神经网络模型，从而建立起 PSO-BP 模型，对土石坝渗流进行了预测，验证了 PSO-BP 模型具有更高的拟合性和收敛性，为土石坝防渗风险评估提供了新的方法依据。

2）国外方面

20 世纪 60 年代，多起严重溃坝事件的发生使美国等发达国家开始重视水库大坝的风险研究，世界对于大坝的风险研究也就此展开。到 80 年代，自美国发表不少关于水库大坝的风险研究成果后，世界大坝风险分析研究发展速度加快，在国外众多国家中，尤其是加拿大、澳大利亚、美国、荷兰等国，逐步运用大坝风险分析的方法加强大坝安全管理，并且这些方法均处于国际领先水平（毛德华等，2009a，2009b）。

Yen（1970）在失事风险计算方法中引入设计标准以及建筑物使用年限两个因素，但该方法仅考虑了水文条件在年际间的不确定性，具有一定的局限。Wilson 等（1972）深化了该种方法，对洪水及水库泄流能力的不确定性进行考量，利用正态分布变量分析水库泄洪的综合风险。Duckstein 等（1980）将蒙特卡罗法和水力学方法结合，对支流和主流水位分布产生的交汇河段防洪堤漫顶进行风险研究。Tung 和 Mays（1981）对水体静态和动态两种情况，分别建立堤防漫顶风险模型，综合考虑了水文与水力条件的不确定性。美国陆军工程兵团（United States Army Corps of Engineers，USACE）在1982年最早对风险的概念进行阐释，提出用相对风险指数来衡量大坝风险（李君纯等，1999）。Leach等研究了各单项目标风险的灵敏性，提出将漫坝风险率进行分割计算后再组合的方法（姜庆玲，2015）。Afshar和Marino（1990）提出通过引入风险分析的方法来设计溢洪道，目的是达到最优泄流能力。联合国人道主义事务部对自然灾害风险评价的定量表达式为“风险度=危险度×易损度”（United Nations Department of Humanitarian Affairs，1991，1992）。加拿大不列颠哥伦比亚省水力发电公司（BC Hydro）在1994第一次将概率计算用于大坝风险评价，为世界大坝风险评级提供方法，各国开始效仿该种方法对大坝风险进行评价（黄建和，1994）。澳大利亚大坝安全委员会①（Australian National Committee on Large Dams，ANCOLD）1994年对大坝风险评估细则进行制订，并在2003年在原有评估细则的基础上进行修订，制定了新的大坝风险评估细则（Australian National Committee on Large Dams，2003）。Lempérière等（2001）总结了大坝防洪风险的各种计算方法。美国垦务局（United Stated Bureau of Reclamation，USBR）公布了大坝风险分析方法技术指南（US Department of the Interior，Bureau of Reclamation，2003），给出较为完善的大坝风险分析评价方法。2010年，国际大坝委员会②（International Commission on Large Dams，ICOLD）公布了大坝风险安全管理公报，与之前的公告进行分析对比，并系统描述了大坝风险管理的目标、计划、实施、监控以及评价校核的方法及相关步骤，进一步优化了大坝风险评估标准。

1.2.2 土石坝三维非线性有限元分析研究

土体的应力-应变状态与土石坝的沉降稳定性密切相关，对土石坝应力-应变综合分析不仅可以检测土石坝坝体的趋势和整体变形值，而且可以确定最大压力值和可产生应力的区域，以确保土石坝的稳定性，所以对土石坝进行三维应力-应变分析对于土石坝运维安全具有十分重大的意义。

1. 国内方面

顾淦臣和黄金明（1991）运用三维非线性有限元详细分析了混凝土面板堆石坝的应力变形特性，运用邓肯*E-B*模型、内勒*K-G*模型、修正邓肯*E-ν*模型进行应力变形分析，通过对比不同模型，得到邓肯*E-B*模型和内勒*K-G*模型计算成果与实测资料规律一致，而修正邓肯*E-ν*模型计算得到蓄水后面板的挠度偏小、拉应力偏大，并不适用于混凝土面板堆石坝有限元分析的结论，为后续土石坝三维非线性有限元研究奠定方法基础。随后，邓肯-张模型在土石坝三维非线性有限元分析中得到广泛应用，并且随着科技的发展，研究人员将不同的软件以及计算方法与模型结合，使得邓肯-张模型得到优化。迟守旭（2004）分析了邓肯-张（Duncan-Chang）模型能够模拟土石坝绝大部分特征，肯定了其实际岩土工程中的实用性和广泛认同性，并且将该模型与非线性有限元计算ANSYS程序结合，利用ANSYS二次开发功能，在ANSYS中实现了邓肯-张模型的模拟。党发宁和谭江（2007）采用邓肯

① Australian National Committee on Large Dams. 2003. Guidelines on Risk Assessment.
② ICOLD. 2010. Dam Safety Committee. Bulletin on Dam Safety Management—DRAFT.

E-B 模型对某深覆盖层坝基上沥青混凝土心墙土石坝进行三维有限元应力-应变分析，模拟坝基和山体影响坝体沉降变形和应力过程，总结出深覆盖层上坝体的应力和变形特点，为土石坝安全设计提供理论依据。郭德全等（2014）在瀑布沟水电站心墙土石坝三维非线性有限元计算分析中对散粒材料运用邓肯 *E-v* 模型，分析土石坝坝体和基础防渗墙在施工期和蓄水期的应力、变形分布规律。

近年来对于土石坝三维非线性有限元分析，研究人员结合计算机实现了三维非线性有限元的高效分析计算。韩朝军等（2019）采用 Fortran 语言编写计算程序并结合 Visual C++ 混合编程、OpenGL 可视化技术等，开发了工程应用软件 RDMS，用于土石坝三维有限元快速建模，具有良好的运用前景。黄明镇和金海（2021）运用 VB.NET 编制读取坐标数据界面程序，利用 ANSYS 参数化设计语言（ANSYS parametric design language，APDL）二次开发实现三维土石坝模型的参数化建模，能够实现快速建立土石坝三维非线性有限元模型，很大程度提高了坝体分析的效率。宋来福等（2021）利用 MATLAB 程序，突破堆石料非线性强度参数不完备概率信息的难点，采用 Copula 函数建立非线性强度参数联合分布模型，结合径向基神经网络（radial basis function neural network，RBFNN）提出了土石坝坝坡稳定系统可靠度分析智能响应面法，系统研究了 Copula 函数类型与样本数量对土石坝坝坡稳定系统可靠度的影响规律。

唐寿同（1996）对土石坝进行了安全评估研究，提出评估土石坝安全问题应从静力和动力两个部分进行稳定分析，应将静力分析成果同动力分析土石坝安全问题成果一起考虑，奠定了我国土石坝三维应力-应变静力、动力分析的理论基础。

杨智睿（2003）对新疆下坂地水库土石坝左岸高陡边坡的大坝防渗体与基础混凝土防渗墙不同结合形式和混凝土防渗墙不同弹性模量对墙体应力和变位的影响进行三维有限元静力计算，比较不同的方案计算成果探究防渗体应力-应变分布规律，为土石坝设计和施工提供重要参考价值。岑威钧等（2007）运用三维非线性有限元法预测了复杂地形条件下高面板土石坝的应力变形，重点分析高陡岸坡和起伏突变的地形边界对分期施工的高面板坝应力变形特性的影响。谢江红（2010）运用非线性有限元计算方法增量法对高堆土石坝分两种填筑方案进行计算，并通过比较两种填筑方案，得出填筑的层数越多模拟的计算结果就越接近真实解，对土石坝设计规划具有一定的参考价值。张乐乐（2015）以新疆轮台五一水库为例，运用邓肯 *E-B* 模型对大坝进行了三维静力有限元计算分析，研究了坝体在竣工期、蓄水期的应力及变形特性，为工程的建设提供理论依据及施工指导。

程怡（2010）运用 $FLAC^{3D}$ 软件为计算平台，对均质面板坝和黏土心墙坝实现了基于拟静力法的土石坝三维动力稳定计算。卢陈涛（2018）针对地震作用下的大坝分析重点问题，通过拟静力法对大坝抗滑稳定性进行复核计算，用三维动力有限元分析坝体和覆盖层液化可能性。饶为胜和唐艳梅（2020）在有限元软件 ABAQUS 中运用等效线性模型子程序，对某小型均质土石坝进行三维动力响应分析，并验证该方法对于均质土石坝的适用性，为类似工程的地震设计提供参考。

2. 国外方面

有限元基本思路的提出可追溯到 1943 年，Courant 第一次尝试运用定义在三角形区域上的分片连续函数和最小位能原理相结合以求解 St. Venant 扭转问题，之后物理和数学领域的学者开始对有限元进行研究。20 世纪 50 年代，主要致力于有限元分析的 Turner 等深化这一理论并进行推广，将其运用于弹性力学平面问题求解（雷群华，2006）。

为了提高有限元分析效率，国外公司开发了各种有限元分析软件。目前，在工程界运用较广的商业有限元软件有 MARC、ABAQUS、ANSYS 和 $FLAC^{3D}$。20 世纪 70 年代初，时任布朗（Brown）大学的 Pedro Marcal 教授创建了 MARC 公司，并推出了第一个商业非线性有限元程序 MARC，对有限元软件的发展起到了决定性的推动作用。David Hibbitt 是 Pedro Marcal 教授在 Brown 大学的博士生，David Hibbitt 与 Pedro Marcal 教授合作到 1972 年，随后 Hibbitt 与 Bengt Karlsson 和 Paul Sorenson 于 1978 年共同建立 HKS 公司，推出了 ABAQUS 软件，使 ABAQUS 商业软件进入市场。因为该程序是能够引导研究人员增加用户单元和材料模型的早期有限元程序之一，所以它对软件行业带来了实质性的冲击。同样于 20 世纪 70 年代，ANSYS 公司成立于美国宾夕法尼亚州，专注于有限元分析并推出旗下有限元分析软件 ANSYS，由于其功能强大，操作简单，已成为国际最流行的有限元分析软件之一。2002 年，美国 ITASCA 公司基于 $FLAC^{2D}$ 开发了三维数值分析软件 $FLAC^{3D}$，该软件为岩土力学领域专门研发，并且结合软件内嵌的本构模型和计算模式能够模拟复杂的力学行为，得以广泛用于土石坝三维非线性有限元计算分析当中。

有限元法用于土石坝的研究始于 20 世纪 60 年代的土石坝边坡稳定分析中，建立计算范围内单元的本构方程、几何方程和平衡方程来求解边坡问题，计算出各个单元的应力、位移及应变力破坏情况。Zienkiewicz 等（1975）等运用强度折减弹塑性有限元方法分析边坡稳定。研究学者们进一步讨论了土石坝自由面稳定渗流的问题，Oden 等（1989）用变分不等式解决了自由边界问题，Ataie-Ashtiani 等（1995）利用有限元研究了土石坝非稳定渗流随着时间变动的渗流自由面的问题。在岩土、结构等解决渗流实际工程问题的领域中，有限元方法已经被大家公认为最强有力的数值计算工具。Griffiths 和 Lane（2001）同样使用强度折减弹塑性有限元法对不同类型边坡进行稳定分析，认为在处理坝体三维边坡稳定问题时有限元法满足计算机辅助分析高效准则，是一种较实用的方法。

1.2.3 土石坝防渗墙塑性混凝土配合比设计及质量检测研究

由于各土石坝筑坝材料不同，土石坝在运行之后存在允许范围内的渗水，根据渗漏部位，土石坝的渗漏类型包括：坝体渗漏、坝基渗漏、绕坝渗漏和坝肩山体渗漏（谭福林，2008）。因土石坝混凝土防渗墙应力和变形的复杂性，防渗墙的塑性混凝土配合比设计要经过慎重考虑和深入研究，并且在工程完工后还需进行严格的质量检测，以确保土石坝的安全稳定运行。

1. 国内方面

我国对于混凝土防渗墙建设可追溯到 20 世纪 50 年代末期。1958 年，在山东青岛月子口水库首次建成了我国第一座桩柱式混凝土防渗墙。1960 年 3 月，水利电力部在密云水库召开了砂砾石地基防渗处理现场会，总结交流混凝土防渗墙的建设经验。

1965 年，我国开始将混凝土防渗墙用于病险土石坝加固处理，该技术首先在甘肃的金川峡水库大坝中得到应用。到 20 世纪 70 年代，该技术广泛应用于病险土石坝中，我国成功建造 10 余座混凝土防渗墙，用于大坝除险加固工程。

20 世纪 80 年代初期，国内开始对防渗墙墙体材料进行系统的研究，陆续研制成功了适用于低水头闸坝或临时围堰的固化灰浆、自凝灰浆材料，适用于中低水头大坝和临时围堰的塑性混凝土，适用于高坝深基防渗墙的高强混凝土，以及后期强度较高的粉煤灰混凝土。

黏土混凝土防渗墙在 20 世纪 90 年代以前用得较多，占到已建防渗墙的 70%左右，如密云、毛家村和澄碧河等水库的混凝土防渗墙都掺入了一定的黏土。但黏土混凝土的变形模量仍然大大高于周围土体，仍属于刚性墙体材料。塑性混凝土是用黏土和（或）膨润土取代普通混凝土中的大部分水泥形成的柔性材料。我国在 20 世纪 80 年代中期开始研究该种材料，1990 年将其首次用于十三陵抽水蓄能电站尾水隧洞进口围堰和福建水口水电站临时围堰，1991 年将其应用于山西册田水库南副坝永久工程中。

进入 21 世纪，我国的塑性混凝土防渗心墙技术得到很大发展，尤其在土石坝除险加固工程中得到普遍应用，是国内防渗墙墙体材料的发展趋势。为了规范混凝土防渗墙的施工，国家颁布了一系列混凝土防渗墙施工技术规范，推动了混凝土防渗墙技术的发展，对广泛应用新技术、新材料和新工艺，保证工程质量起到了重要作用。

总而言之，60 多年来，我国的混凝土防渗墙技术从吸收引进到自主创新，循序渐进，不断发展。我国的防渗墙技术整体上已接近国际先进水平，有的工程已达到国际先进或国际领先水平，许多混凝土防渗墙工程的难度在世界上是罕见的。

2. 国外方面

普通塑性混凝土防渗墙技术起源于 20 世纪 50 年代初期，首先在意大利、法国等国家应用，后在墨西哥、加拿大、日本等国家有了进一步发展。

在 20 世纪 50 年代末期的欧洲，人们首先研究成功低透水、低强度粒状混合料，这种填料在开裂之前可以经受比刚性混凝土高得多的变形，于是便出现了“塑性混凝土”一词，其主要用于石油钻井及浇筑水下混凝土技术。

最早应用塑性混凝土防渗墙的工程是 1959 年意大利的圣卢切（Santa Luce）大坝。到 20 世纪 80 年代，国际大坝工程界对塑性混凝土防渗墙技术给予极大关注，自 1982 年的第 14 届国际大坝会议起，之后的第 15 届、第 17 届会议上发表了多篇关于塑性混凝土防渗墙的论文。例如，第 17 届会议上介绍的西班牙阿尔翁坝工程、阿根廷亚西雷塔水电工程、日本只见坝工程中的塑性混凝土防渗墙都取得了令人满意的效果。其中，阿根廷亚西雷塔坝塑性混凝土防渗墙总长 47.7km，最大深度为 25m，墙厚 0.60m，成墙面积达 90 万 m^2，堪称当时世界上长度最长、规模最大的防渗墙。

1951～1952 年，巴舍斯坝的导流围堰修建了世界上第一座连锁桩柱型防渗墙。1954～1955 年，在意大利玛利亚拉奇坝 42m 深的含有大漂石的砂砾石层中修建了永久性桩柱型防渗墙。随后又发展了槽孔式防渗墙施工法，用该法在莱茵河测渠电站修建了深 40m、厚 0.8m 的围堰防渗墙。1959 年，日本从意大利引进防渗墙技术用于中部电力田雄坝防渗工程。

20 世纪 60 年代起，混凝土防渗墙在世界大坝工程上得到迅速而广泛的推广应用。据不完全统计，仅20世纪60年代世界上建成的塑性混凝土防渗墙就达30余座。例如，芬兰的蒙塔坝、哥伦比亚的加塔维塔坝、加拿大的箭湖坝、奥地利的弗莱斯特利茨坝、墨西哥的马莱罗斯坝、英国的包尔德赫德坝等工程均采用混凝土防渗墙作为主要的防渗措施。这一时期防渗墙最深的为墨西哥的马莱罗斯坝，最大墙深达91.4m。20世纪60年代后，国外的水利水电工程又相继建成了一批混凝土防渗墙，其技术更加成熟、造墙深度更大，最深的当数加拿大的马尼克3号主坝，最大墙深达131m，这是当时世界上最深的防渗墙。1968年，法国首先在下罗纳河圣瓦来水电站围堰采用了自凝灰浆防渗墙，最大墙深达26m。后来又有一些工程采用自凝灰浆防渗墙，墨西哥的特南哥坝防渗墙最大墙深达50m。1992年，横跨日本湾的高速公路建成了深136m、厚2.8m的地下连续墙，这是世界上最深的地下连续墙之一，代表了地下连续墙的最高水平。

1.3 本书内容

土石坝运维安全评价一直是个研究热点问题，在国内外专家、学者的共同努力下，利用多种手段和方法进行了广泛的探索，取得了众多喜人成果。但是受限于南方湿润地区汛期径流变化显著、极端暴雨频发以及常年湿热多雨等众多因素，南方湿润地区土石坝运维安全评价在理论方法及工程实践上都不可避免地存在不足之处。为此，本书提出南方湿润地区土石坝运维安全评价理论、技术及工程应用案例，以期突破上述不足之处，推动南方湿润地区土石坝运维安全评价研究的发展。

本书围绕南方湿润地区土石坝防洪安全的危险性、易损性及风险评估，三维应力-应变非线性静力、动力有限元分析，以及防渗墙塑性混凝土配合比设计及质量检测，进行理论分析和技术研究，并且探讨了相关理论和技术的工程应用。全套方法和技术的终极目标是促进土石坝运维安全评价在南方湿润地区的发展与进步，为该地区的土石坝运维安全评价工作提供科学依据。

全书共9章，内容分别为第1章概述；第2章水库土石坝工程防洪安全评价基础理论；第3章南方湿润地区土石坝防洪危险性评估方法；第4章南方湿润地区土石坝防洪易损性评估方法；第5章南方湿润地区土石坝防洪风险评估方法；第6章南方湿润地区土石坝三维非线性有限元基础理论；第7章南方湿润地区土石坝三维非线性应力-应变静力分析方法；第8章南方湿润地区土石坝三维非线性应力-应变动力分析方法；第9章南方湿润地区土石坝防渗墙塑性混凝土配合比设计及质量检测。

第 2 章　水库土石坝工程防洪安全评价基础理论

风险分析方法是水库土石坝工程防洪安全评价的核心和关键内容。因此，本章主要介绍风险分析的基础理论，包括风险的有关概念，风险分析的目的、内容与程序，风险识别，以及失事概率、事故后果和风险值的估算。

2.1　风险的有关概念

1. 可靠性与可靠度

可靠性指系统在规定的工作条件下和规定的时间内完成其预定功能的能力。而可靠度是可靠性的概率度量，指系统在规定的工作条件下和规定的时间内，完成其预定功能的概率。

2. 失事概率

失事是系统在设计基准期内丧失其设计功能的事件，失事概率是失事的概率度量，指系统在规定的工作条件下和规定的时间内，丧失其预定功能的概率。通常一个复杂的系统，其失事可呈多种形式，而每一形式的失事又有程度的不同，因此系统的失事是由各种形式、不同程度失事事件所组成的整体。

3. 荷载与抗力

“荷载”是指作用于研究对象之上并使研究对象产生内力、位移甚至破坏或失事的动力，有“直接荷载”与“间接荷载”之分。而“抗力”是指研究对象抵抗破坏或失事的能力。“荷载”与“抗力”是两个广义化的概念，对不同的研究对象、不同的失事形式，它们所代表的物理含义是不同的。例如，在土石坝漫坝风险分析中，“荷载”为坝前库水位，“抗力”为坝顶高程；而在某些结构分析中，“荷载”为结构构件的内力、位移等，“抗力”为构件的极限内力、极限强度、刚度、抗滑力、抗倾力矩等。

4. 风险的定量表达

风险分析中最关键也是最核心的问题是如何定义风险。风险的概念最早于 19 世纪末在西方经济学领域提出，现已广泛应用于环境科学、自然灾害、经济学、社会学、建筑工程学等领域。但直到今天，学术界对风险的定义仍未完全统一，不同研究领域的学者对风险有不同的定义。1895 年，美国经济学家 Haynes 在其著作 *Risk as an Economic Factor* 中定义风险为损失的概率（风险管理编写组，1994）；Niter 则认为风险是“可测定的不确定性”，而“不可测定的确定性”才是真正意义上的不确定性；Williams 定义的风险含义为在给定情况下特定时间内，那些可能发生结果间的差异（Williams et al.，1985）；罗祖德（1990）则认为，风险是指某种损失的不确定性；日本学者 Ikeda（1998）认为风险是由于自然或人类行为所导致的不利事件发生的可能性，并强调风险是由两部分组成：不利事件发生的概率以及不利事件造成的后果；瑞士日内瓦大学“地质灾害风险分析和管理”国际培训部将风险定义为具有已知概率的随机现象（刘希林，2000）；国际地质科学联合会滑坡研究组风险评价委员会则将风险定义为对健康、财产和环境不利的事件发生的概率以及可能后果的严重程度，可用发生概率与可能后果的乘积来表示；联合国人道主义事务部（UNDHA）于 1991 年和 1992 年两次正式公布了自然灾害风险的定义：“风险是在一定区域和给定时段内，由于特定的自然灾害而引起的人们生命财产和经济活动的期望损失值”。这一定义已得到了国内外许多学者和国际组织机构的认同。

风险的定量表达是基于对风险定义的理解而得来的，如上所述，由于对自然灾害风险有不同的定义，自然灾害风险的数学表达式亦不同。UNDHA 提出的自然灾害风险表达式为

$$R=H\times V \tag{2.1}$$

式中，R 为风险度；H 为危险度；V 为易损度。三者的取值范围均为 0～1。

这一表达式较为全面地反映了风险的本质特征。危险度反映了自然灾害的自然属性，是灾害规模和发生频率（概率）的函数；易损度反映了自然灾害的社会属性，是承灾体人口、财产、经济和环境的函数；风险度是自然灾害自然属性和社会属性的结合，表达为危险度和易损度的乘积。这一评价模式已得到了国内外越来越多学者的认同。

上述自然灾害风险的表达有 3 个优点：①明确地将风险度和危险度区分开来；②用危险度和易损度相乘表达风险度克服了有些学者认为风险度是危险度和易损度相加的不足，从而圆满地解决了当危险度或易损度任何一项为零时，风险度必须为零；③将危险度、易损度和风险度界定在（0，1）取值，便于对其等级划分和量化比较，可比性强且易于评判（莫崇勋和刘方贵，2010）。

由自然灾害风险评价模式可以看出：危险度评价是前提，易损度评价是基础，风险度评价是结果。

危险度 H（0，1）是失事事件发生概率的函数，这可通过建立评价模型选择合适的求解方法获得失事概率以后，利用转换赋值函数进行转换。而易损度 V（0，1）是失事承灾体人口、财产、经济和环境的函数。在具体计算中，许多学者认为失事后果分为 3 个方面，即生命损失、经济损失和环境恶化。

（1）生命损失（L）：指失事后所造成的人员伤亡。根据损伤程度的不同，“伤”分为因伤致残和伤后治愈，后者的医疗费和生活补助费可划到经济损失之中。这样生命损失包括死亡和伤残两项。

（2）经济损失（M）：指失事后造成系统本身损失以及由于系统失事而引起系统外的其他直接经济损失。因失事分为可修复失事和不可修复失事两项，所以系统本身的损失依失事形式不同而有所区别。对于不可修复失事，其损失就是其本身的造价；而对于可修复失事，则其损失为修复失事系统所花费用。系统外的直接经济损失根据各类财产调查确定。

（3）环境恶化（E）：指因系统失事而造成某地区的生活环境和生产环境的恶化以及自然生态条件的恶化甚至破坏。环境恶化由一系列指标来衡量和表示。对轻微的环境恶化，

可通过治理和改造加以恢复，这种环境恶化可用其相应的治理费用来表示，从而可以划归到经济损失一类中；而对那些给社会和人民生活造成严重破坏的环境恶化，则不能单纯从经济角度考虑，需要从社会、政治、经济等方面加以综合考虑。

因此，易损度表示为生命损失（L）、经济损失（M）和环境恶化（E）的函数，即

$$V=f（L，M，E）\tag{2.2}$$

5. 风险的属性

自然界的运动具有规则与不规则之分，而一般说来，正是自然界的不规则运动给人类社会带来风险，如地震、洪水、泥石流等各种自然界的不规则运动给人类带来巨大灾难和损失。因此，风险具有自然属性。

人类过度地向大自然索取土地、矿产、森林、淡水等资源，不合理地处置、堆弃有害废物以及日益增多的不合理工程与生产活动，致使地球的生态环境日益恶化，风险事件不断增多，如水污染风险、火灾风险、缺水风险、核污染风险等，其结果是导致许多社会问题，而这些问题最终又必须由整个社会来承担。因此，风险具有社会属性。

风险事件因造成人员伤亡以及国家、社会和个人的财产损失而被人们广为关注的，即风险与经济紧密联系。换言之，如果没有经济破坏，事件就不称为风险事件，人们也不会对之加以防范。因此风险具有经济属性。

6. 风险的特征

风险的特征研究起来较为复杂，但可概括为以下几方面。

（1）客观性：无论是自然界中的洪水、台风，还是社会领域内的战争、瘟疫等，都是一些现存的客观事物。同样，与之相联系的风险也是由客观事物的自身规律所决定的，其客观性不以人的主观意志为转移。对水库而言，漫坝风险是客观存在的。

（2）普遍性：客观事物虽然具有其各自的运动规律，但事物之间又相互联系、相互影响、相互制约、相互作用，具有普遍性。同样，与之相联系的风险也普遍存在。

（3）动态性：风险的动态性是指在一定条件下，风险会发生变化的特性。任何事物都处于运动变化的过程中，这些运动变化必然会引起与之相联系的风险的变化。

（4）不确定性：一方面，这是由于风险的影响因素众多，关系复杂，风险分析不可能考虑所有的影响因素，只能择其主要因素加以研究；另一方面，即使对于选择出的主要影响因素，受当前认识水平和研究方法手段的限制，也不可能对这些因素之间的相互关系完全了解。无论采用何种方法来确定风险，都只能是对于系统风险的近似描述，是不确定的，不一定代表着系统的真正风险。

（5）可认知性：不确定性是风险的特征，但并非表明人们对其束手无策，风险具有一定的内在规律，是可以被人认知的。个别风险事件的发生是无序的，然而对大量风险事件的分析研究，对其发生的概率加以计算，对其造成的后果加以判断，就可以对未来可能发生的风险进行预测、评估和决策，实施人为控制。

（6）认知的复杂性：客观事物运动形式多种多样，关系错综复杂，对风险的认知必然相当复杂。

（7）结果的双重性：风险一旦发生，会带来一定的风险损失。不过冒一定的风险也可能获得风险收益或风险报酬，从而鼓励人们冒险，与风险之间进行博弈。

7. 风险的分类

根据不同的目的、从不同的角度、用不同的标准和方法，可以把风险分为不同的类型。就风险的承担对象而言，可以将风险划分为个人风险和社会风险，个人风险是指因系统失事导致的必须由个人来承担的包括人身伤亡、财产损失等在内的风险，如居住或工作在堤坝下游的居民或职工，由于这些人住在受堤坝决口冲击的地区，或是因为他们的生活方式与众不同，而这种生活方式使他们易受到溃坝决口洪水的影响。社会风险则指整个社会所承担的风险，即社会必须承担的人员伤亡、经济损失和环境恶化等一切后果。

根据风险研究对象的不同，可以将风险划分为单项风险与系统总风险。单项风险指对应于某种形式、某种程度的失事风险；系统总风险是由各种形式、各危害程度失事风险综合而成的系统整体风险，也即综合系统各单项风险就是系统总风险。

2.2 风险分析的目的、内容与程序

2.2.1 风险分析的目的

风险分析是对人类社会中存在的各种风险进行风险识别、风险估计和风险评价，并在此基础上采用各种风险管理技术，做出风险处理与风险决策，对风险实施有效的控制和妥善处理所致损失的后果，期望以最小的成本获得最大的安全保障。

因此，风险分析的目的在于以最少的成本实现最大的安全保障。所谓“成本”是指风险分析研究的人力、物力、财力和资源投入。所谓“最大的安全保障”是指将预期的损失减少到最低限度，以及一旦出现损失获得经济补偿的最大保证。

2.2.2 风险分析的内容

风险分析的具体内容很多，主要可分为风险识别、风险估计、风险评价、风险处理和风险决策等5个方面。

1. 风险识别

风险识别就是要找出风险之所在和引起风险的主要因素，并对其后果做出定性的估计。在水库防洪调度中，不确定性因素众多，如设计洪水的不确定性、洪水预报的不确定性，以及调度决策和操作中的不确定性等。这些不确定性的存在将给防洪调度带来程度不同、形式各异的风险。然而，在防洪调度风险分析中，力求考虑所有不确定因素产生的风险，是相当困难的。为使水库防洪调度风险分析工作得以顺利进行，并使风险分析结果能反映水库调度运用实际，分析中要根据不同水库的实际情况和研究目标，抓住主要矛盾，通过风险识别过程，选择那些对防洪目标影响较大的不确定性因素，作为防洪调度风险分析的主要风险因素。在此基础上，对主要风险因素及其导致防洪目标的变化特征做出定性描述。

风险识别的步骤分为初步危险分析、确定事故链（事故树与故障树）与后果分析等 3 个方面。风险识别的方法包括层次分解方法、专家调查方法和幕景分析方法等。

2. 风险估计

风险估计就是在风险识别的基础上，对风险发生的概率及其后果做出定量的估计。水库防洪调度风险估计包括主要不确定因素的概率估计和不确定因素导致防洪目标的风险估计。因此，用何种方法来估计各不确定因素产生何种程度的风险，是水库防洪调度风险分析必须研究的内容。风险估计通过确定不确定因素和风险目标的概率分布来实现。但是，确定不确定因素和风险目标的概率分布并非一件容易的事，对有大量试验资料的不确定因素，可在系统分析实验资料的基础上，用概率统计理论确定合适的概率分布，这类分布称为客观概率分布；对无试验资料或试验资料不足以确定其客观概率分布的不确定性因素，则需依据经验判断，通过主观概率分布的途径来进行风险估计。

水库防洪调度风险分析是多目标问题，每个目标的风险是诸多不确定性因素联合作用所致，而且总体风险是由各单目标风险组合而成，因此，在风险估计中须研究多不确定性因素联合作用所产生的各目标的风险。

3. 风险评价

风险评价是根据风险估计得出危险度和易损度，并把这两个因素结合起来考虑，用某一指标决定其大小，如期望值、标准差、风险度等。水库防洪调度的风险评价应在风险估计的基础上将各防洪调度方案风险度与风险效益进行对比分析，并给出相应的结果。

4. 风险处理

风险处理是根据风险评价的结果，选择风险管理技术，以实现风险分析目标。风险管理技术分为控制型技术和财务型技术，前者指避免、消除和减少意外事故发生的机会，限制已发生的损失继续扩大的一切措施，重点在于改变引起意外事故和损失扩大的各种条件，如回避风险、风险分散、工程措施等；后者则在实施控制型技术后，对已发生的风险所做的财务安排，这一技术的核心是对已发生的风险损失及时进行经济补偿，使其能较快地恢复正常的生产和生活秩序，维护财务的稳定性，如保险、股票发行、租赁等。

5. 风险决策

风险决策是风险分析中的一个重要阶段。在对风险进行了识别，做了风险估计及评价，并对其提出了若干种可行的风险处理方案后，需要由决策者对各种处理方案可能导致的风险后果进行分析，做出决策，即决定采用哪一种风险处理方案。因此，风险决策从宏观上讲是对整个风险分析活动的计划与安排；从微观上讲是运用科学的决策理论和方法来选择风险处理的最佳手段。

2.2.3 风险分析的程序

风险分析的一般程序是风险识别、风险估计、风险评价、风险处理和风险决策周而复始的过程。风险分析是一个周期循环的过程，是由风险分析的动态性特征所决定的。

风险分析的一般程序可用图 2.1 表示。

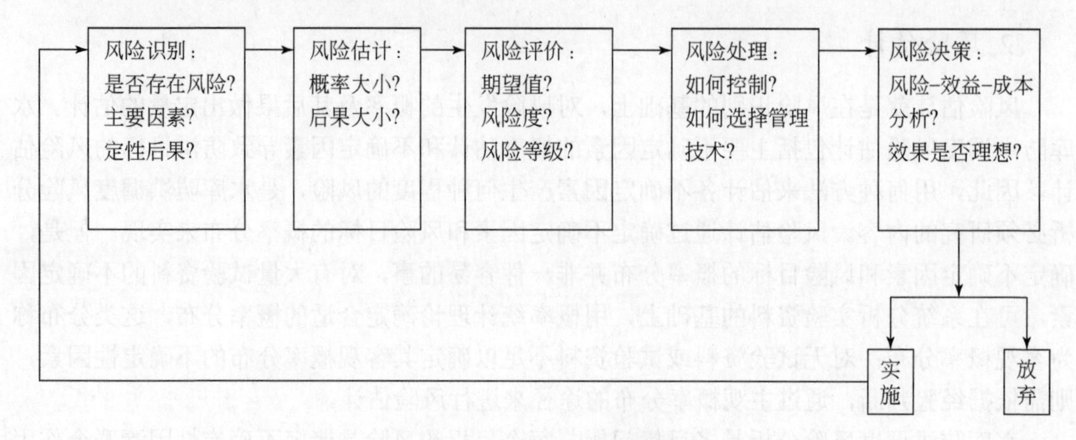

图 2.1 风险分析一般程序图

2.3 水库土石坝工程漫坝风险识别

2.3.1 水库土石坝枢纽组成与失事风险组成

一般情况下，水库土石坝枢纽由下列部分组成：①土石坝坝体及坝基；②泄洪建筑物（溢洪道、泄洪洞）；③排砂建筑物；④电站系统；⑤引用水系统；⑥通航建筑物和过木、过鱼建筑物；⑦枢纽管理系统：包括洪水预报、控制调度、运行管理系统等。

根据土石坝的物理特征以及工程运行实际统计，可将土石坝失事风险组成如图 2.2 所示，其中：

（1）漫坝风险：形成原因为洪水不确定性、泄洪不确定性、库容不确定性、风浪不确定性、洪水预报不确定性和调度运行不确定性。

（2）坝体失稳风险：形成原因为深层剪切力与材料抗剪强度不确定性，坝体剪切力与材料抗剪强度不确定性。

（3）管涌、流土风险：形成原因为库区防渗技术参数的不确定性、坝基防渗技术参数的不确定性、坝体防渗技术参数的不确定性以及下游反滤层渗透技术参数的不确定性。

（4）裂缝风险：形成原因为坝体、坝基沉降不均匀性，施工中排水、固结不均匀性，以及心墙与土体间应力分布不确定性。

（5）电站失事风险：形成原因为电站工程技术参数的不确定性，电站管理、操作系统的不确定性。

（6）引用水系统失事风险：形成原因为引用水工程技术参数不确定性和管理操作系统不确定性。

（7）其他形式失事风险：形成原因为上游坡水力冲刷不确定性，坝肩绕流不确定性，库区大规模塌坡导致的涌浪不确定性，溢洪道与坝体结合部渗流不确定性，溢洪道、泄洪洞技术参数不确定性（引起空蚀、振动、疲劳破坏），坝体内涵洞与坝体结合处渗透不确定性，地震力引起的破坏（如坝体失稳、土体液化、裂缝、塌方、涌浪等）。

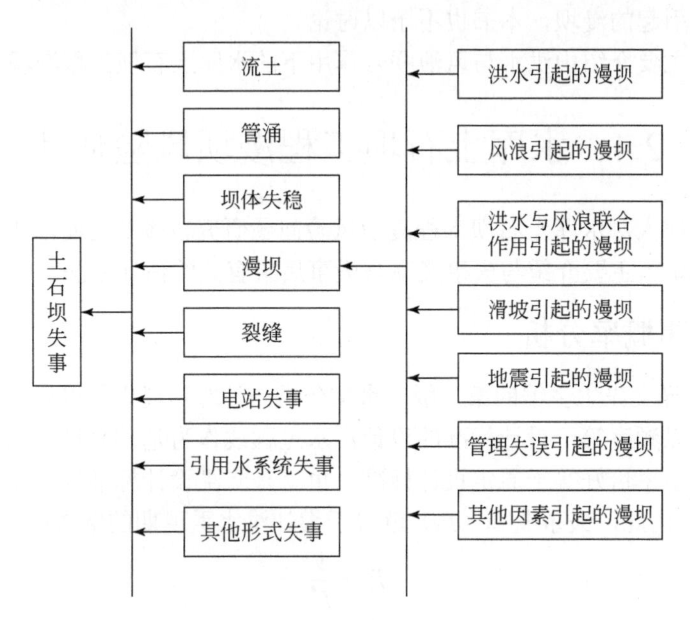

图 2.2　土石坝失事风险组成示意图

由上述失事风险组成可以看出：土石坝失事风险可以分为两大类，第一类为可修复性失事风险，其危害性较小，失事后易修复，影响不大，一般用对应的失事风险费用表示；第二类为垮坝失事风险，因其失事后果严重，既有经济损失，又有生命损失，同时伴随着环境恶化，因而成为影响大坝安全的主导因素和主要控制目标。

垮坝失事的原因包括漫坝（洪水漫顶）、管涌、流土、坝体失稳、裂缝和地震等。在这些事件发生的情况下，可能发生垮坝失事，也可能发生其他类型失事，甚至不发生失事，所以要确定垮坝失事风险，首先应估计垮坝失事的原因事件发生的危险度，这可通过建立该事件发生的概率模型，选取适当的计算方法和转换赋值函数得到；然后计算在原因事件发生的情况下发生垮坝失事的易损度，从而确定每种垮坝失事的风险度；最终计算整个土石坝纽枢的垮坝总风险（R），得

$$R=\sum_{i=1}^{N}R(i) \tag{2.3}$$

式中，N 为垮坝失事的原因事件个数；$R(i)$为对应于第 i 种垮坝失事的风险度。

2.3.2　水库土石坝工程漫坝事故分析

前已述及，在垮坝失事中，洪水漫顶是主要的原因之一，多数研究认为，对碾压质量好和中等的土石坝而言，当漫顶水深在 0.5～1.0m 时肯定溃坝；对碾压质量差的土石坝而言，一般洪水一漫顶就会导致溃坝发生，本书内容考虑该种情况。

不可忽视的是，水库汛期洪水来临时、往往伴随有风浪作用，它对洪水漫坝起明显的

不利影响，因此考虑洪水与风浪联合作用下的水库漫坝风险问题是必要的，也是水库管理运行中所面临的现实问题。另外，一般地震与大洪水同时发生的概率很小，这种情况不予以考虑。对滑坡引起的漫坝，本书也不予以讨论。

因此，本书主要介绍由洪水与风浪联合作用下的水库土石坝工程漫坝风险问题。

2.4 水库土石坝工程漫坝风险估计

至今为止，前人对水库土石坝工程漫坝风险问题研究较多的是漫坝失事概率和漫坝失事后果。因此，本节主要介绍与失事概率与失事后果有关的估计方法。

2.4.1 失事概率分析

1989 年，刘光文先生主编的第二版《水文分析与计算》提出了以风险率为基础的防洪安全设计，提出以频率等于设计标准的设计洪水过程线作为基础来设计的工程项目，其防洪安全事故的风险率恰好等于原定设计标准，也就是防洪设计标准等于设计洪水标准（设计洪水重现期）。由此，失事概率（P_f）就等于设计洪水重现期的倒数：

$$P_f = \frac{1}{T^*} \tag{2.4}$$

式中，T^*为设计洪水重现期。

假定防洪设计标准等于设计洪水标准是不符合实际的。熊明（1999）认为，由同一频率的不同设计洪水过程线计算的防洪特征水位不同，而且所选择的过程可能不是最恶劣的，即使是最恶劣的，也不能保证合理适用，依据所选典型过程计算的防洪特征水位设计的水库不能保证达到防洪设计标准所代表的安全程度，若不能达到，那么需要弄清楚大坝实际破坏率高于防洪设计标准多少的问题。

水库失事概率可以用一个简单的式子表示，即

$$P_f=P(L>R) \tag{2.5}$$

式中，P_f为失事概率，即水库的安全风险；L 为大坝承受的荷载；R 为抵抗荷载 L 的能力，简称抗力。

具体到防洪安全分析，大坝承受的荷载 L（洪水）用流量重现期来表达，抗力 R 为大坝的防洪设计标准，根据前述设计洪水重现期等于防洪设计标准的假定，抗力 R 为设计洪水重现期。这意味着防洪事故的发生条件为入库流量重现期大于水库的设计洪水重现期，即

$$T>T^* \tag{2.6}$$

而实际上，大坝是否漫顶的最具决定性和最直接的因素是水位而不是流量，且前面已讨论过了设计洪水重现期等于防洪设计标准的假定并不合理，因此，漫坝的发生条件应为

$$Z_m>D \tag{2.7}$$

式中，Z_m 为调蓄后的最高坝前水位，m；D 为坝顶高程，m。

对于失事概率分析，应该从$P_f=\frac{1}{T^*}$转向推求 $P_f=P(Z_m>D)$。而且，从世界上发生的一些大坝溃坝事故来看，并非只有超标准的洪水才有可能造成大坝漫顶溃坝，漫顶失事概率

和风险不仅受极值荷载影响而且还可能受控于低于极值的荷载状态。大坝在大洪水条件下，会使坝前水位大大升高，可能造成漫顶，在一般的洪水条件下，同样也可能造成大坝漫顶，如调度失误、闸门意外卡住等，只不过发生概率低。这也说明用 $T>T^*$ 作为漫顶事故发生的控制条件是不尽合理的。

推求 $P_f=P(Z_m>D)$时，由于最高坝前水位（Z_m）属于随机变量，可以用不同的概率密度函数 $f(Z_m)$表示，Z_m 选择何种概率密度函数，是风险分析中至关重要的环节。一旦累积分布函数 $F(Z_m)$确定之后，就可以计算出大坝漫顶的概率 $F(D)$。失事概率的分析可转化为对调洪最高坝前水位（Z_m）分布的研究。

墨西哥因菲尔尼约大坝在进行防洪安全分析时，曾对大坝坝前水位的分布进行过探讨，在对 3 个变量起调水位（H_0）、调洪后最高坝前水位（H_g）和洪峰流量（Q_g）之间的关系进行分析试验后，发现可以用线性模型来描述。

$$H_g=A+BH_0+CQ_g \tag{2.8}$$

式中，A、B、C 为待定参数。

当流量过程的分布选定以后，对于不同的起调水位（H_0），就可以得出不同的调洪后最高坝前水位（H_g）的分布。实际中，在对各种不同的分布进行灵敏度分析的基础上，最后选择了双耿贝尔分布作为流量的分布，以此为基础建立的最高坝前水位分布在该大坝的防洪安全分析中取得了较好的效果。

国内也有学者对坝前水位的分布做了一些探讨。最高坝前水位（Z_m）除了受入库洪水过程影响之外，还与调度规划、调度人员的经验判断等有关。熊明（1999）对受人类活动影响的统计序列是否符合一般的理论分布提出了疑问，并认为直接采用曲线拟合方法推求这些系列的分布缺乏必要的科学依据。他建议采用蒙特卡罗模拟方法先模拟得出天然的洪水序列，然后再考虑水库的调洪影响来确定大坝最高坝前水位的经验分布。

最高坝前水位（Z_m）是与整个调洪过程联系在一起的，存在着许多人们难以预料和控制的不确定性因素，如入库洪水过程的水文不确定性、出库泄流能力的水力不确定性、库容与水位关系的边界条件的不确定性，以及防洪起调水位、调度过程、泄流建筑物的泄流能力等，从而导致了库水位的变化过程和相应泄洪能力的随机性，同时也导致了最高坝前水位是随机的。据此，Z_m 应是具有某种分布的随机函数。姜树海（1993）在泄洪风险分析的研究中建立了调洪过程的随机微分方程，可以求解库水位变化的随机过程，给出调洪过程各个时刻的库水位概率分布。

库水位并非是唯一的随机变量，有时坝顶高程（D）也被认为时一个随机变量，而不是一个常数。一般认为坝顶高程（D）满足正态分布，均值 μ_D 取坝顶高程，标准差 σ_D 相对较小，可视工程情况而定。从大坝漫顶事件中可以知道，并非对于所有的漫顶都会造成漫顶溃决，即使是土石坝有时也能经住一段时间的漫顶。ΔD 可以定义为抗力超高，这样不再是水位漫过坝顶就发生事故，而是超过坝顶多于抗力超高（ΔD），漫顶破坏的条件变为

$$Z_m>D+\Delta D \tag{2.9}$$

式中，Z_m 为调蓄后的最高坝前水位，m；D 为坝顶高程，m；ΔD 为抗力超高，m。

抗力超高（ΔD）对于不同的大坝有不同的分布，不同类型的大坝有很大的差异，如土石坝的抗力超高（ΔD）的均值明显地小于混凝土的抗力超高的均值。这样从研究一个

随机变量转变为对两个变量分布的研究。可定义功能函数

$$C=G(Z, D)=Z-D^{*} \tag{2.10}$$

式中，D^{*}为坝顶高程（D）+抗力超高（ΔD）。

功能函数$C=G(Z, D)$的概率密度函数表示为$f(C)$或$f(Z, D)$，则失事概率为

$$P_{\mathrm{f}}=P(C>0)=P(Z>D)=\iint_{C>0} f(C)\,\mathrm{d}C=\iint_{G(Z,D)>0} f(Z, D)\,\mathrm{d}Z\mathrm{d}D \tag{2.11}$$

很显然，在功能函数C的概率密度函数$f(C)$确定之后，通过直接积分方法就可以求解失事概率（P_{f}）。直接积分方法是风险分析方法中的一种，对于系统简单，考虑的荷载、抗力类型少的情况适用，且比较适合于对风险的精度要求较高的情况。它的最大缺点是在难以用解析的方法推导出荷载和抗力的概率密度函数的情况下应用困难。在大坝漫顶失事概率的分析中，Z_{m}和D的概率密度函数有时往往不容易确定，无法确定$f(C)$，或者如前所述可能根本就不存在Z_{m}这样的变量的概率密度函数。即使可以找到变量的分布，若概率分布存在着较大的不确定性，直接积分方法也会不精确。直接积分方法对功能函数的概率密度函数及其关系要求高，在使用时限制较多。

关于P_{f}的计算，现已有了多种方法，虽然这些方法来自于其他领域的研究，但是对于大坝防洪安全风险分析同样具有适用性。除了重现期方法和直接积分方法以外，还有蒙特卡罗法、均值一次二阶矩（mean first order second moment，MFOSM）方法、改进一次二阶矩（advanced first order and second moment，AFOSM）方法、JC 法、实用分析法和优化法等，都是近年来在风险分析中发展起来的计算方法。现介绍如下：

1. 重现期方法

重现期方法是发展最早，也是最简单的方法。水利工程重现期（T_{r}）定义为荷载（L）等于或大于特定抗力（R）的平均时间长度。如果T_{r}以年为单位，则L在 1 年内等于或大于R的概率（即工程年失事概率）为

$$P_{\mathrm{f1}}=P(L \geqslant R)=\frac{1}{T_{\mathrm{r}}} \tag{2.12}$$

若设计基准期为n年，则整个设计基准期的失事概率可表示为

$$P_{\mathrm{f}n}=P(L \geqslant R)=1-\left(1-\frac{1}{T_{\mathrm{r}}}\right)^{n} \tag{2.13}$$

在推导式（2.12）和式（2.13）过程中，作了如下两个重要假定：①随机变量L在年际的出现是相互独立的；②随机变量L具有时间的恒定性，即其随机特征在n年内年际间的规律是恒定的。

重现期方法在计算失事概率上具有简单易行的优点，但其缺点亦是显然的。首先，水利工程重现期（T_{r}）是由历史资料的统计与外延推得，具有统计的意义，因此失事概率的精度受统计资料长度的限制；其次，该方法只考虑荷载变量的水文因素，而将与荷载和抗力有关的其他不确定性完全忽略了，因此用这种方法估算复杂系统的总失事概率是无能为力的。

2. 直接积分方法

直接积分方法又称全概率方法，它是通过对荷载和抗力的概率密度函数进行解析和数值积分得到的，一般失事概率可表示为

$$P_{\mathrm{f}}=\int_{0}^{\infty}\int_{0}^{l}f_{R,L}(r,l)\mathrm{d}r\mathrm{d}l \tag{2.14}$$

式中，$f_{R,L}(r,l)$ 是抗力 R 和荷载 L 的联合概率密度函数。当 R 和 L 统计独立时，式（2.14）简化为

$$P_{\mathrm{f}}=\int_{0}^{\infty}\int_{0}^{l}f_{R}(r)f_{L}(l)\mathrm{d}r\mathrm{d}l \tag{2.15}$$

或

$$P_{\mathrm{f}}=\int_{0}^{\infty}f_{L}(l)F_{R}(r)\mathrm{d}l \tag{2.16}$$

式中，$F_R(r)$ 为抗力 R 的累积分布函数；$f_L(l)$ 为荷载 L 的概率密度函数；$f_R(r)$ 为抗力 R 的概率密度函数。

如果荷载L的概率密度函数 $f_L(l)$ 和抗力R的密度函数 $f_R(r)$，或联合概率密度函数 $f_{R,L}(r,l)$ 得到精确表达，那么用直接积分方法估算的失事概率是最为精确的。直接积分方法用于处理线性的、变量为同分布且相互独立的简单系统是比较有效的。但在工程实际中，由于系统的复杂性以及受资料的限制，很难得到 $f_L(l)$、$f_R(r)$ 或 $f_{R,L}(r,l)$ 的解析式，这就限制了直接积分方法的应用范围，特别是对于非线性的变量不同分布的复杂系统，直接积分方法无法求解系统的失事概率。

3. 蒙特卡罗方法

蒙特卡罗（Monte Carlo）方法广泛应用于计算各种领域的失事概率，是预测和估算失事概率常用的方法之一。它的处理手段是计算机模拟与仿真。该方法的主要思路是：按照概率定义，某事件的概率可以用大量试验中该事件发生的概率来估算。因此，可以先对影响其失事概率的随机变量进行大量随机抽样，然后把这些抽样值一组一组地代入功能函数式，确定结构失效与否，统计失效次数，并算出失效次数与总抽样次数的比值，此值即为所求的失事概率。

用蒙特卡罗方法解题的关键是随机数的产生，为了产生具有一定分布的随机数，一般采用如图 2.3 所示的程序。首先有一个等概率密度随机数发生器，产生 0～1 等概率密度分布的随机数。

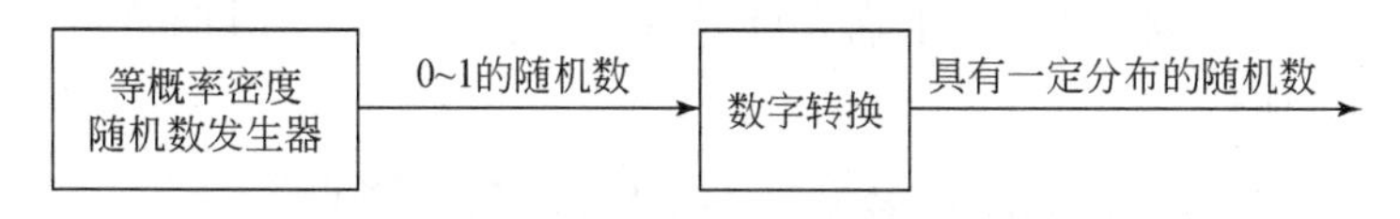

图 2.3　随机数产生的程序图

用此方法产生的随机数称为伪随机数。产生随机数的方法以数学方法为最优，包括取中法、加同余法、乘同余法、混合同余法和组合同余法。在这些方法中，乘同余法以其统

计性质优良、周期长等特点而更被人们广泛地应用。为提高计算精度，应使产生的伪随机数与原分布一致，为此需要对伪随机数进行统计检验，重要是检验其均匀性及独立性。

蒙特卡罗方法的优点是精度高，尤其对非线性、不同分布、相关系统，该方法更为有效，但也存在如下不足之处：

（1）计算结果的不唯一性。由于该方法的计算结果依赖于样本容量和抽样次数，且对基本变量分布的假定很敏感，因此用蒙特卡罗方法计算的失事概率将随模拟次数和对基本变量的分布假定而变化，即其结果表现出不唯一性。

（2）蒙特卡罗方法所用机时较多，且随着计算精度要求越高，变量个数越多，所用机时越多，费用就越大。

4. 均值一次二阶矩方法

均值一次二阶矩方法是一种近似的分析法。其基本原理为将功能函数 $Z=g(x_1, x_2, \cdots, x_n)$ 在均值点 μ_{x_i} 处展开成泰勒级数，略去二次和更高次项，使之线性化，得

$$Z = g(\mu_{x_1}, \mu_{x_2}, \cdots, \mu_{x_n}) + \sum_{i=1}^{n}(x_i - \mu_{x_i})\frac{\partial g}{\partial x_i}\bigg|_{\mu_{x_i}} \tag{2.17}$$

Z 的均值 μ_z 可以从式（2.17）简化后的功能函数式中获得，其标准差 σ_z 在随机变量 x_i（i=1，2，…，n）间都是统计独立条件下由下式求得

$$\sigma_z = \left[\sum_{i=1}^{n}\left(\frac{\partial g}{\partial x_i}\bigg|_{\mu_x} \sigma_{x_i}\right)^2\right]^{1/2} \tag{2.18}$$

将 Z 看成是正态分布，由可靠指标 $\beta = \mu_z / \sigma_z$ 求失事概率

$$P_{\mathrm{f}} = \Phi(-\beta) \tag{2.19}$$

均值一次二阶矩方法比较简单，但其缺点也是明显的，主要为以下 3 点：

（1）失事概率与 Z 的定义形式有关，即对 Z 的不同的定义形式，其计算结果是不一致的；

（2）在实际工程中，抗力与荷载元素（x_i, x_j）多为非正态分布，且特征函数 $g(\cdot)$ 一般不为线性。其临界失事点（x_i, x_j）偏离均值（μ_{x_i}, μ_{x_j}）较远，而该方法却在均值点（μ_{x_i}, μ_{x_j}）展开功能函数 $g(\cdot)$，故而其线性部分与真实值误差较大，因此该方法在精度方面尚有不足；

（3）当功能函数 $g(\cdot)$ 为非解析函数时，该方法无能为力，但当（x_i, x_j）为正态分布，且功能函数 $g(\cdot)$ 是（x_i, x_j）的线性函数时，计算结果是精确的。

5. 改进一次二阶矩方法

该方法是将功能函数 $g(\cdot)$ 在失事临界点 $x_1^*, x_2^*, \cdots, x_n^*$（又称设计验算点）展开成泰勒级数，取其线性部分而得

$$Z = g(x_1^*, x_2^*, \cdots, x_n^*) + \sum_{i=1}^{n}(x_i - x_i^*)\frac{\partial g}{\partial x_i}\bigg|_{x^*} \tag{2.20}$$

Z 的均值为

$$\mu_Z = g(x_1^*, x_2^*, \cdots, x_n^*) + \sum_{i=1}^{n}(\mu_{x_i} - x_i^*)\frac{\partial g}{\partial x_i}\Big|_{x^*} \tag{2.21}$$

由于 x_i^* 位于失事边界上，即有 $g(x_1^*, x_2^*, \cdots, x_n^*) \cong 0$，于是均值 μ_Z 变为

$$\mu_Z = \sum_{i=1}^{n}(\mu_{x_i} - x_i^*)\frac{\partial g}{\partial x_i}\Big|_{x^*} \tag{2.22}$$

而方差为

$$\sigma_Z^2 = \sum_{i=1}^{n}\left(\sigma_{x_i} - \frac{\partial g}{\partial x_i}\Big|_{x^*}\right)^2 \tag{2.23}$$

将上式线性化，则有 Z 的标准差为

$$\sigma_Z = \sum_{i=1}^{n}\alpha_i\sigma_{x_i}\frac{\partial g}{\partial x_i}\Big|_{x^*} \tag{2.24}$$

式中，α_i 为灵敏系数，

$$\alpha_i = \frac{\sigma_{x_i}\dfrac{\partial g}{\partial x_i}\Big|_{x^*}}{\sqrt{\sum_{i=1}^{n}\left(\sigma_{x_i}\dfrac{\partial g}{\partial x_i}\Big|_{x^*}\right)^2}} \tag{2.25}$$

表示第 i 个随机变量对整个标准差的相对影响。由可靠指标 β 的定义，可知

$$\beta = \frac{\mu_Z}{\sigma_Z} = \frac{\sum_{i=1}^{n}(\mu_x - x_i^*)\dfrac{\partial g}{\partial x_i}\Big|_{x^*}}{\sum_{i=1}^{n}\alpha_i\sigma_{x_i}\dfrac{\partial g}{\partial x_i}\Big|_{x^*}} \tag{2.26}$$

对上式加以整理可得

$$\sum_{i=1}^{n}\frac{\partial g}{\partial x_i}\Big|_{x^*}(\mu_{x_i} - x_i^* - \beta\alpha_i\sigma_{x_i}) = 0 \tag{2.27}$$

由此可解出

$$x_i^* = \mu_{x_i} - \alpha_i\beta\sigma_{x_i} \quad (i = 1, 2, \cdots, n) \tag{2.28}$$

式中，可靠指标 β 可通过迭代求出。最后由下式求出失事概率

$$P_{\mathrm{f}} = 1 - \Phi(\beta) \tag{2.29}$$

改进一次二阶矩法由于是将功能函数 $g(\cdot)$ 在失事临界点展开，截断误差小，故比均值一次二阶矩法的精度较高。当 Z 为正态分布时，其计算结果是较为理想的。但在实际工程中，抗力与荷载变量也有为非正态分布的情况，这样会增加计算误差。为了确保计算精度，应将非正态分布变量转化为正态分布变量，即进行当量的正态化处理，这就是下面要介绍的 JC 法。

6. JC 法

JC 法是拉克维茨和菲斯莱等提出来的，它适用于随机变量为任意分布下结构可靠指标的求解，已经被国际安全度联合委员会（Journal of Computer and System Sciences，JCSS）

所推荐采用，故称为 JC 法。JC 法的基本原理是：将随机变量 x_i 原来的非正态分布用正态分布代替，但对于代替的正态分布要求在临界失事点 x_i^* 处的累积分布函数（cumulative distribution function，CDF）值和概率密度函数（probability distribution function，PDF）值与原来分布的 CDF 值和 PDF 值相同，如图 2.4 所示。

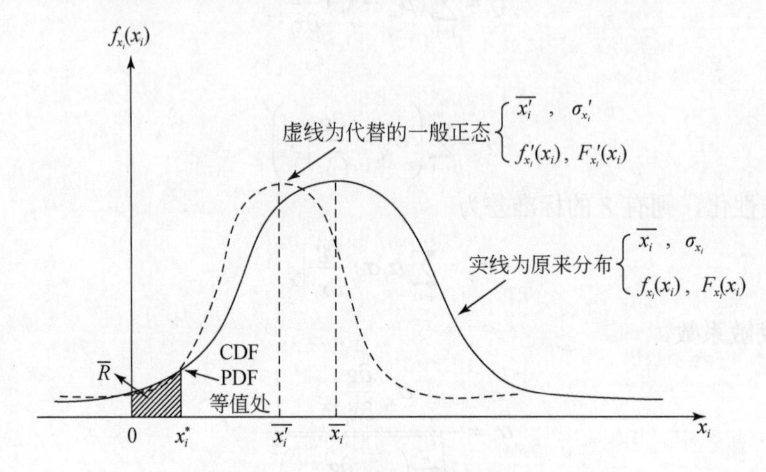

图 2.4　正态变量概率密度分布图

图 2.4 中，$\overline{x_i}$ 和 σ_{x_i} 为非正态变量的均值和标准差，根据上述二条件求得等效正态分布的均值 $\overline{x_i'}$ 和标准差 σ_{x_i}'，最后用一次二阶矩法求结构的可靠指标 β。下面介绍当量正态化的过程。

在临界失事点处使非正态变量的分布函数值、概率密度函数值与当量正态变量的对应值相等，即

$$F_{x_i}(x_i^*) = \Phi\left(\frac{x_i^* - \overline{x_i'}}{\sigma_{x_i}'}\right) \tag{2.30}$$

$$f_{x_i}(x_i^*) = \frac{1}{\sigma_{x_i}'}\varphi\left(\frac{x_i^* - \overline{x_i'}}{\sigma_{x_i}'}\right) \tag{2.31}$$

由此可以解出

$$\begin{cases} \sigma_{x_i}' = \varphi[\Phi^{-1}(F_{x_i})] / f_{x_i}(x_i^*) \\ \overline{x_i'} = x_i^* - \sigma_{x_i}'\Phi^{-1}[F_{x_i}(x_i^*)] \end{cases} \tag{2.32}$$

上述各式中，$F_{x_i}(\cdot)$ 和 $f_{x_i}(\cdot)$ 分别代表变量 x_i 的原来累积分布函数和概率密度函数；$\Phi(\cdot)$ 和 $\varphi(\cdot)$ 分别代表标准正态分布下的累积分布函数和概率密度函数；x 和 σ_{x_i}' 为当量正态化后的变量的均值和标准差。当量正态化后的失事概率计算步骤与改进一次二阶矩法相同。

JC 法对均值一次二阶矩法和改进一次二阶矩法的缺点进行了改进，因此其计算精度较高。

7. 实用分析法

实用分析法是赵国藩教授根据帕洛黑姆和汉纳斯的“加权分位值法”的概念而提出的。它也是变量为非正态变量下转换为正态变量的一种求解可靠指标 β 的方法。其当量正态化

的条件：①原非正态分布变量（x_i）和当量正态分布变量（x_i'）对应于失事概率（P_f）有相同的临界失事点；②x_i' 和 x_i 有相同的均值。

根据条件①，当 $\frac{\partial g}{\partial x_i}\Big|X^* > 0$（即临界失事点位于概率密度函数曲线的上升段时）则有

$$F_{x_i}(x_i^\mathrm{f}) = F_{x_i}(\mu_{x_i} - \beta_i^- \sigma_{x_i}) = F'_{x_i'}(x_i^\mathrm{f}) = F'_{x_i}(\mu'_{x_i} - \beta\sigma'_{x_i}) = P_\mathrm{f} \tag{2.33}$$

式中，x_i^f 为非正态变量 x_i 在失事条件下的特定值。

当 $\frac{\partial g}{\partial x_\mathrm{i}}\Big|X^* <0$（即临界失事点位于概率密度函数曲线的下降段时）有

$$F_{x_i}(x_i^\mathrm{f}) = F_{x_i}(\mu_{x_i} + \beta_i^+ \sigma_{x_i}) = F'_{x_i}(x_i^\mathrm{f}) = F'_{x_i}(\mu'_{x_i} + \beta\sigma'_{x_i}) = 1 - P_\mathrm{f} \tag{2.34}$$

根据条件②有

$$\mu'_{x_i} = \mu_{x_i} \tag{2.35}$$

由式（2.33）和式（2.35）可得 $\frac{\partial g}{\partial x_i}\Big|X^* > 0$ 情况下

$$\sigma'_{x_i} = \frac{\beta_i^+ \sigma_{x_i}}{\beta} \tag{2.36}$$

由式（2.34）和式（2.36）可得 $\frac{\partial g}{\partial x_i}\Big|X^* < 0$ 情况下

$$\sigma'_{x_i} = \frac{\beta_i^- \sigma_{x_i}}{\beta} \tag{2.37}$$

由此得到当量正态变量的分布函数。

该方法的计算精度与 JC 法相当，但对于多变量的复杂系统，可靠指标 β 的计算较为困难。

8. 优化法

根据可靠指标的几何含义，可靠指标 β 是标准正态坐标原点到极限状态面的最短距离 d，在极限状态面方程 $g(x)=g(x_1，x_2，\cdots，x_n)$下将目标函数写成

$$f(x) = d = f(x_1, x_2, \cdots, x_n) = (x_1^2 + x_2^2 + \cdots + x_n^2)^{1/2} \tag{2.38}$$

分别将 $g(x)$和 $f(x)$对 x_1，x_2，…，x_{n-1} 进行求导，并视 x_n 为 x_1，x_2，…，x_{n-1} 的函数，求得 x_1，x_2，…，x_{n-1} 与 x_n 关系如下

$$\left.\begin{aligned} \frac{\partial x_n}{\partial x_1} &= -\frac{g_1}{g_n} \\ \frac{\partial x_n}{\partial x_2} &= -\frac{g_2}{g_n} \\ &\vdots \\ \frac{\partial x_n}{\partial x_{n-1}} &= -\frac{g_{n-1}}{g_n} \end{aligned}\right\} \tag{2.39}$$

$$\left.\begin{aligned}
&\frac{\partial f}{\partial x_1}=f_1+f_n\frac{\partial x_n}{\partial x_1}=0\\
&\frac{\partial f}{\partial x_2}=f_2+f_n\frac{\partial x_n}{\partial x_2}=0\\
&\qquad\vdots\\
&\frac{\partial f}{\partial x_{n-1}}=f_{n-1}+f_n\frac{\partial x_n}{\partial x_{n-1}}=0
\end{aligned}\right\}\tag{2.40}$$

式中，g_i、f_i（$i=1, 2, \cdots, n-1$）分别表示$g(\cdot)$、$f(\cdot)$对x_i（$i=1, 2, \cdots, n-1$）的偏导数。将式（2.39）代入式（2.40）则可得

$$\left.\begin{aligned}
&f_1-f_n\frac{g_1}{g_n}=0\\
&f_2-f_n\frac{g_2}{g_n}=0\\
&\qquad\vdots\\
&f_{n\text{-}1}-f_n\frac{g_{n-1}}{g_n}=0
\end{aligned}\right\}\tag{2.41}$$

联立求解式（2.38）及式（2.41）则可解出验算点$x_1^*, x_2^*, \cdots, x_n^*$，并由下式求出可靠指标$\beta$值

$$\beta=\min d=\left[(x_1^*)^2+(x_2^*)^2+\cdots+(x_n^*)^2\right]^{\frac{1}{2}}\tag{2.42}$$

则失事概率为

$$P_{\mathrm{f}}=1-\Phi(\beta)\tag{2.43}$$

由上述推导过程可知：优化法常常需要解高次超越方程组，这是非常困难的，即使解单一的单变量超越方程就已不易，更何况解超越方程组，而且对于小概率情况，方程组常常不会收敛。在实际工程中，往往涉及很多变量，系统是一个复杂的多变量系统，用优化方法几乎是不可能的。因此，优化方法在实际工程中的应用很受限制。

2.4.2 事故后果估计

1. 重要性分析

大坝失事的形式不同，相应的失事概率及后果也不同，常见的失事形式包括：①因漫顶和侵蚀使坝溃决；②因内部侵蚀使坝溃决；③溢洪道失事；④泄水建筑水流失控。对大坝防洪安全而言，突然彻底溃决的可能性小，但后果最严重。溃坝影响评价是指由于大坝溃决对下游淹没区所产生的影响的评价。澳大利亚的风险评价指南规定，当大坝坝高超过8m且蓄水能力超过50万m^3，或蓄水能力超过25万m^3，但流域面积3倍于水库面积时，都需要做溃坝影响评价。溃坝影响评价是大坝安全管理的最起码的要求，该项工作必须由注册的专业工程师根据已颁发的《溃坝影响评价指南》来做，业主、水库管理人员或其雇员不能做。

溃坝后果评价主要是确定风险人口数，所谓风险人口是指溃坝洪水淹没范围内直接受到洪水影响的人员。要分析风险人口数，首先是通过大坝溃决分析确定溃决场景和溃坝影响范围，统计不同情况下的风险人口数；进而根据风险人口数评价大坝的安全程度。例如，在澳大利亚，风险人口数超过 100 人，大坝属于第 2 类应加固坝；风险人口数在 2～100 人，大坝属于第 1 类应加固坝；风险人口数小于 2 人，大坝可不加固。指南还规定溃坝后果评价必需每年做一次。

由于溃坝洪水的极大破坏性和突发性，承担风险的生命财产、住房等均受到极大威胁。生命损失是溃坝产生的社会影响中最重要的一个方面，承担风险的人口越多，生命损失也将越大。溃坝的时间（白天或晚上）、溃坝时的天气情况等，各种不确定情况都将影响到承担风险的人数；警报发布的时间越长，生命损失越小，如果没有警报，生命损失将大大增大。

2. 考虑因素

分析计算溃坝损失，首先根据洪水可能造成的溃坝形式（如假定突然彻底溃决），进行溃坝洪水计算，得到下游洪水淹没图。淹没图应给出淹没面积、不同断面的最大洪水位以及溃坝洪水波到达时所经历的时间，然后进行损失计算。通常应考虑的损失有：

（1）遭受风险（受威胁）的人口损失。可能死亡人数主要是以下洪水特征参数的函数：水深、流速、温度、洪水含沙量、洪水持续时间、洪水发生时间（白天或夜晚洪水发生造成的损失差别很大）、警报时间和撤退路线。美国曾根据 1950 年以来发生的 25 次溃坝事件的有关资料做过专门的分析，发现死亡人数与警报时间关系密切。

（2）经济环境损失。包括对大坝的破坏，严重时可造成大坝报废；对下游淹没区内城市、乡村、工矿企业、主要道路、铁路的损害，以及对河流下游水工建筑物（水电站）的破坏；工程受益的损失；由于工业生产、运输的中断带来的间接损失；其他环境损失等。

经济环境损失的大小与受淹地区的社会经济发展有密切的关系。通常只能根据已经发生的事故进行类似的分析估计，因此结果往往不是很精确。

（3）工程所有人、所在地区和所在国家承受的社会和经济后果。人的生命是十分珍贵的，失事后果评价中，生命损失估算尤为重要。大坝破坏所造成的生命损失有两个最重要的影响因素：一是留给受溃坝洪水威胁的人紧急疏散的时间；二是大坝溃坝洪水威胁地区的居住人数。美国对造成了 50 人以上死亡以及 1960 年后发生生命损失的大坝的生命损失与警报时间、风险人口数和死亡人数的关系进行了深入的研究，取了得一定成果。它们的生命损失估算方法依赖其大坝破坏的资料，估算方法包括以下 6 步：

第一步：确定所要评价的大坝破坏场景，即确定用于评价的失事模式。例如，估计两个不同的场景的生命损失：正常天气条件下满库时破坏和大洪水发生造成的大坝漫顶溃坝。

第二步：确定相应的破坏时间，如是白天还是黑夜，是周末还是工作日。大坝下游的风险人口数受季节和处在周内哪一天等因素影响。例如，营地在冬天可能不会使用，而夏天使用的人很多，尤其在夏季的周末。选择时间种类（季节、周内哪一天等）可使计算简单，可表现出洪泛区使用程度的变化和相应的风险人口。一天内的具体时间影响着警报时间和风险人口数，研究一般应分为白天和黑夜。

第三步：确定警报时间。这依赖于当地特定的条件，如大坝管理人员和所处一天内的时刻。确定何时启动大坝破坏的警报可能是大坝破坏造成生命损失估算最重要的一部分，美国、法国、意大利等一些国家对于大坝破坏的警报何时启动的研究表明：在白天、大坝有看守人员、大坝上游流域面积较大、水库拦蓄洪水库容较大等条件下，能及时发出破坏警报的可性能较大；相反，在黑夜、大坝没有看守人员、大坝上游流域面积较小和水库拦蓄洪水库容较小条件下，及时发出警报的可能性较小。

第四步：估计每个大坝破坏场景的淹没面积。评价风险人口数，需对每个大坝破坏场景绘制淹没图或给出其淹没面积的计算方法。在一些情况下，需要进行新的大坝溃坝模拟研究。

第五步：估计每个破坏场景的风险人口数。风险人口数定义为没有任何警报发布前大坝破坏的洪水淹没区的人员数目。风险人口数的变化与大坝破坏发生的年内时间、周内时间和一日内具体时间相关。利用人口普查资料、实地考察、航拍照片、电话访问、地形图和其他资料源可以对风险人口数进行估计。

第六步：应用经验公式估计死亡人数。基于20世纪80年代和90年代关于警报、洪水致命性和风险人口数的认识，可以建立大坝破坏造成生命损失的估计方法。研究发现生命损失与发布给风险人口的警报时间高度有关。洪水的致命性（可以表达为洪水深度和速率的函数）也是一个主要的因素，尤其当警报没有发布和警报发布但没有成功疏散的情况下。

3. 经验公式

1988年，Brown和Graham（1988）提出了大坝破坏生命损失估算的方法，该公式由24座大坝破坏的资料推求出来。该方法考虑了3个主要指标：警报时间、洪水强度（淹没深度和流速）和发生大洪水可能造成的风险人口数（PAR）。关于生命损失估算的界定如下：

（1）当警报时间小于15分钟时：生命损失＝0.5×PAR；

（2）当警报时间大于15分钟而小于90分钟时：生命损失＝$PAR^{0.6}$；

（3）当警报时间大于90分钟时：生命损失＝0.0002×PAR。

警报时间定义为官方疏散警报启动到大坝破坏的危害洪水到达风险人口的时间差。

显然，估计的生命损失很大程度上依赖于警报时间。当风险人口数为5000人时，如果警报时间小于15分钟，大坝破坏的生命损失为2500人；而当警报时间超过90分钟时，生命损失仅为1人。

Dekay和Mcclelland扩展了Brown和Graham的工作，1991年12月31号，他们向美国垦务局提交了题为“设定大坝安全警报的决策：一种以理论为基础的实用方法”，并在1993年出版的《风险分析》中发表了“大坝破坏和急流条件下生命损失的预测”。Dekay和Mcclelland方法认为生命损失与风险人口数有着非线性的关系，水较深和水位变化很快的情况下生命损失比较大，并据此建立了生命损失估算的公式。

（1）对于生命威胁较大（高强度）洪水，即20%或者更多的洪水淹没地区被摧毁或严重破坏的公式为

$$\text{死亡人数}=\frac{PAR}{1+13.277(PAR^{0.440})e^{[2.982(wt)-3.790]}} \tag{2.44}$$

（2）对生命威胁较小（低强度）洪水，即少于20%的洪水淹没地区被摧毁或严重破坏

的公式为

$$\text{死亡人数}=\frac{\text{PAR}}{1+13.277(\text{PAR}^{0.440})\text{e}^{[0.759(\text{wt})]}} \tag{2.45}$$

式中，PAR 为风险人口数，人；wt 为大坝破坏的警报启动到大坝破坏后溃坝洪水到达下游人口的时间，小时。

两种方法之间最大的区别是第一种方法将警报时间分为 3 类，而第二种方法则将其表达为一个连续的变量。Dekay 和 Mcclelland 所建立的第二种生命损失估算方法被推荐使用。需要注意的是，警报时间的价值和重要性在减少大坝破坏所造成的生命损失中怎么强调都是不过分的。

虽然温度、白天或者是夜晚等因素也很重要，但是缺乏相关的资料，暂时没有建立考虑这些因素的相关公式，这也是这种估算公式的缺陷所在。而且建立公式所依据的破坏资料多是小坝，仅有 7 座大坝的坝高超过 15m，且破坏的大坝类型比较单一，更多的是土石坝，混凝土石坝较少。所以公式对于那些大坝规模或者破坏场景没有包含在统计资料中的情形是否适用是未知的。Dekay 和 Mcclelland 专门警告不能将他们提出的公式应用到没有警报且风险人口数很大的生命损失估算中去。

世界上有许多不同类型和规模的大坝破坏资料。资料研究发现，大部分的生命损失发生在大坝的下游前 23～30km，对于更小一些的大坝，距离会小于 25km。对一座大坝进行生命损失估算时，应将研究的重点放在下游 30km 以内。

溃坝洪水可能会造成 3 种不同程度的破坏。第一种：房屋被洪水淹没，但是没有破坏。即使无任何警报，死亡率通常都小于 1%，甚至为零。Dekay 和 Mcclelland 所定义的大坝破坏产生的低强度洪水就是属于此类，美国很多的溃坝洪水都属于此类。第二种：溃坝洪水造成房屋和商业的破坏，但是还有一些房屋和树会保存下来，并可成为暂时的避难点。在没有警报的情况下，造成的死亡率在几个百分点到 25%之间变动。Dekay 和 Mcclelland 所描述的高强度洪水就是属于此类。第三种：洪水发生十分突然、后果十分严重。洪泛区被冲平，房屋毁坏并被冲得不留痕迹。在没有洪水警报的情况下，风险人口的死亡率从 50%到 90%不等。

Dekay 和 Mcclelland 的方法不能应用于所有情形，其公式还需要加以改善，以使其具有通用性。改善估算方法的一种方式是将可能造成破坏但是生命损失很小或者不会有生命损失的洪水与肯定会造成生命损失的洪水区分对待。如果要进行区分，那么需要清楚被淹建筑的洪水水深和流速。通常使用的大多数的模型都没有考虑得这么详细，而是提出了一种替代方法，通过引入参数 DV，得

$$\text{DV}=\frac{Q_{\text{df}}-Q_{2.33}}{W_{\text{df}}} \tag{2.46}$$

式中，Q_{df} 为大坝破坏后特定地点的流量，m^3/s；$Q_{2.33}$ 为同一地点的平均流量，m^3/s；W_{df} 为同一地点由大坝破坏所造成洪水的最大宽度，m。

虽然参数 DV 并不代表任何地点的洪水水深和速率，但是能够代表洪水造成的破坏水平。参数 DV 应该可以表示洪水致命性，它与洪水造成的死亡率存在关系：大坝破坏所造成的洪峰流量增加，DV 值也增加；大坝破坏产生的洪水淹没面积越窄，DV 值越高。可以

建立不同类型和规模的大坝破坏后下游的DV值，并将死亡率表示为DV的函数。这样的信息可用来改善生命损失估算的方法。

一些大坝溃坝事故表明引入参数DV的计算方法是合理的，具有实际应用性。St. Francis大坝破坏后，大坝下游2.6km的第二发电厂房溃坝后的洪峰流量大约为36800m^3/s，溃坝洪水的最大宽度为410m，DV值大约为90m^2/s，死亡率接近100%。Laurel大坝破坏后，DV值为10m^2/s，死亡率约27%。1961年9月24日发生破坏的南戴维斯郡水治理地区的1号大坝，DV约1.5m^2/s，死亡率几乎为0。

以上3个事故，大坝都是在晚上发生破坏，且没有警报措施，可以发现当DV值大大低于10m^2/s时，死亡率几乎为零。对于这样低的DV值，死亡率几乎为零的主要原因有：①此类洪水不能摧毁建筑；②大坝的位置可能使得在大坝破坏之前发出警报；③DV值比较小时，大坝破坏造成下游洪水波的速率低。建立死亡率与DV的函数关系有助于改进大坝生命损失估算的方法。对于Dekay和Mcclelland生命损失估算方法不适用的情况，这个关系可以帮助估算生命损失，美国垦务局推荐建立这种关系来补充或者替代Dekay和Mcclelland提出的估算公式。

不同洪水造成的垮坝后果是不同的，同样是垮坝，大洪水所造成的垮坝水流量大、持续时间长、淹没范围广，损失相应较大。一般要针对不同的洪水量级估算垮坝损失，但是，有时为了简便起见，在风险估计时，不区分考虑溃坝损失，认为所有量级的洪水造成的溃坝损失都是相同的，风险度为总的溃坝危险度乘以溃坝易损度。这是一种集总式的风险值计算方法，本书正是基于这一思想。

2.4.3 风险值计算

失事概率分析和事故后果估算之后，就可以计算风险值。前面已经提到，风险值以风险度（R）表示，即将失事概率和失事后果通过赋值函数转换为危险度H(0，1)和易损度V(0，1)，根据联合国人道主义事务部的规定（United Nations Department of Humanitarian Affairs，1991，1992），风险度表达为

$$R = H \times V \tag{2.47}$$

上式为风险值计算的集总式公式。

如前所述，有时为了考虑不同洪水条件造成的溃坝损失是有差异的，在风险值计算时，则分别对不同事故发生模式的发生概率与其相对应的损失进行计算，于是得到风险值的分散式计算公式如下

$$R = \sum_{i=1}^{n} R(i) = \sum_{i=1}^{n} H(i \times V(i)) \tag{2.48}$$

式中，$H(i)$为某洪水区间范围溃坝危险度，（0，1）；$V(i)$为对应的溃坝易损度，（0，1）；n为失事类型总数。

第3章　南方湿润地区土石坝防洪危险性评估方法

水库汛期分期调度是当前雨洪资源利用的一种有效途径，已经成为水文水资源学科的重要内容。危险度是危险性评价的定量表达，对水库防洪安全而言，它是水库汛期漫坝失事概率的函数，取值为［0，1］。本章将详细介绍适用于南方湿润地区水库汛期分期条件下的土石坝防洪危险度模型构建理论和方法，给出危险度等级的划分标准和评价指南。在此基础上，以澄碧河水库为实例，探讨危险度理论和方法的工程应用。

3.1　水库汛期分期调度的不确定性分析

3.1.1　不确定性的分类

不确定性按学科可分为随机不确定性、模糊不确定性和灰色不确定性三类（曹云，2005）。随机不确定性表现为事件的发生条件不一定能够引起事件的发生，具有一定的随机性；模糊不确定性表现为事物的界限模糊不清，无法准确地分类；灰色不确定性是由于所掌握的知识不全，对事物的整体特征无法完全了解，因而产生的不确定性。

不确定性从本质上分又可以分为客观不确定性和主观不确定性（曹云，2005）。客观不确定性包括物理量本身所具有的客观随机性、测量值与真实值之间的偏差和近似简化与真实值之间的偏差；主观不确定性是由于人类的主观意识或行为造成的与客观事实之间的偏差。客观不确定性和主观不确定性的区别在于前者是与真实值保持一致的，而后者是与客观事实相悖的。

3.1.2　水库调度的不确定性

不确定性是水库调度固有的特性，主要可以表现为水文、水力、土工、结构和操作管理等方面的不确定性，其中最常见的是水文不确定性和水力不确定性。

水文不确定性是指水利工程所涉及的各种与水文相关的具有不确定性的物理量（何刚，2003；曹云，2005），主要有洪水频率分布（洪峰、洪量），暴雨频率分布与失控分布，洪水过程线，风浪对洪水的影响，年径流量分布，年内洪水的时间分布，水位与库面面积关系，水位与库容关系，汛期坝前水位，库区冲淤，坝顶高程等。

水力不确定性是指影响泄流能力和计算水力荷载时具有不确定性的物理量（何刚，2003；曹云，2005），如溢洪道的溢流系数、溢流堰净宽和堰顶高程的不确定性均会影响溢洪道的泄流能力，从而影响水位与下泄流量之间的关系。

根据已有的研究结果（金明，1991），影响水库防洪调度风险的最主要因素是水文不确定性，故本章主要考虑水文不确定性，如入库洪水和风浪对水位的影响。

3.2 基于蒙特卡罗法的水库汛期分期漫坝风险率模型

3.2.1 蒙特卡罗法

蒙特卡罗法的基本思路（李继华，1994；吕满英，2002）：首先对影响其失事概率的随机变量以随机数的方式进行大量随机抽样；然后将抽样值代入功能函数式，统计失效次数，计算失效次数和总抽样数的比值，从而确定失事概率。

1. 基本原理

假设有独立随机变量 x_1，x_2，…，x_n，各随机变量的概率密度函数分别为 f_{x_1}，f_{x_2}，…，f_{x_n}，功能函数为

$$Z=g(x_1, x_2, \cdots, x_n) \tag{3.1}$$

则此系统的失事概率（P_{f}）的计算步骤为

（1）用随机抽样分别获得各变量的抽样值 x_1，x_2，…，x_n；

（2）将抽样值分别代入功能函数计算 Z_i；

（3）若抽样值总组数为 N，其中有 L 组抽样值对应的功能函数值 $Z_i \leqslant 0$，则失事概率 $P_{\mathrm{f}}=\dfrac{L}{N}$。

2. 随机变量的取样

求已知分布的随机变量的随机数是蒙特卡罗法解题的关键，选取的随机数是否具有代表性直接影响模型计算结果的准确性。为保证选取的随机数代表性高，首先应在（0，1）上选取均匀分布的伪随机数，然后再通过变换得到给定分布的随机数。

1）均匀分布的伪随机数

伪随机数的产生方法中，应用最广泛的是 1951 年 Lehmer 提出的线性同余伪随机数生成器（linear congruential pseudo random generator）（朱晓玲和姜浩，2007），它具有统计周期长且稳定的优点。线性同余伪随机数生成器的迭代公式为

$$x_{i+1}=\left(ax_i+c\right)\bmod m \tag{3.2}$$

式中，a、c、m 均为正整数；mod 为取余算法。式（3.2）表示（ax_i+c）除以 m 后的余数为 x_{i+1}。具体计算时，引入一个取整参数 k_i，令

$$k_i=\operatorname{int}\left(\frac{ax_i+c}{m}\right) \tag{3.3}$$

式（3.2）可以表示为

$$x_{i+1}=ax_i+c-mk_i \tag{3.4}$$

则标准化的伪随机数为

$$u_{i+1}=\frac{x_{i+1}}{m} \tag{3.5}$$

2）任意给定分布的随机数

已知均匀分布的伪随机数，通过一些变换可以得到任意给定分布的随机数，常用的方法有反函数法、舍选法和变换法（彭奇林，1998；李曙雄和杨振海，2002；张艳红和吴勇，2004；李成杰和裴峥，2009；曾治丽等，2010）。下面简单介绍这 3 种方法，并以此对本章中所涉及的皮尔逊Ⅲ型分布、极值Ⅰ型分布和瑞利分布进行随机数的选取。

（1）反函数法。

一般来说，随机变量在选取产生随机数时，其累积分布函数若是已知的，对于绝大多数的累积分布函数来说，其反函数也较易求出，故反函数法在 3 种求任意分布的随机数方法中最常用。

反函数法的求解步骤：

① 得到［0，1］均匀分布的伪随机数 u_i；

② 得到随机变量的累积分布函数的反函数 $F^{-1}(x)$；

③ 将 u_i 代入 $F^{-1}(x)$，得随机变量的随机数 $X_i=F^{-1}(u_i)$。

（2）舍选法。

在随机变量的累积分布函数已知，但反函数很难求出时，反函数法已不适用，此时可以采用舍选法。舍选法的基本思路是：已知随机变量的概率密度函数 $f(x)$，如图 3.1 所示，利用均匀分布产生的随机数在矩形 $ABCD$ 中随机取样，取样值若在 $f(x)$ 曲线下，则保留为随机变量的随机数，反之舍去。

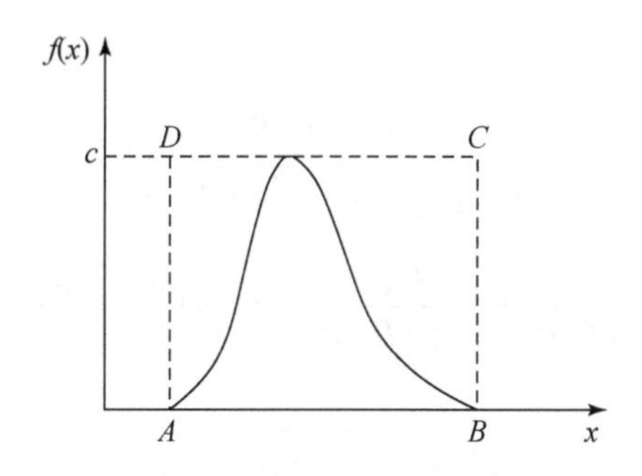

图 3.1　舍选法中随机变量的概率密度函数

舍选法的求解步骤：

① 确定随机变量的取值范围［a，b］、概率密度函数 $f(x)$及其最大值 c；

② 生成在［0，1］均匀分布的随机数 r_1、r_2，令 $x_1=(b-a)r_1+a$、$y_1=cr_2$；

③ 将 $x_1=(b-a)r_1+a$ 代入 $f(x)$中，若 $y_1\leqslant f(x_1)$，则 $X_1=x_1$，否则舍去 x_1、y_1，重新进行第②步。如此循环，即可产生随机变量的随机数 X_1。

（3）变换法。

变换法的关键是求出变换式，利用变换式可将一个分布的随机数变为另外一个分布的随机数。Box-Muller 变换式是应用变换法产生正态分布随机数的典型例子（朱晓玲和姜浩，2007），其表达式为

$$\begin{cases} Y_1 = \sqrt{-2\ln(X_1)}\sin(2\pi X_2) \\ Y_2 = \sqrt{-2\ln(X_1)}\cos(2\pi X_2) \end{cases} \tag{3.6}$$

式中，X_1、X_2 是区间（0，1］均匀分布的随机数；Y_1、Y_2 是相互独立的符合正态分布的随机数。

（4）皮尔逊Ⅲ型分布、极值Ⅰ型分布和瑞利分布的随机数。

皮尔逊Ⅲ型分布的概率密度函数已知，但其反函数较难求解，故采用舍选法，计算步骤同舍选法。

极值Ⅰ型分布的累积分布函数已知，且其反函数较易求解，故可用反函数法。其累积分布函数及反函数分别为

$$F(x) = \exp\{-\exp[-\alpha(x-k)]\} \tag{3.7}$$

$$F^{-1}(x) = k - \frac{1}{\alpha}\ln(-\ln x) \tag{3.8}$$

式中，α、k 为常量参数，$\alpha = \frac{1.2825}{\sigma_X}$，$k = \overline{X} - 0.45\sigma_X$（$\overline{X}$、$\sigma_X$ 分别为随机变量 X 的均值、标准差）。若可产生（0，1］均匀分布的随机数 u_i，则极值Ⅰ型分布的随机数 X_i 表示为

$$X_i = \overline{X} - 0.45\sigma_X - 0.7797\sigma_X \ln(-\ln u_i) \tag{3.9}$$

瑞利分布的累积分布函数已知，且其反函数较易求解，故可用反函数法。其累积分布函数及反函数分别为

$$F(x) = 1 - e^{\frac{-x^2}{2u^2}} \tag{3.10}$$

$$F^{-1}(x) = \sqrt{-2\mu^2\ln(1-x)} \tag{3.11}$$

式中，μ 为分布参数，$\mu = \frac{\overline{X}}{\sqrt{0.5\pi}} = \frac{\sigma_X}{\sqrt{2-0.5\pi}}$。若可产生［0，1）均匀分布的随机数 μ_i，则瑞利分布的随机数 X_i 表示为

$$X_i = \sqrt{-2\mu^2\ln(1-\mu_i)} \tag{3.12}$$

3.2.2 漫坝风险率模型概述

图3.2和图3.3是珠江流域梧州站和黄河流域兰州站的日径流量及日径流量变化率过程线，由图可知，以珠江为代表的南方湿润地区河流的日径流量变化率通常在10%以上，个别日径流量变化率甚至超过90%；而位于北方干旱地区的黄河，其日径流量变化率通常在10%以下，变化最大时也不超过 40%。由此可见，南方湿润地区的河流在日时间尺度下，径流量变化较其他地区更为剧烈。由于南方湿润地区独特的气候特性，该地区水库汛期发生坝体漫顶的可能性较其他地区更大；发生漫顶后，特别是土石坝，溃坝的可能性较高，且溃坝造成下游的灾害较严重。此外，汛期采用单一汛限水位往往造成洪水资源的浪费，水库汛期分期调度有利于水库经济效益的发挥，并可在一定程度上克服防洪和兴利之间的矛盾。因此，本节基于汛期分期调度的前提，构建南方湿润地区水库漫坝风险率模型。

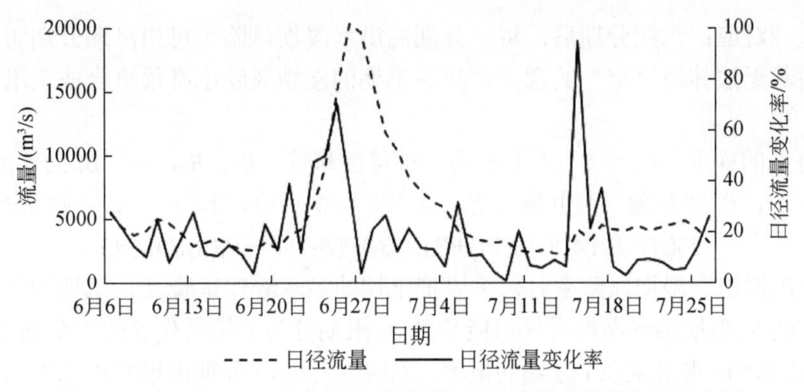

图 3.2　2023 年 6～7 月珠江流域梧州站日径流量及其变化率组合图

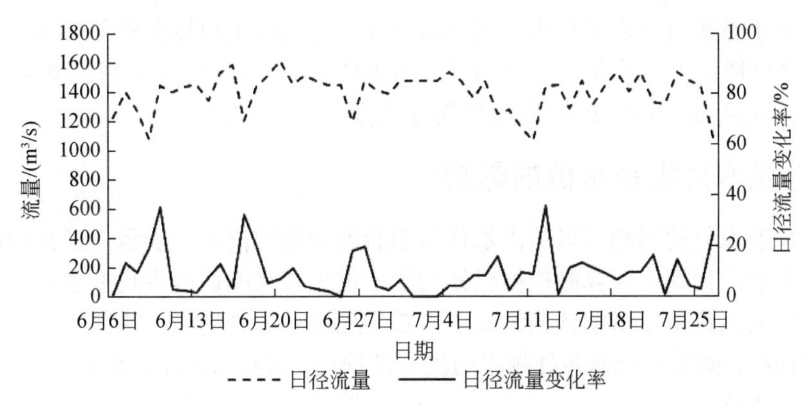

图 3.3　2023 年 6～7 月黄河流域兰州站日径流量及其变化率组合图

1. 汛期分期漫坝风险率模型

水库漫坝是指坝前洪水位超过坝顶高程造成水流溢流或溃坝。对于土石坝，通常可以承受静水压力，而非水流冲刷，若洪水漫过坝顶，溢流会冲坏坝顶，最后可能导致溃坝。因此，对于土石坝水库而言，绝不允许洪水漫顶。本章考虑土石坝水库漫顶即会溃坝情况下的失事概率，对于极少数土石坝漫顶不会造成溃坝的情况不予考虑。

假设 D 为坝顶高程，Z 为坝前水位，则土石坝水库的漫坝事件可以表示为

$$Z \geqslant D \tag{3.13}$$

坝前水位（Z）主要由洪水作用引起的最高坝前水位（Z_m）和风浪作用引起的水位增量（Z_W）组成，其中 Z_W 包括水面风壅高度（e）和波浪爬高（R_P），则漫坝风险率（失事概率，P_f）可表示为

$$P_f = P(Z \geqslant D) = P(Z_m + Z_W \geqslant D) = P(Z_m + e + R_P \geqslant D) \tag{3.14}$$

由式（3.14）可知，若采用蒙特卡罗法求解漫坝失事概率（P_f），则必须确定洪水和风浪对坝前水位的影响。

2. 全汛期组合漫坝风险率模型

汛期在不分期时，计算的水库汛期漫坝风险率可以反映“年”的意义，这与重现期的

概念可以一一对应；汛期分期后，每一分期的洪水漫坝风险率可由汛期分期防洪风险率模型求出，但其无法体现“年”的意义，故各汛期的漫坝风险率必须组合成全汛期的漫坝风险率。

设试验 E 的样本空间为 S，A 为 E 的一种可能事件，B_1，B_2，…，B_n 为 S 的一个划分，即 B_1，B_2，…，B_n 相互独立且并集为 S，且 $P(B_i)>0$（i=1，2，…，n），则公式可表示为

$$P_{\mathrm{f}}(A)=P_{\mathrm{f}}(A|B_1)P(B_1)+P_{\mathrm{f}}(A|B_2)P(B_2)+\cdots+P_{\mathrm{f}}(A|B_i)P(B_i) \tag{3.15}$$

计算全汛期组合漫坝风险率时，可以把汛期的洪水看作试验 E，汛期的全部洪水系列看作样本空间 S，汛期洪水漫坝看作可能事件 A，汛期分为 n 期看作 S 的一个划分 B_1,B_2,…,B_n，则 $P(B_i)$表示洪水出现在 i 分期的概率，$P_{\mathrm{f}}(A|B_i)$表示 i 分期出现的洪水漫坝风险率，全汛期组合漫坝风险率 $P_{\mathrm{f}}(A)$即可用式（3.15）表示。

年最大洪水是来自洪水的样本，其分布规律一定程度上可以反映总体洪水系列的分布规律，故洪水出现在 i 分期的概率 $P(B_i)$可以用年最大洪水出现在 i 分期的概率表示。i 分期出现的洪水漫坝风险率 $P_{\mathrm{f}}(A|B_i)$可以用汛期分期漫坝风险率模型求解。

3.2.3 洪水对坝前水位的影响

洪水对坝前水位的影响可以用洪水作用引起的最高坝前水位表示，最高坝前水位可通过调洪演算求解，而调洪演算是根据已知的洪水过程和水库调度规则推求未知的下泄流量曲线和最高坝前水位。在汛期分期情况下，首先应进行各分期洪水特征的分析，获得各分期洪水频率曲线，确定各分期各种频率的洪水过程；然后根据水库调度规则进行调洪演算，确定最高坝前水位。

对于设有溢洪道的水库，溢洪道的类型一般可以分为有闸和无闸两种。在汛期水库调度规则不一样时，水库调洪演算的结果也不一样。本章主要介绍水库溢洪道无闸或者虽设溢洪道但闸门全开的调度方式的调洪计算方法。

1. 水库调洪演算原理

水库调洪演算必须保证水量平衡和动力平衡，这两种平衡分别用水量平衡方程、水库蓄泄方程（或水库蓄泄曲线）表示。根据已知的洪水过程线，从起始时段开始，逐段求解以上两个方程，最终得到出库流量过程，这就是水库调洪演算的原理。

水库的水量平衡即在一段时间内入库水量减去出库水量等于水库增加水量，如图 3.4 所示，水量平衡方程表示为

$$\left(\frac{Q_1+Q_2}{2}-\frac{q_1+q_2}{2}\right)\Delta t=V_2-V_1 \tag{3.16}$$

式中，Δt 为计算时段，s；Q_1、Q_2 为时段 Δt 初始和结束的入库流量，$\mathrm{m^3/s}$；q_1、q_2 为时段 Δt 初始和结束的出库流量，$\mathrm{m^3/s}$；V_1、V_2 为时段 Δt 初始和结束的库容，$\mathrm{m^3}$。

水库蓄泄方程表示的是水库水位和相应下泄流量之间的关系，对于一个具体的水库，若不考虑库容淤积等不确定性因素，其水库蓄泄方程或水库蓄泄曲线可以认为是不变的。

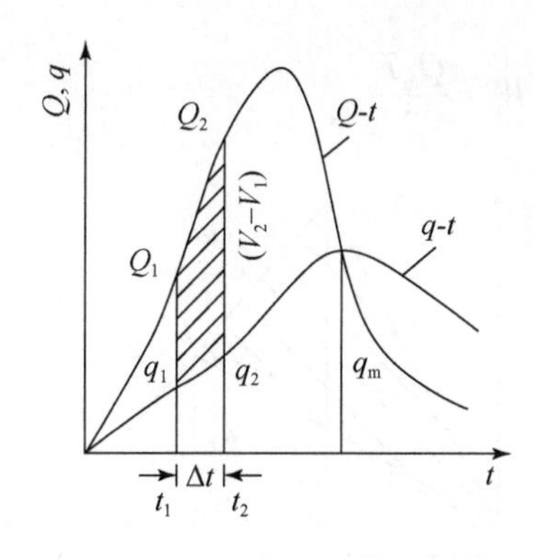

图 3.4　水库调洪演算示意图

2. 水库调洪演算方法

由图 3.5 可知，水库在调洪的过程中，当下泄流量为最大下泄流量（q_m）时，水库增加的蓄水量达到最多，相应增加的库容为调洪库容（$V_洪$），此时水库的水位应该是最大坝前水位（Z_m），水库漫坝的风险此时也达到最大。事实上，计算水库漫坝风险率时，进行水库调洪演算只需求得最高坝前水位（Z_m），而最高坝前水位（Z_m）和调洪库容（$V_洪$）及最大下泄流量（q_m）的关系是一一对应的，所以寻找一种简易方法求解水库的 $V_洪$及 q_m 很有必要。

常用的调洪演算方法有试算法、半图解法和简化三角形法等。试算法主要是根据水量平衡方程和水库蓄泄曲线列表解算各时段末的库容和下泄流量，从而得到下泄流量曲线 q-t，若入库洪水过程线 Q-t 与交点恰好为计算的 q_m，则可以继续推求最高坝前水位（Z_m）。半图解法是利用变换后的水库蓄泄方程作辅助线，结合变化后的水量平衡方程推求每一固定时段的下泄流量（q），从而得到下泄流量曲线 q-t。简化三角形法是将入库洪水过程线概化为三角形，然后经过简单的推算即可得到调洪库容（$V_洪$）、最大下泄流量（q_m）和最高坝前水位（Z_m）。试算法适用范围广但计算复杂，半图解法只适用于自由泄流和推算时间间隔固定的情况，这两种方法均需明确知道入库洪水过程线 Q-t。简化三角形法可以将以上过程进行简化，只需知道入库洪水的洪峰流量和持续时间即可推求下泄流量过程的最大下泄流量（q_m）和最高坝前水位（Z_m）。

水库调洪演算的目的是求最高坝前水位（Z_m），对于求解出具体的下泄流量曲线 q-t 并不作要求，若水库调洪演算采用试算法或者半图解法无疑加大了工作量，故本章拟采用简化三角形法进行水库调洪演算。

简化三角形法在进行无闸溢洪道的水库多方案比选时应用较多，能够很简单地计算出水库的最大下泄流量（q_m）和最高坝前水位（Z_m）。该方法假定入库洪水过程线 Q-t 可以概化为三角形，下泄流量过程线 q-t 的上涨段也近似简化为直线，如图 3.5 所示。

由图 3.6 可知，调洪库容（$V_洪$）可以表示为

$$V_{洪}=\frac{Q_m T}{2}-\frac{q_m T}{2}=\frac{Q_m T}{2}\left(1-\frac{q_m}{Q_m}\right)=W\left(1-\frac{q_m}{Q_m}\right) \tag{3.17}$$

式中，Q_m、q_m 分别为入库洪水的洪峰流量和水库调洪的最大下泄流量；T 为调洪过程的总

历时；W 为入库洪水的洪量，$W=\dfrac{Q_{\mathrm{m}}T}{2}$。

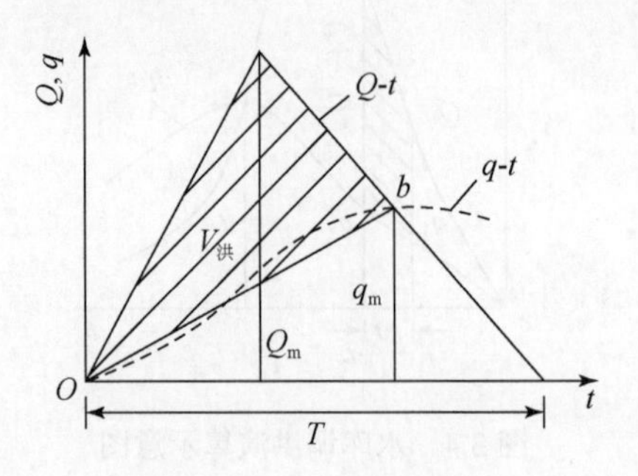

图 3.5　简化三角形法

水库调洪演算的求解可用式（3.17）与水库的蓄泄曲线相结合，得到水库的调洪库容（$V_{洪}$）及最大下泄流量（q_{m}），如图 3.6 所示。图 3.6 中横坐标为下泄流量（q），纵坐标为水库库容（V），水库蓄泄曲线 q-V 的原点代表的是汛限水位对应的库容（V）和下泄流量（q），AB 直线代表的是式（3.17），两线的交点即为所求的 $V_{洪}$和 q_{m}。

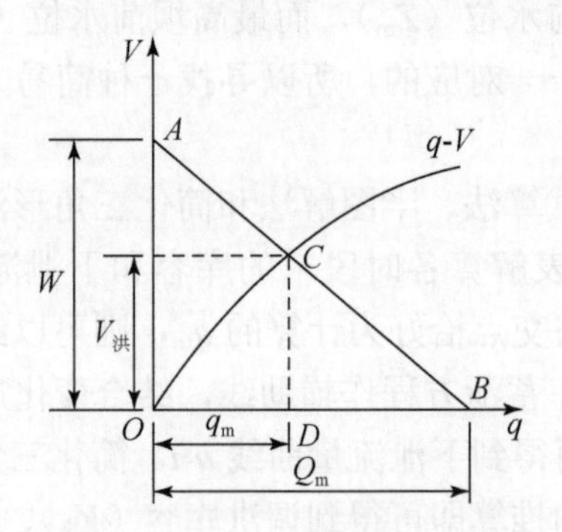

图 3.6　简化三角形法图解示意图

根据所求的水库的调洪库容（$V_{洪}$）和 Z-V 曲线（水位-库容关系曲线），即可得到洪水作用下的最高坝前水位（Z_{m}）。

3.2.4　风浪对坝前水位的影响

风浪对坝前水位的影响可以用水面风壅高度（e）和波浪爬高（R_{P}）表示，其中水面风壅高度（e）和风速均符合极值 I 型分布，波浪爬高（R_{P}）和浪高均符合瑞利分布。

图 3.7 为我国南方和北方地区 6 个城市的汛期盛行风向对比情况，由图可知，受纬度和海陆热力性质差异的影响，南方湿润地区汛期盛行风向表现出以南风和东风为主且风向稳定集中，而其他地区汛期盛行风向则较分散。由于南方湿润地区水库汛期盛行风向较其他地区更为稳定，因此对于风速（W），利用水库汛期最大有效风速计算水面风壅高度（e）和波浪爬高（R_{P}）的均值与均方差。无疑，这样处理对计算结果是偏于安全的。

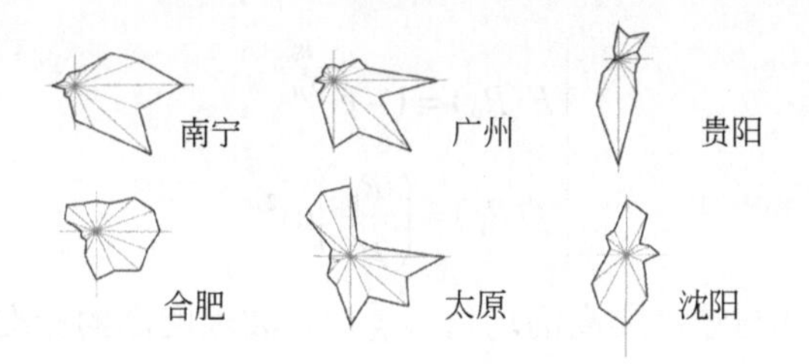

图3.7　南方湿润地区主要城市（南宁、广州、合肥）与其他地区（贵阳、太原、沈阳）汛期盛行风向对比图

1. 水面风壅高度

根据《碾压式土石坝设计规范》（SL 274—2020），水面风壅高度可表示为

$$e = KW^2 D\cos\beta/(2gH) \tag{3.18}$$

式中，K为综合摩阻系数，取3.6×10^{-6}；W为水面上10m处的风速，m/s；D为水库吹程，m；H为平均水深，m；β为风向和水面的夹角，一般取安全值0°。

一定时段最大风速一般符合极值Ⅰ型分布，其累积分布函数和概率密度函数为

$$\begin{cases} F(W_{\rm m}) = \exp\{-\exp[-(W_{\rm m}-\mu)/\alpha]\} \\ f(W_{\rm m}) = \left(\dfrac{1}{\alpha}\right)\exp[-(W_{\rm m}-\mu)/\alpha]\exp\{-\exp[-(W_{\rm m}-\mu)/\alpha]\} \end{cases} \tag{3.19}$$

式中，α、μ为分布参数，与最大风速的均值（$\overline{W}_{\rm m}$）、最大风速的标准差（$\sigma_{W_{\rm m}}$）有如下关系：

$$\begin{cases} \overline{W}_{\rm m} = 0.5772\alpha + \mu \\ \sigma_{W_{\rm m}} = 1.2825\alpha \end{cases} \tag{3.20}$$

水面风壅高度（e）与最大风速（$W_{\rm m}$）的分布相同，为极值Ⅰ型分布。一定时段最大风速的均值（$\overline{W}_{\rm m}$）和最大风速的标准差（$\sigma_{W_{\rm m}}$）可由统计资料求得，其与水面风壅高度（e）的均值$\overline{e}$和标准差σ_e有如下关系为

$$\begin{cases} \overline{e} = \dfrac{K\overline{W}_{有效}^2 D}{2gH} \\ \sigma_e = \dfrac{K\overline{W}_{有效}\sigma_{W_{有效}} D}{gH} \end{cases} \tag{3.21}$$

式中，$\overline{W}_{有效}$为水面上10m处有效风速的均值，m/s；$\sigma_{W_{有效}}$为水面上10m处有效风速的标准差，m/s。

2. 波浪爬高

波浪爬高（$R_{\rm P}$）和浪高均符合瑞利分布，其累积分布函数和概率密度函数为

$$\begin{cases} F(R_{\mathrm{P}})=1-\mathrm{e}^{-\frac{R_{\mathrm{P}}^2}{2\mu^2}} \\ f(R_{\mathrm{P}})=\left(\dfrac{R_{\mathrm{P}}}{\mu^2}\right)\mathrm{e}^{-\frac{R_{\mathrm{P}}^2}{2\mu^2}} \end{cases} \tag{3.22}$$

式中，μ 为分布系数，其与波浪爬高的均值（$\overline{R}_{\mathrm{P}}$）、波浪爬高的标准差（$\sigma_{R_{\mathrm{P}}}$）有如下关系

$$\begin{cases} \overline{R}_{\mathrm{P}}=\sqrt{\dfrac{\pi}{2}}\mu \\ \sigma_{R_{\mathrm{P}}}=\sqrt{\dfrac{4-\pi}{2}}\mu \end{cases} \tag{3.23}$$

根据《碾压式土石坝设计规范》（SL 274—2020），波浪爬高（R_{P}）的均值表示为

$$\overline{R}_{\mathrm{P}}=K_{\Delta}K_{W}\sqrt{\overline{R}\overline{\lambda}}\,/\sqrt{1+m^2} \tag{3.24}$$

其中，

$$\begin{cases} \overline{R}=R/1.71 \\ R=0.0166W^{1.25}D^{0.2} \\ \overline{\lambda}=0.389WD^{0.2} \end{cases} \tag{3.25}$$

式中，K_{Δ} 为斜坡的糙率渗透性系数；K_W 为经验系数，取无量纲的 $\dfrac{W}{gH}$ 计算值；W 为水面上10m 处的风速，m/s；D 为水库吹程，m；H 为平均水深，m；m 为斜坡的坡度系数；R、$\overline{R}$ 表示波浪高度和波浪高度均值，m；$\overline{\lambda}$ 表示波浪长度均值，m。

将式（3.23）～式（3.25）联合求解，即可得到分布系数（μ）、波浪爬高的均值（$\overline{R}_{\mathrm{P}}$）和波浪爬高的标准差（$\sigma_{R_{\mathrm{P}}}$）。

3.2.5 漫坝风险率模型求解

全汛期组合漫坝风险率是以各分期的漫坝风险率为基础数据，通过全概率公式组合计算得到的。下面主要介绍水库汛期分期漫坝风险率模型的求解过程。

第一步，用分期最大值法对多年的洪水系列进行取样，分析得到各分期水文变量的皮尔逊Ⅲ型概率密度函数、均值、变差系数（C_{v}）和偏态系数（C_{s}）；

第二步，对各分期已知分布的洪峰和洪量进行大量随机取样，首先产生［0，1］上的均匀分布的伪随机数，然后用舍选法得到大量的各分期水文变量数据。取样后，根据水库调度规则进行调洪演算，得到大量不同取样组合下的洪水作用下的最高坝前水位（Z_{m}）；

第三步，建立功能函数

$$Z=D-\left(Z_{\mathrm{m}}+e+R_{\mathrm{P}}\right) \tag{3.26}$$

式中，D 为坝顶高程，为定值；Z_{m} 为洪水作用下的最高坝前水位，可由第二步得到大量随机值；e、R_{P} 分别为风浪作用下的水面风壅高度和波浪爬高，可根据其分布进行大量随机抽样。

第四步，由前两步可得到 N 组 Z_{m}、e、R_{P} 的随机样本，根据蒙特卡罗法基本原理，将样本代入式（3.26）中可得到 N 个功能函数值，记其中小于等于 0 的总个数为 L，则各分

期的漫坝风险率为

$$P_{fi}=P\left[D-\left(Z_{mi}+e+R_{P}\right)\leqslant 0\right]=\frac{L_i}{N_i} \tag{3.27}$$

式中，P_{fi} 为汛期 i 分期的漫坝风险率；Z_{mi} 为汛期 i 分期的洪水作用下的最高坝前水位；N_i 为汛期 i 分期用蒙特卡罗法得到的功能函数值的个数；L_i 为汛期 i 分期 N_i 个功能函数值中小于等于 0 的总个数；

第五步，选取多年洪水资料的年最大洪水样本，分析样本出现在汛期各分期的概率，记为 P_i，则全汛期组合漫坝风险率可用式（3.15）计算。

3.3　水库汛期分期危险度模型与等级划分

3.3.1　危险度模型

危险度被引入水库防洪安全评价领域的时间尚短，目前能广泛应用的危险度模型很少，比较有代表性的有莫崇勋等（2010）提出的一种漫坝危险度赋值模型，其表达式为

$$H=\begin{cases}1 & P_{f,\max}<P_f\\ \dfrac{P_f-P_{f,\min}}{P_{f,\max}-P_{f,\min}} & P_{f,\min}\leqslant P_f\leqslant P_{f,\max}\\ 0 & P_f<P_{f,\min}\end{cases} \tag{3.28}$$

式中，H 为漫坝危险度，取值范围［0，1］；P_f 为漫坝风险率；$P_{f,\min}$ 和 $P_{f,\max}$ 分别为漫坝风险率的最小允许值和最大允许值，$P_{f,\min}$ 可取社会公众可接受的漫坝风险率值 10^{-6}，$P_{f,\max}$ 可取水库大坝校核标准的漫坝风险率。这种赋值函数计算简便且具有一定科学性，但是在进行等级划分时难以有确定的标准。

在危险度模型中，危险度的取值要求在［0，1］，而利用归一化函数可以实现这一要求，且等级划分标准可以根据社会公众可接受的漫坝风险率、社会公众可容忍的漫坝风险率、水库大坝校核标准的漫坝风险率和水库大坝防洪设计标准的漫坝风险率来确定。本章拟采用的漫坝风险率归一化函数为

$$y=a\left(\lg x\right)^{b} \tag{3.29}$$

式中，a、b 均为大于 0 的参数，取值依据漫坝风险率的取值范围。

漫坝风险率的取值范围可根据 4 个重要的特征值确定，这 4 个特征值分别是社会公众可接受的漫坝风险率（$P_{社接}$）、社会公众可容忍的漫坝风险率（$P_{社容}$）、水库大坝校核标准的漫坝风险率（$P_{校核}$）和水库大坝防洪设计标准的漫坝风险率（$P_{设计}$）。一般情况下，社会公众可接受的漫坝风险率（$P_{社接}$）为 10^{-6}，社会公众可容忍的漫坝风险率（$P_{社容}$）是 $P_{社接}$的 10 倍，取为 10^{-5}，而水库大坝校核标准的漫坝风险率（$P_{校核}$）和水库大坝防洪设计标准的漫坝风险率（$P_{设计}$）需根据实际情况确定。漫坝风险率在 $P_{社接}$以下时，社会公众可以接受，漫坝概率很小，危险度近乎为 0；漫坝风险率在 $P_{社接}$和 $P_{社容}$之间时，社会公众可以容忍，为低度危险；漫坝风险率在 $P_{社接}$和 $P_{校核}$之间时，失事概率接近校核标准，为中度危险；漫坝风险

率在 $P_{校核}$和 $P_{设计}$之间时，失事概率超过校核标准，接近防洪设计标准，为高度危险；漫坝风险率大于 $P_{设计}$时，水库大坝极可能会失事，为极高危险。因此，$P_{社接}$可为漫坝风险率的下限值，而为体现漫坝风险率超过 $P_{设计}$并不一定会造成大坝失事，只能说明有极高危险，漫坝风险率的上限值取为10倍的 $P_{设计}$，故漫坝风险率的取值范围为［$P_{社接}$，$10P_{设计}$］。

根据漫坝风险率的取值范围可知，式（3.29）需满足两个条件：①当漫坝风险率取 $P_{社接}$时，归一化函数值为 0；②当漫坝风险率为 $10P_{设计}$时，归一化函数值为 1。为避免计算有负号的影响，式（3.29）变换为

$$y = a\left[\lg\left(\frac{x}{P_{社接}}\right)\right]^b \tag{3.30}$$

由需满足的两个条件得

$$a = \frac{1}{\left[\lg\left(10P_{设计}\big/P_{社接}\right)\right]^b} \tag{3.31}$$

则漫坝危险度模型表示为

$$H = \begin{cases} 1 & 10P_{设计} < P_f \\ \left[\dfrac{\lg\left(P_f\big/P_{社接}\right)}{\lg\left(10P_{设计}\big/P_{社接}\right)}\right]^b & P_{社接} \leqslant P_f \leqslant 10P_{设计} \\ 0 & P_f < P_{社接} \end{cases} \tag{3.32}$$

式中，H 为漫坝危险度；P_f 为漫坝风险率；$P_{社接}$为社会公众可接受的漫坝风险率，一般取为 10^{-6}；$P_{设计}$为水库大坝防洪设计标准的漫坝风险率，需根据实际工程情况确定；b 为参数。此处以本章实例澄碧河水库的防洪设计标准 1000 年一遇为例，$P_{设计}$取为 10^{-3}，则在本章实例研究中，漫坝危险度模型可表示为

$$H = \begin{cases} 1 & 10^{-2} < P_f \\ \left[\dfrac{\lg\left(P_f \times 10^6\right)}{4}\right]^b & 10^{-6} \leqslant P_f \leqslant 10^{-2} \\ 0 & P_f < 10^{-6} \end{cases} \tag{3.33}$$

式（3.33）中参数 b 取值可根据 4 个漫坝风险率的分界值确定，分别给 b 赋值 0.10、0.20、0.30、0.40、0.50、0.60、0.70、0.80、0.90、1.00，可以得到 1 组漫坝危险度值，见表 3.1。

实例研究中，漫坝风险率的 4 个特征值中社会公众可接受的漫坝风险率取 10^{-6}、社会公众可容忍的漫坝风险率取 10^{-5}、水库大坝校核标准的漫坝风险率取 10^{-4} 和水库大坝防洪设计标准的漫坝风险率取 10^{-3}，为使等级划分合理且能体现不同的严重程度，对应的漫坝危险度宜分别在 0、0.30、0.50、0.80 左右。由表 3.1 可知，b=0.80 时，漫坝风险率 10^{-5} 对应的危险度为 0.33，漫坝风险率 10^{-4} 对应的危险度为 0.57，漫坝风险率 10^{-3} 对应的危险度

为 0.79，比较符合漫坝危险度等级划分标准的要求。因此，大坝防洪标准为 1000 年一遇时，漫坝危险度模型最终确定为

$$H=\begin{cases}1 & 10^{-2}<P_{\mathrm{f}}\\ \left[\dfrac{\lg\left(P_{\mathrm{f}}\times10^{6}\right)}{4}\right]^{0.80} & 10^{-6}\leqslant P_{\mathrm{f}}\leqslant10^{-2}\\ 0 & P_{\mathrm{f}}<10^{-6}\end{cases} \tag{3.34}$$

式（3.34）是大坝防洪设计标准为 1000 年一遇时推算出来的漫坝危险度模型，对于其他实际工程中大坝防洪标准不同的情况，可以根据以上推导方法通过确定参数 b 得到相应的漫坝危险度模型。

表 3.1　参数 *b* 不同取值下的漫坝危险度一览表（防洪设计标准为 1000 年一遇）

漫坝风险率	0.10	0.20	0.30	0.40	0.50	0.60	0.70	0.80	0.90	1.00
10^{-6}	0	0	0	0	0	0	0	0	0	0
10^{-5}	0.87	0.76	0.66	0.57	0.48	0.44	0.38	0.33	0.29	0.25
10^{-4}	0.93	0.87	0.81	0.76	0.70	0.66	0.62	0.57	0.54	0.50
10^{-3}	0.97	0.94	0.92	0.89	0.86	0.84	0.82	0.79	0.77	0.75
10^{-2}	1.00	1.00	1.00	1.00	1.00	1.00	1.00	1.00	1.00	1.00

3.3.2　危险度等级划分

在自然灾害学的研究中，一般以 0.2 为步长将危险度取值范围［0，1］分为 5 个区间，分别对应于极低危险、低度危险、中度危险、高度危险和极高危险 5 个等级。本章根据漫坝危险度模型和漫坝风险率的 4 个重要特征值——社会公众可接受的漫坝风险率、社会公众可容忍的漫坝风险率、水库大坝校核标准的漫坝风险率和水库大坝防洪设计标准的漫坝风险率（以实例澄碧河水库的防洪设计标准 1000 年一遇为例），确定漫坝危险度的等级划分标准分别为 0、0.33、0.57 和 0.79。具体的分级标准及指导意义见表 3.2。

表 3.2　漫坝危险度的分级标准及指导意义

漫坝危险度（H）	分级	含义	指导意义
0～0.33	低度危险	各漫坝影响因子取值稍小，组合欠佳，漫坝风险率在公众可容忍范围内	防洪为主，治理为辅
0.33～0.57	中度危险	各漫坝影响因子取值稍大，组合尚可，漫坝风险率不超过水库大坝的校核标准	防洪与治理并重
0.57～0.79	高度危险	各漫坝影响因子取值较大，组合值大，处境严峻，漫坝风险率不超过水库大坝的防洪设计标准，但超过校核标准	治理为主，防洪为辅
0.79～1.00	极高危险	各漫坝影响因子取值极大，组合值很大，处境严峻，漫坝风险率已经超过水库大坝的防洪设计标准	可放弃防洪与治理

3.3.3 危险度评价

根据表 3.2 可知，漫坝危险度分为 4 个等级，一般而言，土石坝水库的漫坝风险率应该控制在不超过校核标准的范围内，漫坝危险度在中度危险以下，对于防洪设计标准为 1000 年一遇的水库大坝而言，即漫坝危险度在中度危险 0.57 以下，此时发生漫坝的概率一般，防治原则为防治并重，可保证水库防洪安全。若计算出的漫坝危险度比 0.57 大，那么可以认定该土石坝水库的漫坝发生概率很高，应进行防洪除险加固，检验合格方能运行。

3.4 工 程 应 用

3.4.1 工程概况

1. 流域特征

澄碧河水库位于广西壮族自治区百色市城北 7km 的右江支流澄碧河上。澄碧河发源于凌云县青龙山北麓玉洪瑶族乡他以村，属珠江流域西江水系右江干流的一级支流。河流总长 127km，河道比降为 3.87‰，总落差为 491m。流域总面积为 2087km^2。流域内伏流河总长 25km，主伏流河长约 20km。水库坝址以上流域面积为 2000km^2，其中浩坤溶洞以上集雨面积为 1121km^2。水库汛期受浩坤溶洞长 3.5km 伏流河的影响，洞上游形成天然水库，库容约 3 亿 m^3，最大水深为 60m，对澄碧河水库起调洪作用，所以澄碧河水库入库设计洪水采用上游浩坤设计洪水叠加浩坤至坝址区间设计洪水。

澄碧河流域多年平均降水量为 1560mm，年内降水分配不均，每年 5～9 月的降水量约占全年降水量的 87%。坝址多年平均流量为 40.64m^3/s，最大流量为 1350m^3/s，最小流量仅为 0.3m^3/s，多年平均径流量为 12.82 亿 m^3。流域历年平均气温为 22.1℃，极端最高气温为 42.5℃，极端最低气温为-2.0℃；平均相对湿度为 76%，平均风速为 1.1m/s。

2. 工程特性

澄碧河水库总库容为 11.5 亿 m^3，属大（1）型水库Ⅰ等工程，水库以发电为主，兼顾供水、防洪、灌溉、水产养殖、库区旅游等功能。水库 1000 年一遇设计洪峰流量为 6460m^3/s，相应的设计洪水位为 188.78m；10000 年一遇校核洪峰流量为 7980m^3/s，相应的校核洪水位为 189.85m。水库正常蓄水位与汛限水位重合，为 185.00m，水库死水位为 167.00m。

水库大坝为黏土心墙结合混凝土防渗心墙土石坝，最大坝高为 70.40m，坝顶高程为 190.40m。电站为坝后式，装机容量为 3 万 kW，其多年平均发电量为 1.2373 亿 kW·h。溢洪道位于大坝右侧 7km 的山坳内，由进水渠、闸坝、下游消能设施和泄水渠组成，全长 7km，在大坝下游 1km 处汇入澄碧河。溢流堰设在进口下游 820m 处，由左右两侧的框格填土重力式非溢流段及位于中间的溢流段组成，溢流段长 53.5m，为 4 孔每孔净宽 12m 的开敞式实用堰，堰顶高程为 176.00m，设有高 9.2m 的弧形钢闸门，溢流堰下游设 3 级消力池，溢流堰及消能工于 1966 年建成，1971 年春安装闸门开始蓄水。

水库于 1998～2001 年投资 12960 万元进行全面除险加固，2002 年 9 月主体工程加固完工验收，2007 年 2 月整个除险加固工程竣工验收，被评为优良等级。

表 3.3 为澄碧河水库工程特性表，图 3.8 为大坝典型大断面图。

表 3.3　澄碧河水库工程特性表

特征	量	值
水文特征	坝址以上流域面积	2000km^2
	多年平均降水量	1560mm
	多年平均流量	40.64m^3/s
	多年平均径流量	12.82 亿 m^3
	设计洪峰流量	6460m^3/s
	校核洪峰流量	7980m^3/s
水库特征	调节性能	多年调节
	校核洪水位	189.85m
	设计洪水位	188.78m
	正常蓄水位	185.00m
	防洪高水位	186.50m
	汛限水位	185.00m
	死水位	167.00m
	总库容	11.5 亿 m^3
	调洪库容	2.1 亿 m^3
	兴利库容	5.6 亿 m^3
	死库容	3.8 亿 m^3
大坝特征	坝型	黏土心墙结合砼防渗心墙土石坝
	坝顶高程	190.40m
	最大坝高	70.40m
	坝顶长度	425m
	坝顶宽度	6m
	坝体防渗型式	混凝土结合黏土心墙
溢洪道特征	型式	开敞式实用堰
	堰顶高程	176.00m
	堰顶净宽	4×12m
	最大泄量	3770m^3/s
	消能方式	底流消能

3. 运行调度方案

澄碧河水库现行的汛期调度方案是，汛期为4月1日至10月31日，以汛限水位185.00m为起调水位。当入库流量小于1800m³/s时，控制闸门开度，使出库流量和入库流量相等，库水位保持在汛限水位185.00m；当入库流量大于1800m³/s时，闸门全开，保持敞泄进行泄流；在落洪段，当水位下降至185.00m时，再次控制闸门开度，使库水位保持汛限水位值迎接下一次洪水。

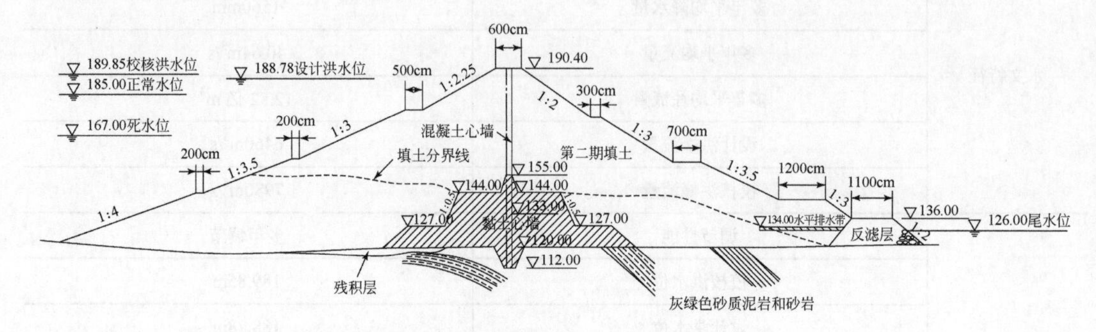

图3.8 大坝典型断面图（单位：m）

3.4.2 风险率计算

1. 汛期各分期入库洪水的分布

根据本章前面章节的研究成果，澄碧河水库汛期分为前汛期（4～5月）、主汛期（6～8月）和后汛期（9～10月）。通过对水库1963～2014年52年的汛期最大洪峰流量系列进行分析，确定入库洪水洪峰的概率密度函数，结果见表3.4。

表3.4 澄碧河水库入库洪水各分期洪水洪峰的分布表

汛期分期	洪峰流量均值/（m³/s）	C_v	C_s	概率密度函数$f(Q_m)$
前汛期	467	0.79	2.66	$f(Q_m)_{前}=0.019129(Q_m-190)^{-0.434677}\mathrm{e}^{-0.002038(Q_m-190)}$
主汛期	952	0.78	2.55	$f(Q_m)_{主}=0.010143(Q_m-370)^{-0.384852}\mathrm{e}^{-0.001056(Q_m-370)}$
后汛期	547	0.80	2.84	$f(Q_m)_{后}=0.023047(Q_m-239)^{-0.504067}\mathrm{e}^{-0.001609(Q_m-239)}$

2. 汛期各分期洪水作用下的坝前水位

1）汛期各分期入库洪水的模拟

澄碧河水库的各分期入库洪水符合皮尔逊Ⅲ型分布，可用蒙特卡罗法模拟大量随机洪水，其主要过程：①用线性同余伪随机数生成器产生［0，1］均匀分布的伪随机数 u_i；②确定各分期的洪峰流量的取值范围［a，b］、概率密度函数 $f(Q_m)$及其最大值；③用舍选法计算得到汛期各分期洪峰流量的各 20 万抽样数据。

本节以主汛期入库洪水的模拟为例，介绍蒙特卡罗法中具体的随机模拟过程。

（1）确定参数 a、b、c 的值。

澄碧河水库的设计洪水是 1000 年一遇，校核洪水是 10000 年一遇，根据主汛期洪水的洪峰流量（Q_m）的概率密度函数可知主汛期 10000 年一遇洪水的洪峰流量为 7937m³/s，故主汛期洪峰流量（Q_m）的上限值取为 7937m³/s，即 b=7937。根据任意随机变量的概率密度函数均具有 $f(Q_m) \geqslant 0$ 的性质，得到主汛期的洪峰流量 $Q_m \geqslant 370$ m³/s，而底数不可为 0，可知主汛期的洪峰流量 $Q_m \geqslant 370$ m³/s 和洪峰流量的取值范围［a，b］相匹配，并保证内区间内洪峰流量发生的总概率不小于 95%，拟将主汛期的洪峰流量（Q_m）的下限值取为 371m³/s，即 a=371，此时闭区间［371，7937］所包含的总概率为 98%，满足取值要求。概率密度函数 $f(x)$在闭区间［371，7937］上为一个递减函数，其最大值为 Q_m 取 371m³/s 时对应的函数值，即 $c=f(Q_m)_{max}=0.01$。

（2）产生［0，1］均匀分布的随机数。

根据线性同余的迭代公式，利用计算机 C++程序进行编程计算，得到［0，1］均匀分布的 20 万个伪随机数。因 C++程序运行得到的 20 万个［0，1］伪随机数数量过多，此处仅截取结果文件中的前 20 个和末 20 个，如图 3.9 所示。

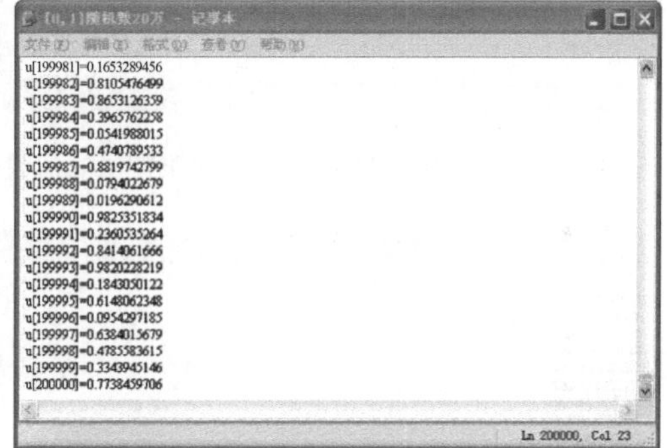

图 3.9　20 万个［0，1］伪随机数中前 20 个和末 20 个示意图

（3）产生主汛期洪峰流量的随机数。

主汛期洪峰流量服从皮尔逊Ⅲ型分布，其概率密度函数见表 3.4，根据舍选法计算原理，利用 C++程序进行编程计算，可得到 20 万个不同的主汛期洪峰流量。因 C++程序运行得到的 20 万个主汛期洪峰流量的随机数数量过多，此处仅截取结果文件中的前 20 个和末 20 个随机数，如图 3.10 所示。

以上为主汛期洪峰流量的随机模拟过程，前汛期和后汛期均可用同样的方法得到各期的 20 万个随机数。前汛期的 20 万个洪峰流量随机数中前 20 个和末 20 个如图 3.11 所示，后汛期的 20 万个洪峰流量随机数中前 20 个和末 20 个如图 3.12 所示。

2）汛期各分期入库洪水对坝前水位的影响

当水库大坝的坝前水位达到最大时，其对洪水的调洪能力最弱，此时发生漫顶溃坝的概率最大，因此求解洪水作用下的最高坝前水位（Z_m）是关键。根据水库的调度规则，入

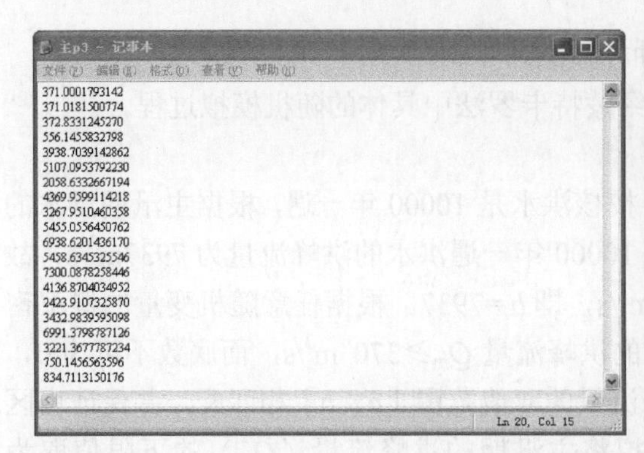

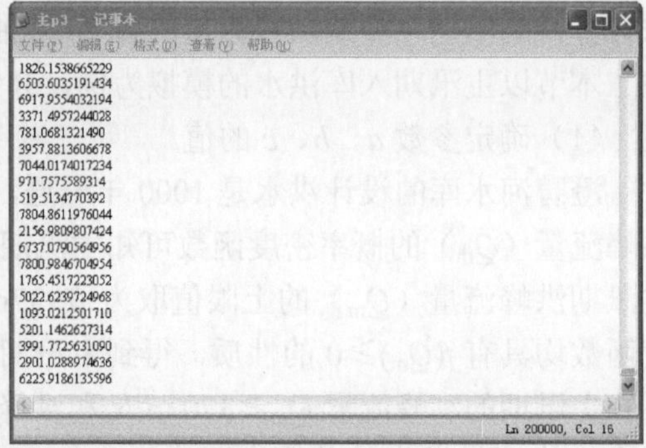

图 3.10　20 万个主汛期洪峰流量随机数中前 20 个和末 20 个示意图

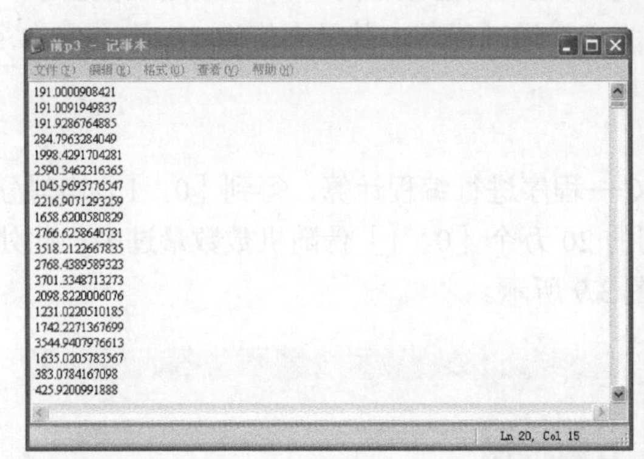

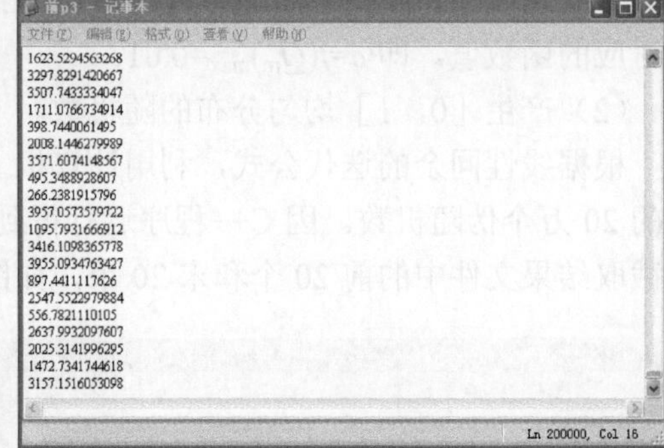

图 3.11　20 万个前汛期洪峰流量随机数中前 20 个和末 20 个示意图

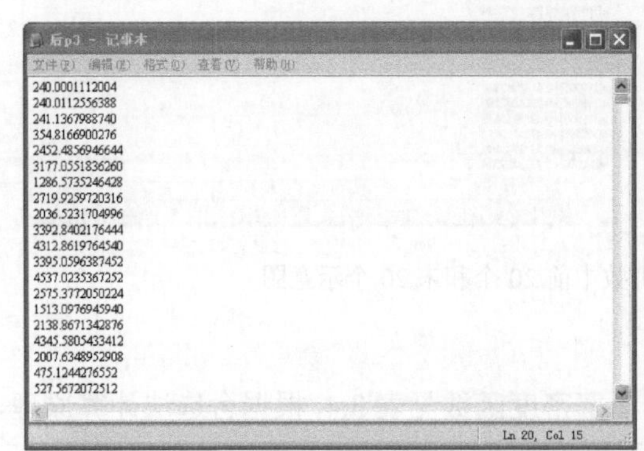

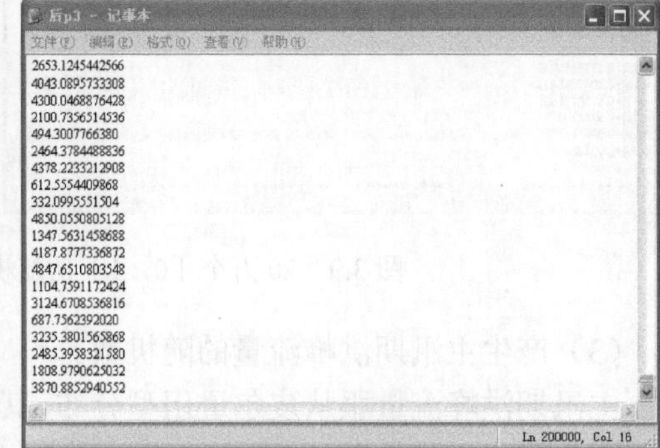

图 3.12　20 万个后汛期洪峰流量随机数中前 20 个和末 20 个示意图

库洪水作用下的最高坝前水位（Z_m）可通过调洪演算求得，其基本原理见 3.2.3 节。根据水库汛期各分期的漫坝风险率模型的求解步骤，以模拟出的各分期各 20 万个入库洪水水文变量的随机样本为基础数据，以蒙特卡罗法为求解方法，结合计算机 C++程序编程得到相应的各分期各 20 万个最高坝前水位（Z_m）。此处以主汛期的漫坝风险率计算为例，根据澄碧河水库的统计资料和已有研究成果，主汛期的汛限水位采用推荐的 185.00m，则程序运行可得到主汛期在 185.00m 起调情况下的 20 万个最高坝前水位（Z_m），其中前 20 个和末 20 个成果如图 3.13 所示。

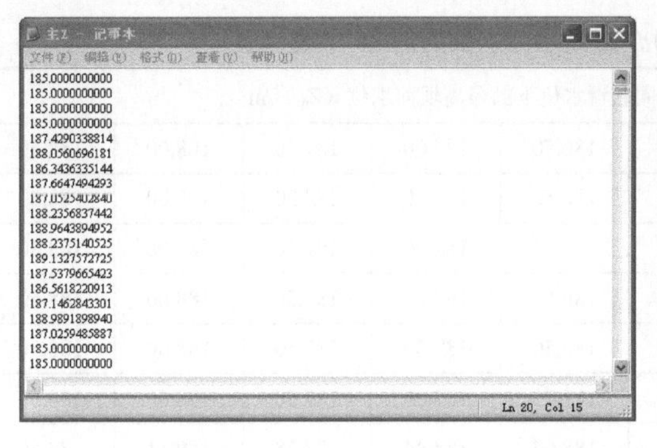

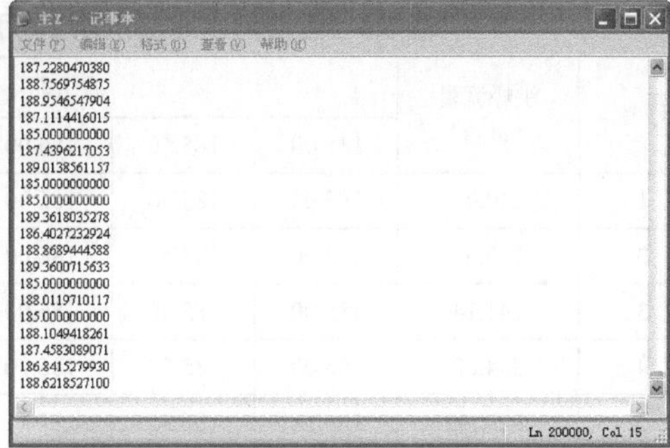

图 3.13　20 万个主汛期最高坝前水位（Z_m）中前 20 个和末 20 个示意图

根据澄碧河水库的统计资料和已有研究成果，前汛期的汛限水位采用推荐的 185.00m，后汛期的汛限水位采用推荐的 185.00～188.50m，计算前汛期和后汛期漫坝风险率的方法同主汛期。

程序运行可得到前汛期在 185.00m 起调情况下的 20 万个最高坝前水位（Z_m）和后汛期在 185.00、185.50m、186.00m、186.50m、187.00m、187.50m、188.00m、188.50m 8 种不同起调水位情况下的 20 万个最高坝前水位（Z_m）。因此，由模型可求解出汛期各分期各 20 万个洪水作用下的最高坝前水位（Z_m）。

汛期各分期的前 20 个成果详见表 3.5 和表 3.6。

表 3.5　澄碧河水库前汛期和主汛期 20 万个最高坝前水位的前 20 个统计表

序号	前汛期		主汛期	
	洪峰流量/（m^3/s）	Z_m/m	洪峰流量/（m^3/s）	Z_m/m
1	191.00	185.00	371.00	185.00
2	191.01	185.00	371.02	185.00
3	191.93	185.00	372.83	185.00
4	284.80	185.00	556.15	185.00
5	1998.43	186.31	3938.70	187.43
6	2590.35	186.66	5107.10	188.06
7	1045.97	185.00	2058.63	186.34
8	2216.91	186.44	4369.96	187.66
9	1658.62	185.00	3267.95	187.05
10	2766.63	186.76	5455.06	188.24
11	3518.21	187.19	6938.62	188.96
12	2768.44	186.76	5458.63	188.24
13	3701.33	187.30	7300.09	189.13
14	2098.82	186.37	4136.87	187.54
15	1231.02	185.00	2423.91	186.56
16	1742.23	185.00	3432.98	187.15
17	3544.94	187.21	6991.38	188.99
18	1635.02	185.00	3221.37	187.03
19	383.08	185.00	750.15	185.00
20	425.92	185.00	834.71	185.00

表 3.6 澄碧河水库后汛期 20 万个最高坝前水位的前 20 个统计表

序号	洪峰流量 /（m³/s）	后汛期不同起调水位下的最高坝前水位（Z_m）/m							
		185.00	185.50	186.00	186.50	187.00	187.50	188.00	188.50
1	240.00	185.00	185.50	186.00	186.50	187.00	187.50	188.00	188.50
2	240.01	185.00	185.50	186.00	186.50	187.00	187.50	188.00	188.50
3	241.14	185.00	185.50	186.00	186.50	187.00	187.50	188.00	188.50
4	354.82	185.00	185.50	186.00	186.50	187.00	187.50	188.00	188.50
5	2452.49	186.58	186.95	187.41	187.73	187.00	187.50	188.00	188.50
6	3177.06	187.00	187.36	187.76	188.07	188.44	188.78	189.11	188.50
7	1286.57	185.00	185.50	186.00	186.50	187.00	187.50	188.00	188.50
8	2719.93	186.74	187.10	187.54	187.85	188.25	187.50	188.00	188.50
9	2036.52	186.33	186.71	186.00	186.50	187.00	187.50	188.00	188.50
10	3392.84	187.12	187.48	187.87	188.17	188.53	188.86	189.18	189.54
11	4312.86	187.63	187.97	188.30	188.58	188.90	189.20	189.48	189.80
12	3395.06	187.12	187.48	187.87	188.17	188.53	188.86	189.18	189.54
13	4537.02	187.75	188.09	188.40	188.68	188.98	189.28	189.55	189.86
14	2575.38	186.65	187.02	187.47	187.78	188.19	187.50	188.00	188.50
15	1513.10	185.00	185.50	186.00	186.50	187.00	187.50	188.00	188.50
16	2138.87	186.39	186.77	186.00	186.50	187.00	187.50	188.00	188.50
17	4345.58	187.65	187.99	188.31	188.59	188.91	189.21	189.49	189.81
18	2007.63	186.31	186.69	186.00	186.50	187.00	187.50	188.00	188.50
19	475.12	185.00	185.50	186.00	186.50	187.00	187.50	188.00	188.50
20	527.57	185.00	185.50	186.00	186.50	187.00	187.50	188.00	188.50

3. 汛期各分期风浪作用下的坝前水位

1）水面风壅高度的随机模拟

根据已有的澄碧河水库风浪统计资料，可知汛期全方位最大风速的均值和最大风速的标准差分别为$\overline{W}_{\mathrm{m}}$=5.40m/s，$\sigma_{W_{\mathrm{m}}}$=1.46m/s，水面风壅高度的均值$\overline{e}$=0.071m。根据《水工计算手册》的换算公式，可得澄碧河水库库水面以上10m有效风速的均值和有效风速的标准差分别为$\overline{W}_{\text{有效}}$=6.25m/s，$\sigma_{W_{\text{有效}}}$=1.97m/s。根据式（3.18）可知，K为综合摩阻系数，取3.6×10^{-6}。故将$\overline{e}$、$\overline{W}_{\text{有效}}$、$\sigma_{W_{\text{有效}}}$和K值分别代入式（3.21），即可得水面风壅高度（e）的均值和标准差分别为$\overline{e}$=0.071m，σ_e=0.045m。

在进行水面风壅高度（e）的随机模拟时，首先应产生［0，1］上均匀分布的伪随机数（u_i），然后根据水面风壅高度（e）服从极值Ⅰ型分布推导出相应的随机数X_i，由反函数法可知，服从极值Ⅰ型分布的随机变量的随机数产生公式为式（3.9），故水面风壅高度（e）的随机数产生公式为

$$X_i = \overline{e} - 0.45\sigma_e - 0.7797\sigma_e \ln(-\ln u_i) \tag{3.35}$$

将 $\overline{e}$=0.065m，σ_e=0.035m 分别代入式（3.35），可得

$$X_i = 0.05075 - 0.03509\ln(-\ln u_i) \tag{3.36}$$

根据式（3.36）和 4.3.2 节模拟出的［0，1］上均匀分布的 20 万个伪随机数（u_i），利用计算机 C++编程，可得到相应 20 万个澄碧河水库汛期水面风壅高度（e）的随机模拟值。程序运行可得到汛期水面风壅高度（e）的 20 万个随机模拟值，此处截取前 20 个和末 20 个为例，如图 3.14 所示。

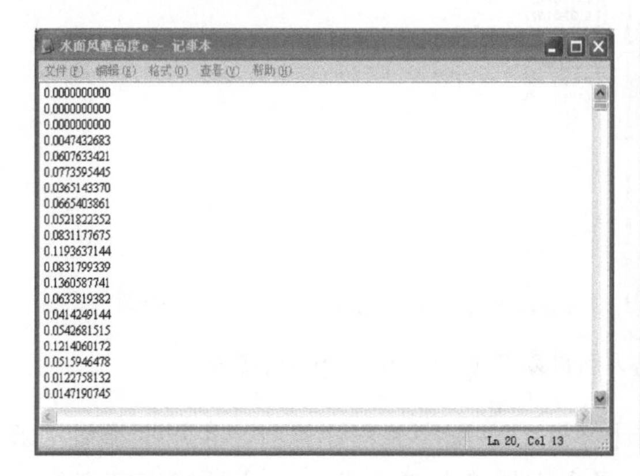

图 3.14　20 万个汛期水面风壅高度（e）随机数中前 20 个和末 20 个示意图

2）波浪爬高的随机模拟

波浪爬高（R_P）服从瑞利分布，根据已有资料和研究成果可知，澄碧河水库的波浪爬高均值和标准差分别为 $\overline{R}_p$=0.315m，σ_{R_P}=0.165m，代入式（3.23）可得波浪爬高的分布系数为 μ^2=0.0634，则波浪爬高（R_P）的累积分布函数 $F(\overline{R}_P)$及其反函数 $F^{-1}(\overline{R}_P)$分别为

$$F(\overline{R}_P) = 1 - e^{-7.8864\overline{R}_P^2} \tag{3.37}$$

$$F^{-1}(\overline{R}_P) = \sqrt{-0.1268\ln(1-\overline{R}_P)} \tag{3.38}$$

因瑞利分布的随机数产生可采用反函数法，故澄碧河水库的波浪爬高（R_P）的随机数可直接由式（3.38）产生。根据 3.2.1 节中反函数法的应用原理，首先产生［0，1］上均匀分布的伪随机数（u_i），然后将 u_i 替换式（3.38）中的 $\overline{R}_P$，所求得的值即为波浪爬高服从瑞利分布的随机数为

$$X_i = \sqrt{-0.1268\ln(1-u_i)} \tag{3.39}$$

根据式（3.39）和 4.3.2 节模拟出的［0，1］上均匀分布的 20 万个伪随机数（u_i），利用计算机 C++编程，可得到相应 20 万个澄碧河水库汛期波浪爬高（R_P）的随机模拟值。程序运行可得到汛期波浪爬高（R_P）的 20 万个随机模拟值，此处截取前 20 个和末 20 个为例，如图 3.15 所示。

4. 汛期各分期的漫坝风险率

由 3.2.2 节可知，汛期各分期的漫坝风险率（P_f）可用式（3.14）表示，其中 Z_m、e、R_P 分别表示洪水作用引起的最高坝前水位、水面风壅高度和波浪爬高。利用计算机 C++程序已模拟出各变量的 20 万个随机数，根据蒙特卡罗法的基本原理，只需找出 20 万个随机

数组合后 $Z_m+e+R_p \geqslant D$ 的总个数 L，即可求出各分期的漫坝风险率 $P_f=\dfrac{L}{N}$（N 为随机数组合的总数，本章中为 20 万个）。

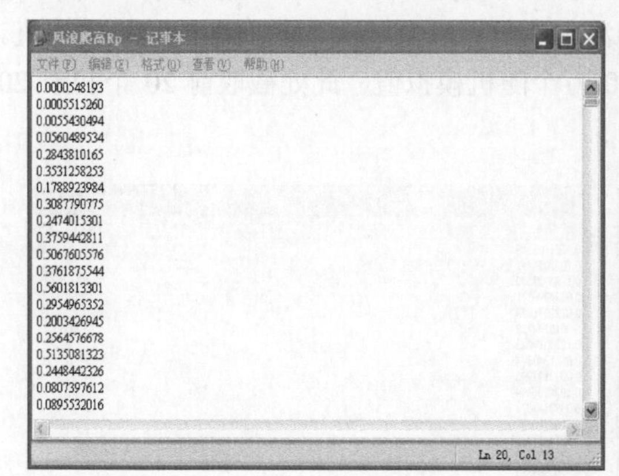

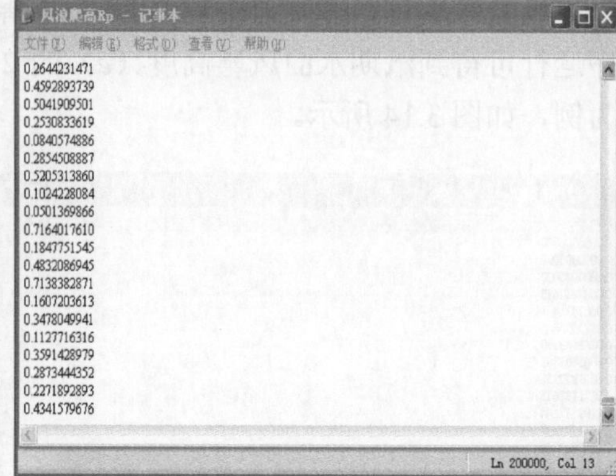

图 3.15　20 万个汛期波浪爬高（R_P）随机数中前 20 个和末 20 个示意图

以主汛期漫坝风险率的求解为例，利用计算机 C++程序编程计算时，主汛期调洪演算得到的 20 万个最高坝前水位（Z_m）随机数记录在文件“主 Z. txt”中，水面风壅高度（e）和波浪爬高（R_P）的 20 万个随机数分别记录在“水面风壅高度 e. txt”和“波浪爬高 R_P. txt”中。因此，统计 $Z_m+e+R_p \geqslant D$ 的失效次数（L），并计算漫坝风险率（P_f），同样可以通过 C++程序编程实现。实例研究中，澄碧河水库的坝顶实际高程取 190.40m，即 D=190.40m，其主汛期漫坝风险率的程序界面如图 3.16 所示。

程序运行结果：失效次数 L=5 次，主汛期漫坝风险率 $P_f=0.000025=2.5\times10^{-5}$。同理，可得到前汛期和后汛期的漫坝风险率结果，具体见表 3.7。

表 3.7　用蒙特卡罗法计算的汛期各分期漫坝风险率一览表

起调水位/m	前汛期		主汛期		后汛期	
	L/次	$P_f/10^{-4}$	L/次	$P_f/10^{-4}$	L/次	$P_f/10^{-4}$
185.00	1	0.05	5	0.25	1	0.05
185.50	—	—	—	—	1	0.10
186.00	—	—	—	—	6	0.3
186.50	—	—	—	—	24	1.2
187.00	—	—	—	—	107	5.34
187.50	—	—	—	—	153	7.65
188.00	—	—	—	—	341	17.05
188.50	—	—	—	—	531	26.55

5. 全汛期组合漫坝风险率

根据 3.2.2 节内容可知，全汛期组合漫坝风险率可用式（3.15）求得，其中 $P(B_i)$ 表示

洪水出现在 i 分期（前汛期、主汛期和后汛期）的概率，$P_{\mathrm{f}}(A|B_i)$ 表示 i 分期出现的洪水漫坝风险率。

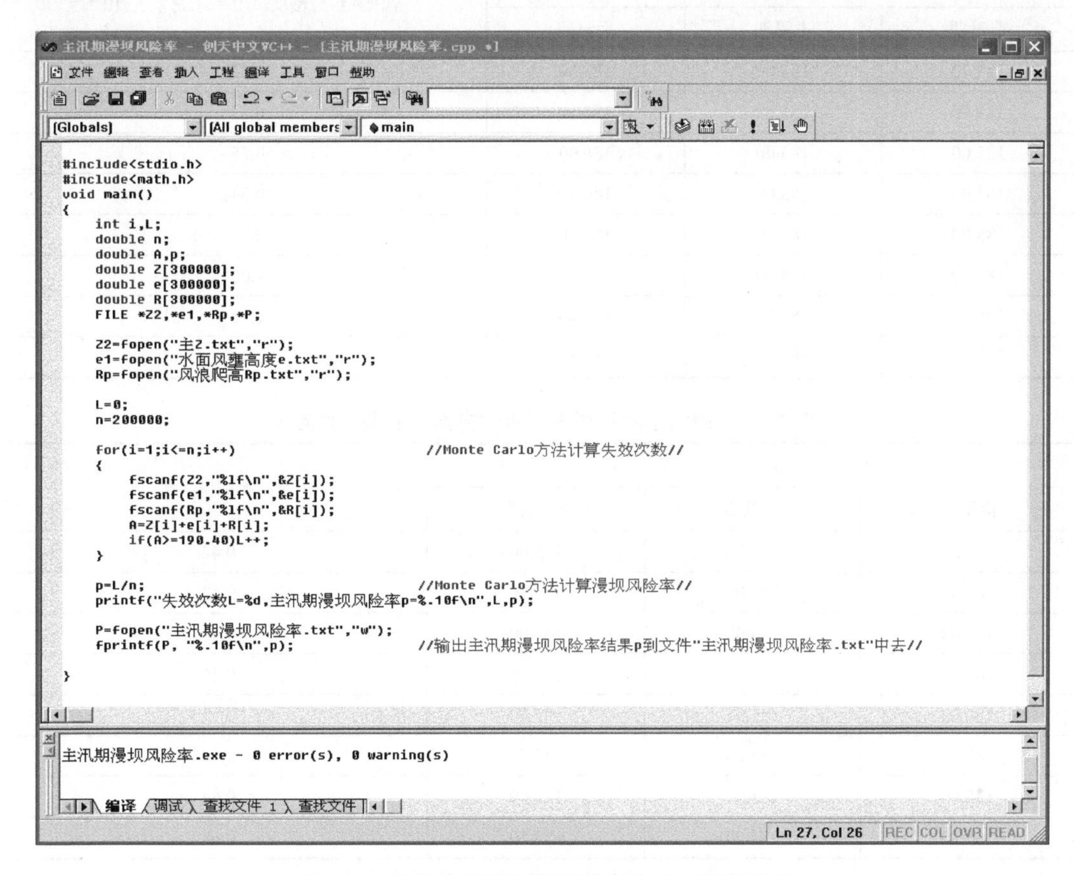

图 3.16　计算主汛期漫坝风险率的 C++程序界面

根据澄碧河水库 1963～2011 年的统计资料和已有的研究成果（麻荣永等，2004）可知，洪水发生时序具有的规律为 4～5 月洪水次数频率为 4.08%、6～8 月洪水次数频率为 85.72%、9～10 月洪水次数频率为 10.20%，即 $P(B_{前})=0.0408$、$P(B_{主})=0.8572$、$P(B_{后})=0.1020$ 汛期各分期出现的漫坝风险率 $P_{\mathrm{f}}(A|B_i)$ 见表 3.7。因此，澄碧河水库全汛期组合漫坝风险率（$P_{\mathrm{f},全}$）可表示为

$$P_{\mathrm{f},全}=0.0408P_{\mathrm{f}}(A|B_{前})+0.8572P_{\mathrm{f}}(A|B_{主})+0.102P_{\mathrm{f}}(A|B_{后}) \tag{3.40}$$

将表 3.7 中的数据代入式（3.40）中，可得全汛期不同汛限水位方案下的组合漫坝风险率，结果见表 3.8。

3.4.3　危险度计算

根据 3.3.1 节漫坝危险度模型中式(3.34)和表 3.8 计算的全汛期组合漫坝风险率（$P_{\mathrm{f},全}$）可得汛期不同汛限水位方案下的漫坝危险度（H），结果见表 3.9。

表 3.8 不同汛限水位方案下的全汛期组合漫坝风险率

汛限水位/m			全汛期组合漫坝风险率（$P_{f,全}$）/10^{-4}
前汛期	主汛期	后汛期	
185.00	185.00	185.00	0.22
185.00	185.00	185.50	0.23
185.00	185.00	186.00	0.25
185.00	185.00	186.50	0.34
185.00	185.00	187.00	0.76
185.00	185.00	187.50	1.00
185.00	185.00	188.00	1.96
185.00	185.00	188.50	2.92

表 3.9 澄碧河水库不同汛限水位方案下的漫坝危险度

汛限水位/m			漫坝危险度（H）
前汛期	主汛期	后汛期	
185.00	185.00	185.00	0.42
185.00	185.00	185.50	0.42
185.00	185.00	186.00	0.43
185.00	185.00	186.50	0.46
185.00	185.00	187.00	0.55
185.00	185.00	187.50	0.57
185.00	185.00	188.00	0.64
185.00	185.00	188.50	0.68

3.4.4 危险度评价

根据表 3.2 漫坝危险度的等级划分标准可知，在前汛期和主汛期均为 185.00m 起调时，若后汛期的汛限水位低于 187.50m，则澄碧河水库的漫坝危险度属于中度危险；若后汛期的汛限水位高于 187.50m，则澄碧河水库的漫坝危险度属于高度危险。为保证水库正常防洪和兴利的安全，水库的漫坝危险度应该控制在中度危险以下，即危险度值应在 0.57 以下，此时的防治原则为防治并重。综合考虑澄碧河水库的实际情况和表 3.9 中漫坝危险度的计算结果，汛期分期调度的汛限水位取值范围应为前汛期和主汛期 185.00m，后汛期 185.00～187.50m。

第 4 章　南方湿润地区土石坝防洪易损性评估方法

易损度是易损性评价的定量表达，对水库防洪安全而言，它是水库汛期灾害事件发生后果的函数，取值为 [0，1]。本章将详细介绍南方湿润地区土石坝水库防洪易损度模型构建的理论和方法，给出易损度等级划分标准和评价指南。在此基础上，以澄碧河水库为工程实例，探讨易损度理论和方法的工程应用问题。

4.1　失事后果估算

4.1.1　失事后果估算的基本方法

土石坝水库在汛期一旦发生漫顶，极易发生溃坝事故，造成下游严重的溃坝灾害损失。溃坝损失一般分为生命损失、经济损失、社会损失和环境损失 4 个方面。在生命损失和经济损失研究方面，国外有近 40 年的历史，而国内研究才刚刚起步；在社会损失和环境损失研究方面，国内外的研究几乎是一片空白。随着社会的发展，水库大坝的防洪理念不仅要求注重人的生命安全和财产安全，更要求注重人与社会、自然和谐相处，溃坝造成的社会损失与环境损失应当得到重视。本节将根据南方湿润地区水文气象特性以及社会经济发展的特点，从水库汛期溃坝造成的生命损失、经济损失、社会损失和环境损失 4 个方面进行大坝失事后果定量分析研究。

1. 生命损失

1）生命损失影响因子的分析

目前，国内外学者对生命损失的影响因子说法不一（彭雪辉，2003；姜树海等，2005；莫崇勋，2014），总体而言，生命损失主要受洪水、人口、洪泛区和警报时间 4 个方面的影响。

（1）洪水因素。

洪水对生命损失的影响主要体现在水深、流速、上涨速度和发生时间等方面。大量实验证明，人在流水中的稳定性和机动性会受到流速和水深的影响。南方湿润地区水文要素在短时间尺度内存在较大差异，洪峰高、洪量大、洪水涨势迅猛。洪水的上涨速度会影响人的逃脱时间，从而影响死亡率的大小。洪水发生时间在白天要比在晚上造成的死亡率低，可见这也是一个影响生命损失的因素。

（2）人口因素。

事故发生时，生命安全受到威胁的人数是生命损失研究最关注的问题。一般把受溃坝洪水淹没的人员称为风险人口，风险人口数是影响生命损失最主要的因素，风险人口年龄组成、公众对溃坝事件严重性理解程度等均会影响生命损失的大小。

（3）洪泛区因素。

洪泛区范围和区内建筑物抵抗洪水的能力均会影响生命损失的大小，洪泛区范围越广且区内建筑物抵抗洪水能力越弱，造成的生命损失也会越大。

（4）警报时间。

警报时间是指风险人口接到溃坝警报和洪水抵达洪泛区两个时间点之间的时间，即风险人口能够利用的撤退时间，它对风险人口死亡率有很大的影响。预警按照警报时间长短分为无预警、某种程度的预警和完全预警，很显然，完全预警能够提供给风险人口充分的撤退时间，生命损失应该较其他两种预警低。

以上这 4 个影响因素看似独立，实际上是互相影响的。特别是在南方湿润地区，其日径流量变化较其他地区更为剧烈，这种影响更加显著。例如，洪水因素中洪水发生时间会影响警报时间，洪水的大小会影响洪泛区范围和风险人口数，警报时间和洪泛区的抗洪能力也会影响风险人口的死亡率。因此，生命损失应综合考虑以上四种影响因素，以便得到最精确的估算值。

2）生命损失估算方法

在生命损失估算方法研究方面，国外研究比国内多。例如，美国的 Brown-Graham 法、Dekay-McClelland 法和 Graham 法，芬兰的 RESCDAM 法以及加拿大的 Assaf 法（李雷和周克发，2006）；而国内学者提出的方法大多建立在国外方法的基础上，应用较广泛的有姜树海-范子武方法（姜树海等，2005）和李雷-周克发方法（李雷和周克发，2006）。下面简要介绍美国、芬兰、加拿大和中国有代表性的估算方法。

（1）美国。

美国垦务局（USBR）对生命损失的估算提出了 3 种方法，分别是 Brown-Graham 法、Dekay-McClelland 法和 Graham 法。Brown-Graham 法考虑了警报时间、淹没区域、风险人口及评估的不确定性，可以把生命进行量化；Dekay-McClelland 法依据国外大量溃坝实例，在 Brown-Graham 法基础上加入洪水严重程度因素建立了新的计算公式；Graham 法最具代表性，该法对前两种方法进行改进，给出了包含洪水严重程度、警报时间、公众意识程度等因素的建议死亡率，结合死亡率和风险人口即可定量地估算生命损失。

（2）芬兰。

2001年，芬兰的Peter Reiter指出可先将淹没区域划分成小区域后再进行生命损失估算，其对 Graham 法进行修正，提出损失值可用风险人口死亡率、风险人口数、洪水影响因子和修正因子相乘得到，即 RESCDAM 法，又称简化的 Graham 法。

（3）加拿大。

加拿大的水力发电公司（BC Hydro）的 Assaf、Hartford 和 Cattanach 共同提出了一种统计分析方法，简称 Assaf 法。该法将可能的淹没区域划分成单元，逐一计算各单元的生命损失，然后采用适当公式估算全部区域的生命损失。这种方法估算的精度较高，但资料统计任务繁重。

（4）中国。

2005 年，姜树海等（2005）提出洪水灾害造成的生命损失应是洪水物理特征和洪泛区社会特征的函数，其在 Assaf 法基础上对风险人口生还率的计算做了改进，建立适合中国的溃坝生命损失的公式。

2006 年，李雷和周克发（2006）发现 Graham 法比其他估算方法更适合中国，便将此法与中国实际溃坝情况相结合，粗略地算出中国水库溃坝的生命损失中风险人口死亡率推荐表，得到了适合中国的生命损失计算公式。李雷-周克发方法的中国水库溃坝生命损失死亡率推荐表见表 4.1。

表 4.1　李雷-周克发方法的中国水库溃坝生命损失死亡率推荐表

洪水严重程度	预警类型	公众意识程度	死亡率	
			推荐值	建议值
低	无预警	模糊	0.03	0.001～0.05
		清楚	0.01	0～0.02
	某种程度的预警	模糊	0.007	0～0.015
		清楚	0.0006	0～0.001
	完全预警	模糊	0.0003	0～0.0006
		清楚	0.0002	0～0.0004
中	无预警	模糊	0.50	0.10～0.80
		清楚	0.075	0.02～0.12
	某种程度的预警	模糊	0.13	0.015～0.27
		清楚	0.0008	0.0005～0.002
	完全预警	模糊	0.05	0.01～0.10
		清楚	0.0004	0.0002～0.001
高	无预警	模糊	0.75	0.30～1.00
		清楚	0.25	0.10～0.50
	某种程度的预警	模糊	0.20	0.05～0.40
		清楚	0.001	0～0.002
	完全预警	模糊	0.18	0.01～0.30
		清楚	0.0005	0～0.001

表 4.1 中，洪水严重程度可以用建筑物破坏程度来表示，无建筑物冲走时，可认为洪水严重程度为低；部分建筑物损坏且公众还有地方避难时，可认为洪水严重程度为中；洪水立即把洪泛区淹没而冲走，公众逃生困难时，可认为洪水严重程度为高。

预警根据警报时间分为无预警、某种程度的预警和完全预警，以 1 小时为分界线，警报时间为零即为无预警；警报时间在 1 小时以内为某种程度的预警；警报时间大于 1 小时为完全预警。

公众意识程度模糊是指不了解洪水的严重性，不清楚该洪水对自身安全是否会造成威胁；公众意识程度清楚是指准确了解洪水的严重性，且清楚该洪水对自身安全会造成威胁。

以上 5 种估算水库溃坝生命损失的方法中，前 3 种为国外研究成果，其中前两种依赖于统计资料的完整性，第三种 Assaf 法需引入可靠度理论，在实际应用中困难较多；后两种为国内研究成果，分别是对 Assaf 法和 Graham 法的改进，其中李雷-周克发方法相比而言实用性更强，故本章拟采用此方法估算水库汛期漫坝所造成的生命损失。

2. 经济损失

溃坝经济损失是指水库大坝溃决造成的可用金钱衡量的损失。国外在经济损失方面的研究成果比生命损失少，而国内却相反。在国外的研究中，考虑的因素大同小异，大多先将受经济损失的对象进行分类和分区，然后分别进行估算，最后汇总得到全部的经济损失；在国内的研究中，经济损失可分为直接经济损失和间接经济损失两部分。本章将简要介绍国内的计算方法。

1）直接经济损失

直接经济损失指水库大坝溃决的工程损失和溃坝洪水给洪泛区造成的直接可用金钱衡量的损失，主要包括工业、林业、农业、渔业、副业、商业、牧业、邮电、交通、房屋、文教卫生、工程设施、粮油储存、物资存放、农业机械、群众家产、专项损失共 17 项（施国庆和周之豪，1990），计算时可分为实物型损失和收益型损失。

实物型损失包括建筑物、机器设备、固定或流动资产等实物价值的减少，可按损失率计算或按毁坏长度或面积计算。按损失率计算适用于社会各类固定资产和流动资产，计算时，首先对财产和风险区的种类进行分类；然后按照特定的损失率分别计算各类别的财产在不同类别风险区的损失；最后汇总得出实物型损失。按毁坏长度或面积计算适用于公路、铁路、管道、电网、各类线路等修复费用，计算时，首先对受损的设施和破坏程度的类别进行分类；然后按照毁坏长度或面积分别计算各种设施在不同破坏程度下的损失；最后汇总得出实物型损失。

收益型损失指因溃坝洪水引起的生产经营活动中止带来的收益损失，主要分为工商交通服务业收益型损失和农业收益型损失。工商交通服务业收益型损失包括工商业、公路铁路、航运、水电油气供应等部门的活动中止带来的损失，计算时，首先对行业部门的重要程度进行分类；然后按照单位时间损失值计算各种部门在不同中断时间内的损失值；最后汇总得出工商交通服务业收益型损失。农业收益型损失指溃坝洪水造成的农业、林业、牧业、渔业、副业等当年或当季的减产损失，以及多年生作物和树木生长期净收入的损失、补植补种的费用，计算时，首先分别计算减产损失、用于补种恢复的损失及恢复期的损失；然后相加汇总得出农业收益型损失。

2）间接经济损失

间接经济损失主要包括采取防洪措施的费用、运输费增加的费用、农产品减产给企业带来的损失、抢险的人工投入间接造成企业减产、灾后恢复的费用等，这些费用覆盖面广且不确定性大，很难精确计算，现有粗略的计算方法有直接估算法和系数法。

直接估算法计算的费用主要包括应急费用、工矿企业停产减产损失和社会经济系统运行增加的费用。应急费用包括抢险救济采取措施和发放物资的支出，工矿企业停产减产损失包括工人减少、原料短缺、产品积压、运输费提高等造成的企业损失，社会经济系统运行增加的费用包括溃坝洪水造成的工商业、交通、公共服务事业等部门系统正常运行增加的费用。

系数法是一种统计分析的方法，首先要进行大量统计和抽样调查；然后分析出不同破坏类型的间接损失和直接损失的关系；最终总结得出经验公式。该公式可粗略计算间接经济损失。在现阶段采用的经验公式中，溃坝洪水造成的间接经济损失和直接经济损失呈线性关系。

3. 社会损失和环境损失

水库溃坝造成的社会损失和环境损失体现为社会影响和环境影响。社会影响包括给风险人口带来的心理影响、社会公众生活品质的下降、城市的破坏、文物古迹的无法复原等方面，环境影响包括对河道形态、生物栖息地、工业环境污染、人文景观的影响等方面。根据已有的研究成果（何晓燕等，2008），社会损失和环境损失可用社会与环境影响指数表示，该指数通过各个影响方面的严重程度系数相乘得到，表达式为

$$f = N \times C \times I \times h \times R \times l \times L \times P \tag{4.1}$$

式中，f 为社会与环境影响指数；N 为风险人口系数；C 为城市重要性系数；I 为设施重要性系数；h 为文物古迹系数；R 为河道形态破坏系数；l 为生物丧失生活环境系数；L 为人文景观系数；P 为工业污染系数。式（4.1）中各系数的取值见表 4.2。

表 4.2　社会与环境影响指数各系数的取值参考表

<table>
<tr><th colspan="2">影响程度</th><th>轻微</th><th>一般</th><th>中等</th><th colspan="2">严重</th><th colspan="2">极其严重</th></tr>
<tr><td rowspan="8">社会影响</td><td>风险人口/人</td><td>1～10</td><td>10～10^3</td><td>10^3～10^5</td><td colspan="2">10^5～10^7</td><td colspan="2">>10^7</td></tr>
<tr><td>N</td><td>1.0～1.2</td><td>1.2～1.6</td><td>1.6～2.4</td><td colspan="2">2.4～4.0</td><td colspan="2">4.0～5.0</td></tr>
<tr><td>城市重要性</td><td>散户</td><td>乡村</td><td>乡镇</td><td>县级市</td><td>地级市</td><td>直辖市</td><td>首都</td></tr>
<tr><td>C</td><td>1.0</td><td>1.3</td><td>1.6</td><td>2.0</td><td>3.0</td><td>4.0</td><td>5.0</td></tr>
<tr><td>设施重要性</td><td>普通设施</td><td>较重要设施</td><td>市级设施</td><td colspan="2">省级设施</td><td colspan="2">国家级设施</td></tr>
<tr><td>I</td><td>1.0</td><td>1.2</td><td>1.5</td><td colspan="2">1.7</td><td colspan="2">2.0</td></tr>
<tr><td>文物古迹</td><td>一般文物</td><td>县级文物</td><td>省市级文物</td><td colspan="2">国家级文物</td><td colspan="2">世界级文物</td></tr>
<tr><td>h</td><td>1.0</td><td>1.2</td><td>1.5</td><td colspan="2">2.0</td><td colspan="2">2.5</td></tr>
<tr><td rowspan="8">环境影响</td><td>河道形态破坏</td><td>轻微破坏</td><td>一般河道受到一定破坏</td><td>大江大河受到一定破坏</td><td>一般河道严重破坏</td><td>大江大河严重破坏</td><td>一般河道改道</td><td>大江大河改道</td></tr>
<tr><td>R</td><td>1.0</td><td>1.3</td><td>1.6</td><td>2.0</td><td>3.0</td><td>4.0</td><td>5.0</td></tr>
<tr><td>生物丧失生活环境</td><td>一般动植物</td><td>较有价值动植物</td><td>较珍贵动植物</td><td colspan="2">稀有动植物</td><td colspan="2">世界级濒临灭绝动植物</td></tr>
<tr><td>l</td><td>1.0</td><td>1.2</td><td>1.5</td><td colspan="2">1.7</td><td colspan="2">2.0</td></tr>
<tr><td>人文景观</td><td>轻微破坏</td><td>市级人文景观遭破坏</td><td>省级人文景观遭破坏</td><td colspan="2">国家级人文景观遭破坏</td><td colspan="2">世界级人文景观遭破坏</td></tr>
<tr><td>L</td><td>1.0</td><td>1.2</td><td>1.5</td><td colspan="2">1.7</td><td colspan="2">2.0</td></tr>
<tr><td>工业污染</td><td>无工业污染</td><td>一般工业污染</td><td>较大规模工业污染</td><td>大规模工业污染</td><td>剧毒工业污染</td><td colspan="2">核电站</td></tr>
<tr><td>P</td><td>1.0</td><td>1.2</td><td>1.6</td><td>2.0</td><td>3.0</td><td colspan="2">4.0</td></tr>
</table>

由表 4.2 可知，当社会与环境影响均为轻微时，指数 f 取 1，当影响均为严重时，指数 f 取 10000。因此，社会与环境影响指数 f 取值范围为［1，10000］。

4.1.2 失事后果估算存在的问题

失事后果的严重程度是风险评价的一个重要依据，虽然现阶段的研究成果较多，但是也存在一些问题：

（1）社会与环境损失的估算方法研究偏少。已有的研究中，绝大部分学者对生命损失和经济损失的重视程度远远高于社会与环境损失，这与社会发展和人们越来越注重生活环境的事实是相悖的；

（2）失事后果的综合性评估欠缺。已有研究中，往往单独评估各项失事后果，而缺乏对各项后果的综合评估，使得评价结果不够科学合理；

（3）已有研究成果没有充分考虑不同地区因存在水文气象以及社会经济发展的不同，而导致评价结果与区域实际情况存在差异。

因此，本章结合南方湿润地区的具体情况，采用综合评价理论建立水库汛期漫坝易损度模型，对失事后果易损性进行评价。

4.2 水库汛期易损性评价方法

4.2.1 水库汛期易损度综合评价模型

1. 综合评价思想

在实际生活中，常常遇到这样一种问题：对某一种事物进行评价时，发现被评价对象可从多个方面进行评价，而从每一个方面得出来的评价结果可能不一样，那么该如何确定这个被评价对象的评价结果呢？在每一种由单一方面做出的评价结果的基础上，综合考虑所有方面做出一个最终的评价结果，这就是综合评价的思想。综合评价法是一种运用多个指标对参评对象进行评价的方法。评价时，首先将多个指标转化为一个指标，该指标需能够反映综合情况；然后采用该指标进行评价，评价过程中，多个指标的评价可以同时进行，并根据指标的重要性确定权重；最终得到一个统一的评价结果，但这个评价指标不再具有具体的含义，一般是以数值的形式反映被评价对象的综合情况。

综合评价法的主要步骤为

（1）明确评价目的：本章中的评价目的是确定水库汛期漫坝的危害性大小；

（2）确定被评价对象：本章中的被评价对象是水库汛期漫坝的后果；

（3）确定评价指标：本章中评价指标有生命损失、经济损失和社会与环境影响指标（社会损失和环境损失）；

（4）确定权重系数：本章中权重系数的确定方法拟采用 AHP 法；

（5）建立综合评价模型：本章中采用线性加权综合评价法，将易损度作为统一的评价指标，建立水库汛期分期易损度综合评价模型；

（6）计算综合评价值，确定评价结果：本章中综合评价值是易损度，评价结果可根据易损度的等级划分标准确定。

2. 易损性的界定

易损性指事物遭受毁坏或损失的难易程度，反映了事物承受灾害的能力，一般用易损度表示。国际上，易损度的研究从 20 世纪 90 年代开始，Corsanego 等（1993）和 Kappos 等（1998）将易损度引入地震和雪崩等自然灾害中进行风险评价；Longhurst（1995）指出了易损度研究对减轻自然灾害的重要性；IUGS（1997）认为在自然灾害领域易损度的研究还比较肤浅；刘希林和莫多闻（2002）将易损度概念引入中国实例中，对泥石流易损度的计算和评价指标进行了探讨；蒋勇军等（2001）根据重庆 50 年的自然灾害资料，选取易损性评价指标，计算出重庆各省市的易损度，并对易损度进行区划。由此可见，易损度的研究成果大多集中于自然灾害方面，而在大坝安全领域因洪水漫坝引起灾害方面进行的研究很少。

关于易损度的定义，Maskrey（1989）认为是“由极端事件而引起被损害的可能性”，显然，这个定义是将易损度界定为一种概率，但并不能反映事物承受灾害的能力；Deyle（1998）将易损度定义为“人类居住地对自然灾害有害影响的敏感性”；Panizza（1996）认为“易损度是在人类介入的情况下，可能直接或间接敏感于物质损失的某一地区所存在的一切人或事物的综合体”，这一定义将易损度从抽象变为了具体；联合国公布的定义为“在特定地区由于潜在损害现象所可能造成的损失程度，取值范围为［0，1］”；刘希林等提出“泥石流易损度指在特定区域和时间内，由于泥石流而可能造成区域内存在的一切人、财和物的潜在最大损失”。

综合已有的研究成果，南方湿润地区水库汛期漫坝的易损度可定义为“在特定区域和时间内，由于水库大坝漫坝而可能引起洪泛区内一切人、财和物的潜在最大损失程度，取值范围为［0，1］”。

3. 综合评价模型

根据易损性的定义及灾害造成的损失类型，大体可以将水库汛期漫坝的易损度分为生命易损度、经济易损度、社会易损度和环境易损度 4 种。漫坝易损度可由以上四项线性加权求得，公式可表示为

$$V = a_1 V_{生} + a_2 V_{经} + a_3 V_{社} + a_4 V_{环} \tag{4.2}$$

式中，V 表示漫坝易损度，取值［0，1］；a_1、a_2、a_3和a_4 分别表示生命易损度、经济易损度、社会易损度和环境易损度的权重，取值［0，1］；$V_{生}$、$V_{经}$、$V_{社}$和$V_{环}$ 分别表示生命易损度、经济易损度、社会易损度和环境易损度，取值［0，1］。

四项损失中社会损失和环境损失两者可统一用社会与环境影响指数 f 表示，所以式（4.2）中社会易损度和环境易损度（$V_{社}$和$V_{环}$）可用社会与环境易损度（$V_{社环}$）代替，相应的权重a_3、a_4统一用a_3表示，则漫坝易损度为

$$V = a_1 V_{生} + a_2 V_{经} + a_3 V_{社环} \tag{4.3}$$

式中，a_3 表示社会与环境易损度的权重，取值［0，1］；$V_{社环}$ 表示社会与环境易损度，取值［0，1］。

1）权重的确定

根据南方湿润地区生命、人口和财产的分布特点以及社会环境状况，借鉴国内外学者的研究成果，生命易损度、经济易损度、社会与环境易损度的权重 a_1、a_2和a_3 可采用 AHP 法确定。AHP 法基本思路是：将每两个元素进行重要性比较，用 1~9 为比较结果赋值，最终得到各个元素所占的比重。AHP 法中赋值含义见表 4.3。

表 4.3　AHP 法中 1 ~ 9 赋值含义表

赋值	含义
1	两个元素相比时，前者比后者同等重要
3	两个元素相比时，前者比后者稍微重要
5	两个元素相比时，前者比后者明显重要
7	两个元素相比时，前者比后者强烈重要
9	两个元素相比时，前者比后者极端重要
2、4、6、8	相邻两个重要程度赋值的中值

在进行漫坝损失估算时，生命损失一般无法用金钱来衡量。因此，无法直接与经济损失在数字上得出重要性比较结果，但是一般认为生命损失比经济损失重要得多，故可以对生命易损度与经济易损度的重要性比较结果赋值为 7，即

$$\frac{a_1}{a_2}=7 \tag{4.4}$$

社会与环境损失相比于经济损失来说，大部分学者认为前者比后者稍微重要或同等重要，则

$$\frac{a_3}{a_2}=\frac{3}{2} \tag{4.5}$$

根据权重的固有特性

$$a_1+a_2+a_3=1 \tag{4.6}$$

综合式（4.4）～式（4.6），可以求出体现南方湿润地区区域特性的权重值 a_1=0.737、a_2=0.105、a_3=0.158。

2）易损度的确定

生命、经济、社会与环境易损度分别由生命损失、经济损失、社会与环境影响指标计算得到。因易损度的取值范围为［0，1］，故考虑用归一化函数将溃坝损失转化为相应的易损度。根据工程情况，拟采用的归一化函数为

$$y=a(\lg x)^b \tag{4.7}$$

式中，a、b 为参数，且均大于 0。

（1）生命易损度。

生命易损度若要采用归一化函数，需首先确定式（4.7）中的参数 a 和 b 的值，这可以由生命损失的取值范围确定。根据 1954 年之后中国的 3000 多起溃坝事件，生命损失最大

的一次是 85600 人，由此可以初步确定生命损失的取值范围为 0～100000 人。归一化函数应满足的条件是：当生命损失为 0 人时，生命易损度为 0；当生命损失为 100000 人时，生命易损度为 1。由第二个条件可以得到 a、b 之间的关系为

$$a=\frac{1}{5^b} \tag{4.8}$$

因此生命易损度公式可表示为

$$V_{生}=\left(\frac{\lg x}{5}\right)^b \tag{4.9}$$

式中，$V_{生}$ 为生命易损度，取值［0，1］；x 为生命损失，人。但式（4.9）并不满足条件：当生命损失为 0 人时，生命易损度为 0。那么式（4.9）能否用来计算生命易损度呢？

根据中国 2007 年 6 月 1 日起施行的《生产安全事故报告和调查处理条例》，安全事故的等级划分标准见表 4.4。

表 4.4　中国安全事故的等级划分标准

安全事故类型	等级划分标准
一般事故	造成 3 人以下死亡；1000 万元以下直接经济损失
较大事故	造成 3 人以上 10 人以下死亡；1000 万元以上 5000 万元以下直接经济损失
重大事故	造成 10 人以上 30 人以下死亡或者 5000 万元以上 1 亿元以下直接经济损失
特别重大事故	造成 30 人以上死亡或者 1 亿元以上直接经济损失

由表 4.4 可知，当生命损失为 0 人、1 人或 2 人时，易损度的评价结果均应为一般事故，即当生命损失为 1 人时，由式（4.9）计算得生命易损度为 0，与一般事故的结论并不矛盾。因此，归一化函数式（4.9）可以用来定量计算生命损失 1 人以上的生命易损度，对于生命损失为 0 人的情况，可直接取生命易损度为 0。综上所述，生命易损度表示为

$$V_{生}=\begin{cases}0 & x=0\\ \left(\dfrac{\lg x}{5}\right)^b & 1\leqslant x\leqslant 100000\end{cases} \tag{4.10}$$

生命易损度式（4.10）中 b 的取值可根据国家对安全事故等级划分标准进行选取。分别给 b 赋值 0.05、0.10、0.15、0.20、0.25、0.30、0.35、0.40、0.45、0.50，可以得到一系列生命易损度值，见表 4.5。

表 4.5　参数 b 不同取值下的生命易损度

生命损失/人	0.05	0.10	0.15	0.20	0.25	0.30	0.35	0.40	0.45	0.50
1	0	0	0	0	0	0	0	0	0	0
3	0.89	0.79	0.70	0.63	0.56	0.49	0.44	0.39	0.35	0.31
10	0.92	0.85	0.79	0.72	0.67	0.62	0.57	0.53	0.48	0.45
30	0.94	0.89	0.83	0.78	0.74	0.69	0.65	0.61	0.58	0.54
100	0.96	0.91	0.87	0.83	0.80	0.76	0.73	0.69	0.66	0.63
1000	0.97	0.95	0.93	0.90	0.88	0.86	0.84	0.82	0.79	0.77
10000	0.99	0.98	0.97	0.96	0.95	0.94	0.92	0.91	0.90	0.89
100000	1.00	1.00	1.00	1.00	1.00	1.00	1.00	1.00	1.00	1.00

国家对安全事故等级划分界限为 3 人、10 人和 30 人，故生命易损度在生命损失为 30 人时宜为 0.85 左右，在生命损失为 10 人时宜为 0.75 左右，在生命损失为 3 人时宜为 0.5 左右。根据表 4.5 的数据，综合考虑后，取 b=0.15，生命易损度计算公式最终为

$$V_{生}=\begin{cases}0 & x=0\\ \left(\dfrac{\lg x}{5}\right)^{0.15} & 1\leqslant x\leqslant 100000\end{cases} \tag{4.11}$$

（2）经济易损度。

经济损失可用金钱来表示，单位一般为万元，因为经济损失的取值范围比较大，所以本章对经济损失的取值下限为 1 万元，上限为 1000000 万元。根据表 4.4 可知，对于经济损失在 0～1000 万元之间的事故均可认为是一般事故，而 1 万元远远小于 1000 万元，故当经济损失小于等于 1 万元时，经济易损度可近似取 0。

经济损失采用式（4.7）进行归一化时，应满足经济损失 100000 万元经济易损度为 1 的条件，由此可得

$$a=\frac{1}{6^{b}} \tag{4.12}$$

经济易损度可表示为

$$V_{经}=\begin{cases}0 & x\leqslant 1\\ \left(\dfrac{\lg x}{6}\right)^{b} & 1<x\leqslant 1000000\end{cases} \tag{4.13}$$

式中，$V_{经}$ 为经济易损度，取值［0，1］；x 为经济损失，万元。

经济易损度式（4.13）中 b 的取值可根据国家对安全事故等级划分标准进行选取。分别给 b 赋值 0.05、0.10、0.15、0.20、0.25、0.30、0.35、0.40、0.45、0.50，可以得到一系列经济易损度值，见表 4.6。

表 4.6　参数 b 不同取值下的经济易损度

经济损失/万元	0.05	0.10	0.15	0.20	0.25	0.30	0.35	0.40	0.45	0.50
1	0	0	0	0	0	0	0	0	0	0
100	0.95	0.90	0.85	0.80	0.76	0.72	0.68	0.64	0.61	0.58
1000	0.97	0.93	0.90	0.87	0.84	0.81	0.78	0.76	0.73	0.71
5000	0.98	0.95	0.93	0.91	0.89	0.86	0.84	0.82	0.80	0.79
10000	0.98	0.96	0.94	0.92	0.90	0.89	0.87	0.85	0.83	0.82
100000	0.99	0.98	0.97	0.96	0.96	0.95	0.94	0.93	0.92	0.91
1000000	1.00	1.00	1.00	1.00	1.00	1.00	1.00	1.00	1.00	1.00

国家对安全事故等级划分界限为 1000 万元、5000 万元和 10000 万元，故经济易损度在经济损失为 10000 万元时宜为 0.85 左右，在经济损失为 5000 万元时宜为 0.75 左右，在经济损失为 1000 万元时宜为 0.5 左右。根据表 4.6 的数据，综合考虑后，取 b=0.50，经济易损度计算公式最终为

$$V_{经}=\begin{cases}0 & x\leqslant 1\\ \left(\dfrac{\lg x}{6}\right)^{0.50} & 1<x\leqslant 1000000\end{cases} \tag{4.14}$$

（3）社会与环境易损度。

社会损失和环境损失可统一用社会与环境影响指数（f）表示，f 的取值范围为［1，10000］，利用式（4.7）对其进行归一化时，应满足条件：当 f 取 1 时，社会与环境易损度为 0；当 f 取 10000 时，社会与环境易损度为 1，由此可得

$$a=\frac{1}{4^b} \tag{4.15}$$

社会与环境易损度可表示为

$$V_{社环}=\left(\frac{\lg f}{4}\right)^b \tag{4.16}$$

式中，$V_{社环}$ 为社会与环境易损度，取值［0，1］；f 为社会与环境影响指数。

目前，暂无对社会损失和环境损失的等级划分规定，本章假定社会与环境易损度呈线性分布，则 b 的取值为 1。因此，社会与环境易损度计算公式最终为

$$V_{社环}=\frac{\lg f}{4} \tag{4.17}$$

4.2.2　易损度等级划分及评价指南

生命易损度和经济易损度的等级划分标准可以根据《生产安全事故报告和调查处理条例》（2007 年）中的事故等级划分标准确定。由表 4.4 可知，生命损失的等级划分界限为 3 人、10 人和 30 人，则生命易损度的等级划分界限可确定为 0.70、0.79 和 0.83；经济损失的等级划分界限为 1000 万元、5000 万元和 10000 万元，则经济易损度的等级划分界线可确定为 0.71、0.79 和 0.82。社会与环境易损度假设为线性关系，若将其平均分为一般易损、较大易损、重大易损和特重大易损 4 个等级，则分界值为 0.25、0.50 和 0.75，对应的社会与环境影响指数的分界值为 10、100 和 1000。

综上所述，在生命易损度、经济易损度、社会与环境易损的权重分别为 0.737、0.105、0.158 的条件下，漫坝易损度（V）的等级划分界限值可由式（4.3）计算得到，分别为 0.63、0.74 和 0.82。因此，漫坝易损度（V）的等级划分标准及指导意义详见表 4.7。

表 4.7　漫坝易损度(V)的分级标准及指导意义

漫坝易损度（V）	分级	含义	指导意义
0～0.63	低度易损	一般事故，生命损失小于 3 人，经济损失小于 1000 万元，社会与环境影响指数小于 10	无预警，注意躲避洪水
0.63～0.74	中度易损	较大事故，生命损失为 3～10 人，经济损失为 1000 万～5000 万元，社会与环境影响指数为 10～100	1 小时以内的预警，注意疏散风险人口，转移洪泛区可移动财产
0.74～0.82	高度易损	重大事故，生命损失为 10～30 人，经济损失为 5000 万～1 亿元，社会与环境影响指数为 100～1000	1 小时以内的预警，迅速转移风险人口和可移动财产
0.82～1.00	极高易损	特重大事故，生命损失大于 30 人，经济损失大于 1 亿元，社会与环境影响指数为 1000～10000	1 小时以上的预警，及时指派救援队，立即转移风险人口和可移动财产

4.3　工程应用

本节以南方湿润地区的代表性水库——澄碧河水库为例进行汛期易损性评价。根据调查，澄碧河水库大坝下游有拉达电站和东坪电站，总装机容量为 4.2MW；下游 1km 处为 324 国道，由田东经田阳、百色、云南到贵州；下游 4km 处为南宁至昆明铁路；下游 7km 处为百色市；下游 32km 为田阳县城；下游 62km 处为田东县城和右江矿务局。

根据澄碧河水库 1999 年的溃坝损失估算结果（莫崇勋，2014），风险人口数约为 28 万人，淹没耕地 15 万亩[①]，经济损失约为 25 亿元。随着社会的发展，人口增长、经济发展，社会与环境的重要性日益增大，溃坝损失也会随着时间的推移而逐步增加，本章采用增长率公式来推算预测年溃坝损失，其计算公式为

$$A(t)=A(t_0)\times(1+r)^{t-t_0} \tag{4.18}$$

式中，$A(t)$ 表示预测年 t 的溃坝损失；$A(t_0)$ 表示起算年 t_0 的溃坝损失；r 表示溃坝损失年增长率。生命损失和经济损失应分别由式（4.18）计算，社会与环境影响指数根据表 4.2 确定。

4.3.1　生命易损度的估算

1. 风险人口数的计算

1999 年，澄碧河水库的风险人口数为 28 万人。1999 年以后，中国人口自然增长率逐年降低，具体见表 4.8。

表 4.8　中国人口自然增长率表

年份	1999	2000	2001	2002	2003	2004	2005	2006
增长率/‰	8.18	7.58	6.95	6.45	6.01	5.87	5.89	5.28
年份	2007	2008	2009	2010	2011	2012	2013	2014
增长率/‰	5.17	5.08	5.87	4.79	4.79	4.95	4.92	5.21
年份	2015	2016	2017	2018	2019	2020	2021	2022
增长率/‰	4.96	5.86	5.32	3.81	3.34	1.45	0.34	−0.60

由表 4.8 可知，1999 年的人口自然增长率为 8.18‰，2022 年的人口自然增长率为 −0.60‰，计算 2023 年的风险人口数时，人口增长率取 24 年平均值 4.85‰，则由式（4.18）可得 2023 年溃坝的风险人口数为

$$A(2023)_{生}=A(1999)_{生}\times(1+r)^{2023-1999}=28\times(1+0.00485)^{24}=31.45\ （万人）$$

2. 生命损失的确定

根据 2023 年风险人口数为 31.45 万人和李雷-周克发方法提出的风险人口死亡率推荐表（详见表 4.1），可推算生命损失，结果见表 4.9。

① 1 亩≈666.667m^2。

表 4.9　2023 年澄碧河水库溃坝可能的生命损失

洪水严重程度	预警类型	公众意识程度	死亡率推荐值	生命损失/万人
低	无预警（t=0）	模糊	0.03	0.94
		清楚	0.01	0.31
	某种程度的预警（t<60 分钟）	模糊	0.007	0.22
		清楚	0.0006	0.02
	完全预警（t>60 分钟）	模糊	0.0003	0.01
		清楚	0.0002	0.01
中	无预警（t=0）	模糊	0.50	15.73
		清楚	0.075	2.36
	某种程度的预警（t<60 分钟）	模糊	0.13	4.09
		清楚	0.0008	0.03
	完全预警（t>60 分钟）	模糊	0.05	1.57
		清楚	0.0004	0.01
高	无预警（t=0）	模糊	0.75	23.59
		清楚	0.25	7.86
	某种程度的预警（t<60 分钟）	模糊	0.20	6.29
		清楚	0.001	0.03
	完全预警（t>60 分钟）	模糊	0.18	5.66
		清楚	0.0005	0.02

由表 4.9 可知，2023 年澄碧河水库溃坝可能造成的生命损失为 0.01 万～23.59 万人，其中生命损失为 23.59 万人的是在洪水严重程度为高、无预警、公众意识程度模糊的情况下发生的，而生命损失为 15.73 万人的是在洪水严重程度为中、无预警、公众意识程度模糊的情况下发生的，但这两者与实际事故发生时的情形有所不同。实际事故发生时，由于洪水的泛滥需要一定时间，洪泛区必定是处于部分地区无预警、部分地区某种程度预警、其他地区完全预警的状态，风险人口对洪灾的公众意识程度必定也是一部分清楚、另一部分模糊的状态。因此，溃坝洪水发生时无预警且公众意识程度模糊的极端情况一般不会发生，这也是中国迄今为止溃坝事故造成的最大生命损失没超过 10 万人的原因。

综上所述，确定最大的溃坝生命损失时，可取洪水严重程度为高的情况下，无预警、某种程度的预警和完全预警 3 种情况下的综合考虑值，计算得出这 6 种情况的生命损失平均值为 7.24 万人。

3. 生命易损度的确定

当澄碧河水库洪水漫坝的生命损失为 7.24 万人时，生命易损度可由式（4.11）求得

$$V_{生}=\left(\frac{\lg x}{5}\right)^{0.15}=\left(\frac{\lg 72400}{5}\right)^{0.15}=0.9957$$

4.3.2　经济易损度的估算

根据淮河水利委员会的统计（莫崇勋和刘方贵，2010），“九五”期间溃坝经济损失年

增长率为 3%～4%，结合广西地区的经济发展趋势，本章选取 3%为溃坝经济损失年增长率。1999 年，澄碧河水库的溃坝经济损失估算为 25 亿元，由式（4.18）可得 2023 年溃坝经济损失为

$$A(2023)_{经} = A(1999)_{经} \times (1+r)^{2023-1999} = 25 \times (1+0.03)^{24} = 50.82\text{（亿元）}$$

将溃坝经济损失 50.82 亿元代入式（4.14），可求得 2023 年澄碧河水库溃坝的经济易损度为

$$V_{经} = \left(\frac{\lg x}{6}\right)^{0.5} = \left(\frac{\lg 508200}{6}\right)^{0.5} = 0.9752$$

4.3.3　社会与环境易损度的估算

根据澄碧河水库所处位置及溃坝洪泛区情况，结合表 4.2，可以初步确定社会与环境影响指数各系数的取值：风险人口为 31.45 万人，在 10^5～10^7 人范围之间，N 取值 2.5；澄碧河水库溃坝影响最严重的城市是下游 7km 的百色市，百色市属于地级市，C 取值 3.0；澄碧河水库溃坝会严重影响下游 1km 和 4km 的 324 国道（二级路）和南昆铁路，两者属于国家级设施，I 取值 2.0；溃坝影响的文物古迹方面，尚无具体资料，初步定为省市级文物，h 取值 1.5；溃坝对河道形态的破坏应属于一般河道受到一定破坏，R 取值 1.3；澄碧河水库附近生物多为一般动植物，故溃坝对生物的生长环境的影响轻微，l 取值 1.0；溃坝对人文景观的影响定为轻微破坏，L 取值 1.0；溃坝洪水造成的工业污染较少，可将工业污染系数 P 定为 1.0。将以上各个系数的取值代入式（4.1）中，可得社会与环境影响指数为

$$\begin{aligned} f &= N \times C \times I \times h \times R \times l \times L \times P \\ &= 2.5 \times 3.0 \times 2.0 \times 1.5 \times 1.3 \times 1.0 \times 1.0 \times 1.0 \\ &= 29.25 \end{aligned}$$

将 f 值代入式（4.17），可得社会与环境易损度为

$$V_{社环} = \frac{\lg f}{4} = \frac{\lg 29.25}{4} = 0.3665$$

4.3.4　易损度的估算与评价

在漫坝易损度表达式（4.3）中 a_1、a_2、a_3 分别表示生命易损度、经济易损度、社会与环境易损度的权重，由 4.2.1 节内容可知，取值分别为 0.737、0.105、0.158；$V_{生}$、$V_{经}$、$V_{社环}$ 分别表示生命易损度、经济易损度、社会与环境易损度，由 4.3.1～4.3.3 节可知，取值分别为 0.9957、0.9752、0.3665。因此，2015 年澄碧河水库可能的漫坝易损度为

$$\begin{aligned} V &= a_1 V_{生} + a_2 V_{经} + a_3 V_{社环} \\ &= 0.737 \times 0.9957 + 0.105 \times 0.9752 + 0.158 \times 0.3665 \\ &= 0.89 \end{aligned}$$

根据漫坝易损度的等级划分标准（详见表 4.7）知，澄碧河水库漫坝易损度为 0.89，属于“极高易损”级别，其含义为若澄碧河水库漫坝，其失事后果将会是特重大事故。建议提供 1 小时以上的预警，及时指派救援队，立即转移风险人口和可移动财产。

第5章 南方湿润地区土石坝防洪风险评估方法

本章在前述南方湿润地区土石坝防洪危险性评估和易损性评估的基础上，结合联合国人道主义事务部对于自然灾害风险的定量表达式“风险度＝危险度×易损度”，详细介绍了南方湿润地区土石坝防洪风险度的评价方法及应用。

5.1 土石坝防洪风险概述

5.1.1 土石坝防洪风险研究背景

国际上对于自然灾害风险的定量表达式为“风险度＝危险度×易损度”，其中“危险度”和“风险度”两个指标的评价方法和应用已经在前文表达。本章在阐述的水库大坝风险标准及其分类的基础上，给出洪水分期调度条件下漫坝风险度的评价方法及工程应用。

水库大坝风险是客观存在的，目前的技术手段还无法完全消除风险，只能通过各种工程或非工程措施去降低它，并将其控制在某一合理尺度内使公众普遍能够接受，这个合理尺度便是水库大坝风险标准。在南方湿润地区，影响溃坝的因素多，作用过程复杂，计算溃坝概率的难度较大，大坝溃决引起的生命损失、环境破坏、社会影响等评价方法尚不完善。目前，国际上还无法制订出一个能被广泛认同的水库大坝风险标准，这一工作尚处于探讨、研究和完善阶段。

美国、加拿大、澳大利亚、西欧、南非等国家和地区开展风险评估技术研究较早，在风险评估技术刚引入大坝安全领域时，使用的是纯经济风险标准，即将所有类型的风险包括人员伤亡、环境破坏均用经济价值来表示。出于人道主义考虑，这一方法已被淘汰，改为对生命风险和经济风险分别制定相应的标准，而对环境风险、社会风险仍未研究制定相应的定量评估标准。受各国国情不同、社会经济发展状况不一致，以及传统文化背景、社会价值观、管理体制、保险制度等方面的差异，相应制定的生命风险和经济风险标准也不尽相同。我国幅员辽阔，领土南北跨越的纬度近50°，南北地区所处的地理位置、气候特征、历史文化和政治经济活动存在显著差异，应制定出一个适用于南方湿润地区的风险标准。

5.1.2 土石坝防洪风险标准及其分类

研究南方湿润地区土石坝防洪风险标准，首先需要对大坝风险进行分类，并针对不同类型的风险分别制定相应的标准。目前，国际上公认的大坝风险分为四类：生命风险、经济风险、环境风险和社会风险。此外，水库大坝风险也可分为可接受风险和可容忍风险。建立风险标准时，不但要考虑可接受风险标准，也要考虑可容忍风险标准。

（1）可接受风险。英国健康和安全委员会定义：“任何会受风险影响的人，为了生活或工作的目的，假如风险控制机制不变，准备接受的风险”。

（2）可容忍风险。英国健康和安全委员会定义：“为了取得某种纯利润，社会能够忍受的风险”。这种风险在一定范围之内，不能忽略也不能置之不理；这种风险需要定期检查，并且如果可以的话应该进一步减小。英国健康和安全委员会还特别强调“可容忍并不意味着可接受”。

1. 生命风险标准

生命风险即溃坝对下游人类产生的生命风险，为溃坝可能性与可能人类损失的乘积。生命损失评价主要考虑 3 个因素：风险人口、警报时间和暴露因素。风险人口是指处于溃坝影响区内，直接暴露于洪水风险中而没有撤退的人员；警报时间是指从启动溃坝警报到溃坝洪水到达风险人口生活区之间的时间；暴露因素是指是昼夜、季节，节假日等影响风险人口变动的因素。在发达国家，政府与大坝业主对溃坝可能造成的生命损失的重视程度远远超过对经济损失的重视程度。在国际上，对生命风险的评价需要满足 3 个准则：生命单个风险标准、生命社会风险标准和 ALARP（as low as reasonably practicable）原则。

1）生命单个风险标准

对于容忍生命单个风险，应该以不超过人们日常生活所面临的死亡风险为基准。根据澳大利亚统计局的统计，澳大利亚人口最低死亡概率约为 1.0×10^{-4}。因此，澳大利亚大坝委员会 2003 年制定的《澳大利亚风险评价指南》建议，已建成大坝对个人或团体造成的生命单个风险如果超过 1.0×10^{-4} 是不可容忍的；新建大坝和已建大坝扩建工程，对生命单个风险超过 1.0×10^{-5} 是不可容忍的。英国健康和安全委员会并非根据平均基本风险来确定生命单个风险，而是根据风险能否被工人和公众所容忍来确定可容忍风险。实际上，工人和公众经历过的大部分风险都比英国健康和安全委员会规定的可容忍风险值小很多，因此英国健康和安全委员会建议：“在广泛的社会利益下”强加在工人和公众身上的可容忍风险，工人为 1.0×10^{-3}，公众为 1.0×10^{-4}。

在中国 2003 年统计发现，人口自然死亡率约为 6.4‰，缺少按年龄段划分的死亡概率分布数据[①]；各类自然灾害造成的死亡率约为 1.7×10^{-6}。乘坐非机动车辆意外死亡率约为 1.7×10^{-4}，乘坐机动车辆意外死亡率约为 3.3×10^{-4}（国家统计局人口和社会科技统计司，2003）。目前，公众普遍抱怨车祸过于频发，表明公众对大于 3.3×10^{-4} 的生命单个风险不可容忍。因此，可以将我国大坝可容忍生命单个风险标准定为 3.0×10^{-4}，低于这个风险认为是可容忍风险，超过这个风险认为是不可容忍风险。随着社会经济发展与公众安全意识的提高，政府已经开始采取一系列措施，并出台和完善相关法规，大力整治公共安全问题，可逐渐将我国的大坝可容忍生命单个风险标准提高至国际水平，即 1.0×10^{-4}。

对于可接受风险，标准越低公众接受的意愿越强。一般认为当风险达到 1.0×10^{-6} 时，公众不再担心这种风险。澳大利亚大坝委员会建议的可接受生命单个风险为 1.0×10^{-5}，李雷等（2006）学者也建议中国采用该标准，这与核电站对周围单个生命形成的风险相当。

① 中华人民共和国统计局，2004 年 2 月 26 日，中华人民共和国 2003 年国民经济和社会发展统计公报。

2）生命社会风险标准

目前，国际上确定生命社会风险标准主要有两种方法：一是 *F-N* 线法，*N* 为死亡人数，*F* 为 *N* 的累积分布函数，即大于或等于 *N* 个生命损失的概率，本方法通过确定 *F-N* 线来确定生命社会风险标准；二是每年生命损失期望值法，每年生命损失期望值为溃决概率和死亡人数的乘积，本方法通过确定每年生命损失的极限值和目标值来确定生命社会风险标准。

F-N 标准线可通过在双对数坐标系中确定 *F-N* 线的起点位置和斜率来确定。荷兰建设环保部认为，人们不愿意接受生命损失的直线递增和加速递增，即斜率递增的曲线。也有专家认为超过 1000 人的生命损失是不可容忍的，因此以一条竖线在此截断 *F-N* 线，当然这种方法对已建坝是不切实际的，因为已建坝下游住着大量人口，可考虑在新建坝中使用。

每年生命损失期望值实际上是对 *F-N* 线的积分，由于每年生命损失期望值法不直观，且不能很好地反映溃决概率极低但后果极大的风险，因此目前除了美国垦务局应用每年生命损失期望值对其坝群进行排序外，一般都应用 *F-N* 线法。

图 5.1 为澳大利亚大坝委员会采用 *F-N* 线法制定的生命社会风险标准。由图 5.1 可见，在澳大利亚，年溃坝预期生命损失概率高于 1.0×10^{-3} 的生命社会风险为不可容忍风险，低于 1.0×10^{-4} 的生命社会风险为可接受风险。值得注意的是，图 5.1 中的两条水平线是澳大利亚大坝委员会根据目前知识、大坝技术以及估算风险方法得出的，对于可容忍风险和不可容忍风险之间的线，以 20 世纪澳大利亚年平均溃坝率的 10%来确定；对于可容忍风险和可接受风险之间的线，以年平均溃坝率的 1%来确定。

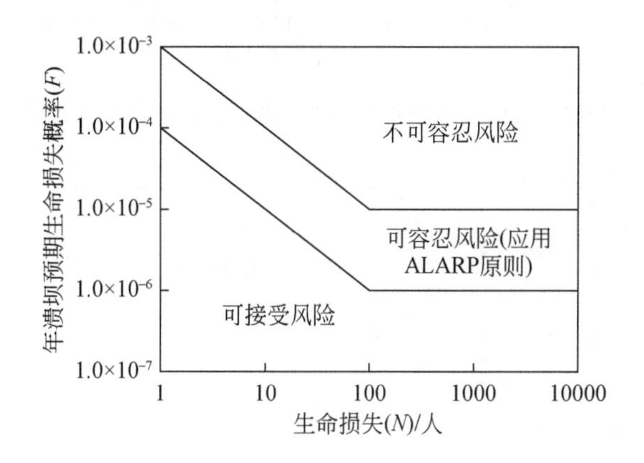

图 5.1　澳大利亚大坝委员会制定的生命社会风险标准

F-N 线法非常直观，有学者建议我国的大坝生命社会风险标准也采用该法确定（李雷等，2006）。同时，因我国小型水库的安全状况与管理水平同大中型水库相比存在很大的差距，宜按大中型水库大坝和小型水库大坝分别制定生命社会风险标准，其中大中型水库应尽量向西方发达国家的标准靠拢，小型水库可暂时适当降低标准。

1982～2000 年，我国大中型水库平均年溃坝率为 0.88×10^{-4}，小型水库为 2.62×10^{-4}；因为溃坝所造成的死亡人数少则几人多则上百。假定溃坝死亡人数在 10～100 人，则对大中型水库，年溃坝生命损失风险为 0.88×10^{-3}～0.88×10^{-2}；对小型水库，年溃坝生命损失风险为 2.62×10^{-3}～2.62×10^{-2}。溃坝生命损失风险上限一般是不可容忍的，因此以下限作为可容忍风险标准，李雷等（2006）据此建议我国大中型水库大坝 *F-N* 线起点为 1.0×10^{-3}，小型水库大坝 *F-N* 线起点为 2.5×10^{-3}。

同时，参照澳大利亚大坝委员会的建议，以年平均溃坝率的 10%作为可容忍风险的水平极值线，以年均溃坝率的 1%作为可接受风险的水平极值线。因此，建议我国大中型水库大坝的可容忍生命社会风险的水平极值线为 1.0×10^{-5}，可接受生命社会风险的水平极值线为 1.0×10^{-6}；小型水库大坝的可容忍生命社会风险的水平极值线为 2.5×10^{-5}，可接受生命社会风险的水平极值线为 2.5×10^{-6}。

李雷等（2006）经研究提出我国水库大坝生命社会风险标准 *F-N* 线参考图，如图 5.2 和图 5.3 所示。其中，大中型水库大坝生命社会风险标准与澳大利亚大坝委员会的生命社会风险标准相同。

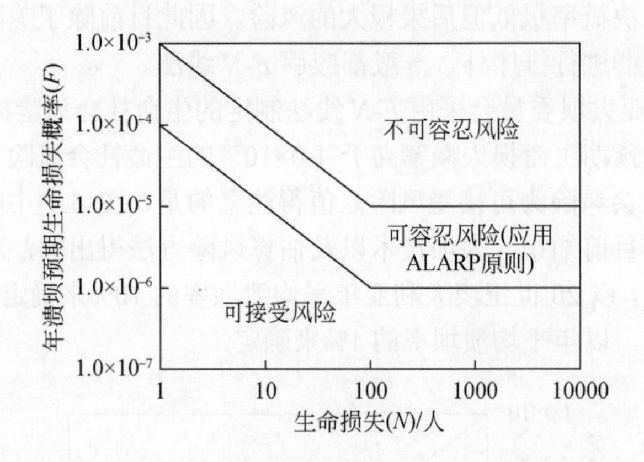

图 5.2　我国大中型水库大坝生命社会风险标准建议图

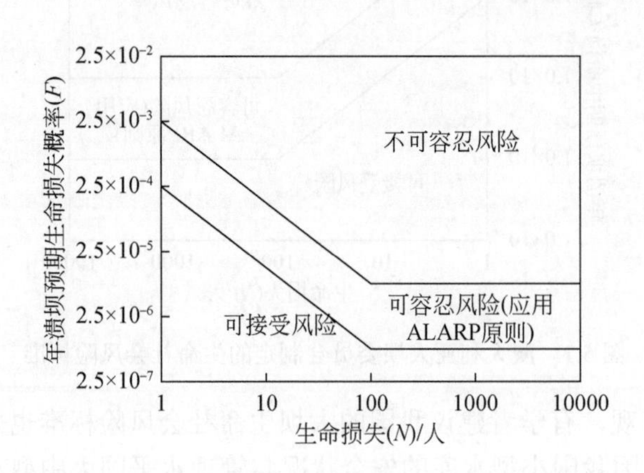

图 5.3　我国小型水库大坝生命社会风险标准建议图

3）ALARP 原则

风险在合理可行情况下应尽可能低，只有当减少风险是不可行的，或投入的经费与减少的风险是非常不相称时，风险才是可容忍的。

生命单个风险分为可接受生命单个风险和可容忍生命单个风险，生命社会风险也分为可接受生命社会风险和可容忍生命社会风险。可接受风险和不可容忍风险之间为 ALARP 过渡带。ALARP 过渡带是指对处于可接受风险和不可容忍风险之间的风险应用 ALARP 原则。

2. 经济风险标准

经济风险是溃坝对下游经济所造成的风险，为溃坝可能性与可能经济损失的乘积。经济损失可分为直接经济损失和间接经济损失。直接经济损失主要包括：大坝整体或部分结构破坏，房屋、商业、工业和农业破坏，屋内财产破坏，公路、桥梁破坏，基础设施（如水与电力供给线）破坏，农业机械破坏，土地荒废等；间接经济损失主要包括：应急行动费用、搭建临时住宅费用、修建临时交通费用、清除污染费用、疫情防治费用，以及受灾群众失去就业机会引起的收入损失、电力中断引起的工业损失、交通中断引起的运输业和工业损失、灌溉中断引起的农业损失、旅游损失、税收损失等。经济风险标准的制定一般是根据溃坝所造成的经济损失比例和当时的社会经济发展水平来确定。国际上一般都是大坝业主根据自己承受风险的能力来确定经济风险标准，重点是根据 ALARP 原则来降低经济风险。图 5.4 是澳大利亚大坝委员会在对大量水库大坝进行风险评估的基础上制定的经济风险标准。

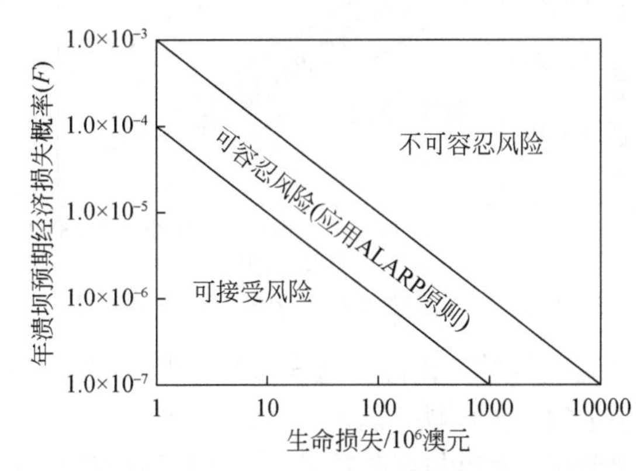

图 5.4　澳大利亚大坝委员会经济风险标准

李雷等（2006）参照澳大利亚大坝委员会及加拿大 BC Hydro 制定的经济风险标准，并对比我国与澳大利亚、加拿大的经济发展水平，对东部沿海如广东、浙江、江苏等经济发达地区，认为当溃坝经济损失超过 1 亿元时，年溃坝预期经济损失概率大于 1.0×10^{-5}的经济风险为不可容忍风险，小于 1.0×10^{-6}可接受风险；对西部如青海、贵州、宁夏等最不发达地区，认为当溃坝经济损失超过 2000 万元时，年溃坝预期经济损失概率大于 1.0×10^{-5}的经济风险为不可容忍风险，小于 1.0×10^{-6}的经济风险为可接受风险；其他地区可根据当地的经济发展水平与经济风险承受能力，在上述范围内选择。以东、西部地区为例拟订的我国经济风险标准如图 5.5 和图 5.6 所示。

3. 环境风险标准

环境风险是溃坝对生态、自然及人文环境等构成的风险。环境风险所造成的损失包括：被溃坝洪水毁坏的无法补救的文物古迹、艺术珍品、自然景观、稀有动植物及其栖息地，以及洪水、泥石流、污染物、河流改道等对下游生态环境造成的破坏。由于溃坝对环境造成

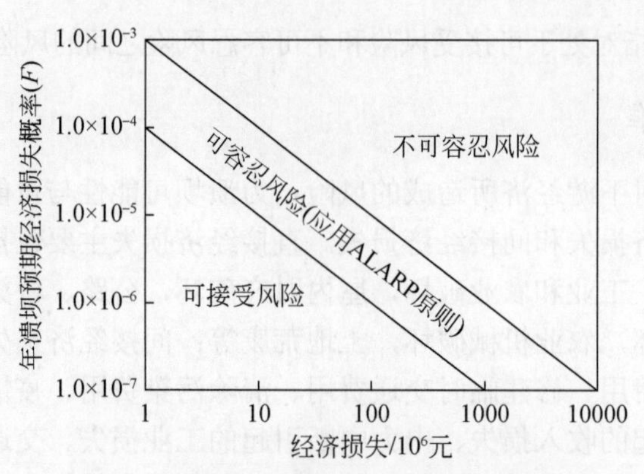

图 5.5 我国东部地区经济风险标准建议图

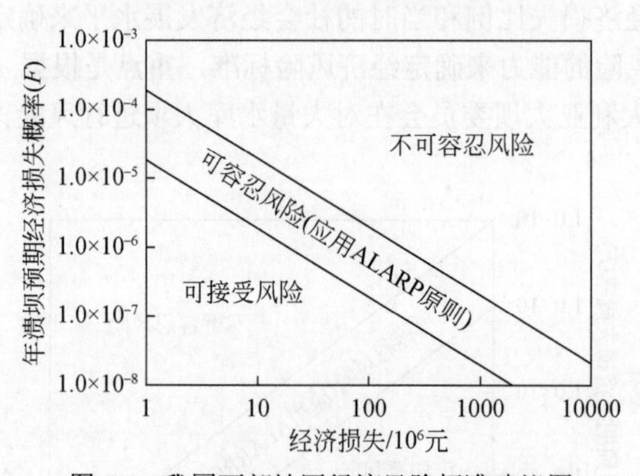

图 5.6 我国西部地区经济风险标准建议图

的损失一般很难采用货币定量计算，国际上迄今对此标准的制定也未能统一。我国大型水库大坝很多（如三峡、小浪底、大藤峡、新安江等），一旦溃坝，对下游生态环境必将造成极大破坏。如果水库大坝溃决，库容与坝高是对生态环境造成破坏程度的主要决定性因素。李雷等（2006）根据破坏力指标（D）的大小，通过控制溃坝概率来拟订生态环境风险标准，如图 5.7 所示。其中 D 可按下式进行计算

$$D = VH \tag{5.1}$$

式中，D 为破坏力指标，m^4；V 为库容，m^3；H 为坝高，m。

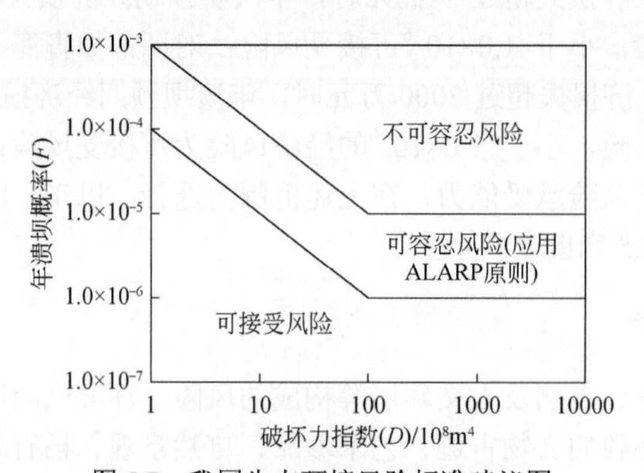

图 5.7 我国生态环境风险标准建议图

同时，南方湿润地区的历史与自然文化遗产、稀有动植物及濒危物种众多，一旦溃坝其所造成的毁坏是不可逆的，是该地区人类文明的重大损失。可根据上述被保护对象的级别与重要性，通过估算年溃坝概率来拟订人文与自然环境风险标准，如图 5.8 所示。其中，Ⅰ类人文或自然景观保护对象为世界级文化遗产、世界级自然遗产、世界级濒危稀有动植物物种及其栖息地；Ⅱ类人文或自然景观保护对象为国家 4A 级风景名胜、国家级文物保护对象、国家一级保护动植物及其栖息地；Ⅲ类人文或自然景观保护对象为国家 4A 级以下风景名胜、国家一级以下保护动植物及其栖息地；Ⅳ类人文或自然景观保护对象为省级文物及动植物保护对象；Ⅴ类人文或自然景观保护对象为地市级文物及动植物保护对象。

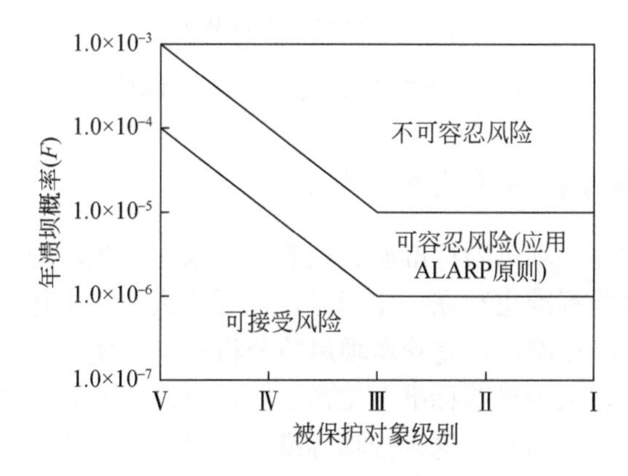

图 5.8　我国人文与自然环境风险标准建议图

4. 社会风险标准

社会风险是溃坝对社会稳定造成的风险。社会风险包括对国家政府信誉的不利影响，承受风险的人口数、生命损失、心理创伤，以及正常生活秩序、环境被破坏而造成的社会冲击甚至社会动荡，导致受灾区当地社会经济发展的停滞或倒退，以及人们物质生活水平的下降，灾区社会关系网络的损失，对大坝设计、施工、管理单位声誉的影响等。发达国家对突发事件的应急处理机制、保险制度及国家赔偿制度比较完善，所以溃坝一般不会引起大的社会风险，因此缺少对国际上社会风险的研究。

溃坝产生的社会后果一般与水库大坝规模以及下游影响人口、城镇、交通干线、企业等因素有关，李雷等（2006）根据这些因素构筑溃坝后果的综合影响指数（C_f）。然后根据 C_f 的大小，通过控制年溃坝概率来拟订社会风险标准，如图 5.9 所示。C_f 按下式进行计算

$$C_f = m_1 m_2 VHiN \tag{5.2}$$

式中，m_1 为下游影响城市重要性系数，m_1=1～10，影响首都时，取 m_1=10，影响中心省会城市（如成都、南宁、广州等）时，m_1=5，影响一般省会城市与计划单列市时，m_1=2.5；m_2 为下游影响基础设施重要性系数，m_2=1～3，影响国家重要交通干线（如京沪线、京广线等）及输油、输气、输电管线（如西气东送管线）时，取 m_2=3，影响国道时，取 m_2=2；V 为库容，亿 m^3；H 为坝高，10m；i 为水库大坝下游河道平均坡降；N 为下游风险人口，万人。

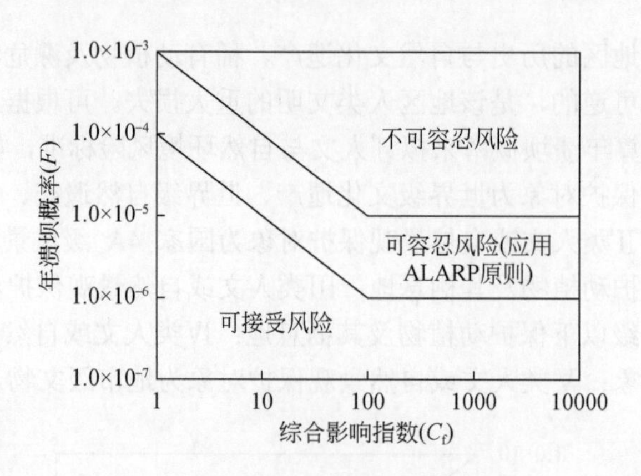

图 5.9　我国溃坝社会风险标准建议图

5. 现有风险标准存在问题及发展趋势

尽管国内外开展水库大坝风险标准研究已有三十余年，也取得一些成果，但由于各种原因，已有水库大坝风险标准也存在一定问题，需要广大水利工作者审时度势，努力探索适合水库大坝特性的风险标准，以完善漫坝风险分析技术，使其更好地服务于社会经济。

如前所述，现有水库大坝风险标准分生命、经济、环境和社会风险标准，这些风险标准取值带有一定的主观性。而且，这种分项标准，与风险是失事事件发生概率和后果的整合不甚相符，也不利于风险比较与评判。

20 世纪 90 年代，联合国人道主义事务部已经提出了自然灾害风险的定量表达式：$R=H\times V$［式（2.1）］，其中，R 为风险度，H 为危险度，V 为易损度，三者的取值范围均为 0～1 或者 0～100%。该公式明确表达了风险的内涵和定量计算方法，较为全面地反映了风险的本质特征。其中，危险度反映了灾害的自然属性，是灾害发生概率的函数，取值为 0～1；易损度反映了灾害的社会属性，是受灾体人口、财产、经济和环境损失的函数，取值为 0～1；风险度是灾害自然属性和社会属性的结合，表达为危险度和易损度的乘积，取值为 0～1。显然，联合国人道主义事务部的评价模式已经包含了水库大坝风险的生命、经济、环境和社会特征，应该得到推广和应用（莫崇勋和刘方贵，2010）。

因此，为解决现有风险标准不统一的问题，应根据联合国人道主义事务部对自然灾害风险度的界定，在危险度（0，1）和易损度（0，1）评价的基础上，将二者乘积得到漫坝风险度（0，1），然后按一定的规则将其划分等级，并赋予相应的安全属性，以此作为标准评判水库大坝安全性。该方法能为制定南方湿润地区风险评价标准提供新思路，是风险分析需要解决的主要技术问题。

5.2　土石坝防洪风险度等级划分及应用分析

5.2.1　等级划分

根据风险度计算公式，由危险度和易损度的数值和分级来决定风险度数值及其分级。

如前文所述，漫坝危险度和漫坝易损度在 0～1 范围内等分为 0～0.2、0.2～0.4、0.4～0.6、0.6～0.8、0.8～1.0 等 5 个数值区域，则相应的漫坝风险度也划分为 5 个等级：极低风险，0～0.04；低度风险，0.04～0.16；中度风险，0.16～0.36；高度风险，0.36～0.64；极高风险，0.64～1.00。漫坝风险等级及评价指南见表 5.1。

表 5.1　漫坝风险等级及评价指南

风险度	0～0.04	0.04～0.16	0.16～0.36	0.36～0.64	0.64～1.00
风险度分级	极低风险	低度风险	中度风险	高度风险	极高风险
评价指南	危险度很低，易损度也很低，是安全投资区和待开发区	易损度较低，与极低风险相比，基础设施和经济水平已有所提高，可能遭遇的风险和承受风险的能力亦随之加大，是最佳投资区和适宜开发区，风险小，收益大	适宜投资区，风险和效益并存，开发时应考虑降低风险的措施并加强风险管理	有较高的危险度，易损度也较高，表明漫坝规模较大，频率较高，或人口较稠密，经济较发达，一旦灾害发生，人员和财产损失均较大，是谨慎投资区，风险大，收益亦可能大。开发时要考虑最大限度地降低投资成本，避免增加易损度。可购买人身保险和财产保险，以转移部分风险	有很高的危险度和易损度，投资风险很大。由于危害严重，或区内经济开发已近饱和，故在风险未降低之前，不宜大规模投资开发

例如，南方湿润地区某市水库漫坝危险度和易损度区划已经确定，其中 4 个水库漫坝危险度赋值分别为 0.4、0.4、0.4、0.6；易损度赋值分别为 0.8、0.6、0.8、1.0；则相应这 4 个水库的漫坝风险度分别为 0.32、0.24、0.32、0.60，其风险级别则分别为中度风险、中度风险、中度风险和高度风险。

5.2.2　应用分析

根据表 5.1 风险度分级及评价指南，水库洪水漫坝风险度评价方法的应用问题可体现在以下 3 个方面：

1. 指导水库防洪优化调度

对于水库特定的防洪方案，按上述方法求出对应于水库该防洪调度方案下的漫坝风险度，进而根据表 5.1 所示的风险度评价指南，评判其风险，据此调整水库汛期防洪方案。例如，对某一水库，在原汛期防洪限制水位方案情况下，其风险属性为“中度风险”或以下，则可适当抬高水库汛期防洪限制水位，结果既可满足防洪安全要求，汛末水库又能多蓄水，由此提高水库的兴利效益；反之，若水库风险属性属于“高度风险”或以上，则考虑汛期降低原防洪限制水位，以确保汛期水库防洪安全。

2. 指导水库下游洪灾区经济开发活动

对于风险属性为“中度风险”或以下，则可考虑在洪灾区投资，开展经济开发活动；如若风险属性为“高度风险”或以上，则不宜在洪灾区开展经济开发活动，特别是大型工矿企业，因其资产人员投入较多，遭遇风险亦特别大。

3. 指导规划水库工程的规模选择和大坝方案设计

对规划水库工程，按照上述风险度求解方法推求水库漫坝风险度，若属“高度风险”或“极高风险”，则应考虑降低水库工程规模，或适当加高坝顶高程，以防范洪水漫坝；反之，若漫坝风险属“中度风险”或以下，则可考虑适当降低坝顶高程，以减少工程投资。此举避免水库工程设计中单纯考虑大坝本身而忽视下游社会、经济与环境问题的弊端。限于篇幅，本章仅就水库洪水漫坝风险度评价方法在指导水库防洪优化调度方面进行研究，而有关“指导水库下游洪灾区经济开发活动”和“指导规划水库工程的规模选择和大坝方案设计”的应用问题不再述及。

5.3 洪水分期条件下漫坝风险度评价

5.3.1 洪水分期条件下土石坝漫坝风险度评价理论基础

1. 理论依据

南方湿润地区区别于西北旱区、河套灌区、东北寒区等地区的特点是，暴雨洪水具有季节性变化规律，所以研究南方湿润地区的土石坝风险度评价理论时，要对汛期进行合理分期，并确定不同分期的防洪库容，对提高水库综合利用效益具有重要现实意义。但是，要实现水库的分期设计和调度运用，首先要解决 3 个基本问题：一是在分期的情况下如何定义水库的防洪标准；二是分期设计洪水标准怎样确定；三是如何确保水库防洪标准不变。

防洪标准是指防洪保护对象要达到的防御洪水的标准，通常以某一重现期的设计洪水为防洪标准。所谓“重现期”是指某个随机变量的取值在长时期内平均多少年出现一次的意思，由此可知，防洪标准是以年为基础的。当水库实行分期运用后，前述的重现期概念就不再适用了。在这种情况下，如何定义水库的防洪标准是一个需要解决的问题。

关于分期设计洪水标准如何确定，目前尚未见到相关计算方法，有关文献只是指出了分期设计洪水标准不能直接采用水库防洪标准。有文献指出：“分期最大洪水频率曲线上频率为 1.0%的设计洪水不等于防洪设计标准所要求的 100 年一遇洪水，反之亦然。这是因为，分期最大洪水系列中的部分（有时甚至为全部）洪水不是年最大洪水，这些洪水在 1 年内就可能被超过多次。以致通常所说的‘重现期等于频率的倒数’这种关系也不再成立。”同时也有文献指出：“均按全年设计洪水标准来计算分期设计洪水所求得的防洪库容可能偏小，原因是这样求出的防洪高水位出现的概率将大于设计标准，如分两期按 1%洪水设计，则防洪高水位在每期出现的概率均为 1%，于是总的出现概率可能接近 2%，也就是没有达到防洪标准”。因此分期设计洪水标准如何确定，以及如何确保水库防洪标准不变，是水库分期运用需要解决的关键问题。

本节利用概率论的组合频率计算原理，结合南方湿润地区的汛期特性，提出水库分期运用情况下，水库防洪标准的等价表达方式，以及在确保水库防洪标准不变的前提下，合理确定水库漫坝风险度。

2. 水库防洪标准的等价定义

目前，我国采用的防洪标准是以重现期的形式来表达的，而重现期是以年为基础定义的。当水库实行分期运用后，就很难再用重现期的形式来定义水库的防洪标准了。由此提出了一个新的问题，水库分期运用的防洪标准该如何定义和表达？为此，本书应用概率论中独立事件的概率组合原理来定义水库分期运用情况下的防洪标准。

在水库防洪标准确定后，根据确定的汛限水位，通过洪水调节计算可以确定水库的防洪高水位。在不分期的情况下，这个防洪高水位在 1 年中出现的概率与水库的防洪标准是等价的概念。在分期的情况下，各个分期设计洪水的频率不再是以年最大事件为基础的年设计频率了，分期设计洪水的频率不再具有重现期的意义，这时就不能再用重现期来换算频率了。因此，在分期的情况下，可以用水库最高调洪水位在 1 年中达到防洪高水位的年组合频率来作为水库防洪标准的等价表达形式。

在分期不多（一般情况下，不超过 3 期）的情况下，各个分期的洪水事件基本可以认为是相互独立的。另外，在一般情况下，水库的防洪调度原则均要求水库在调蓄一场洪水后，尽快使水库水位回落到汛限水位，因此可以认为各个分期的防洪调度也是相互独立的。基于这些独立性特征，可以假定各个分期的洪水调节计算是独立事件。

年组合频率的计算原理简述如下：设 A、B、C 分别表示前汛期、主汛期、后汛期水库在汛限水位确定的条件下经过调洪计算达到防洪高水位的事件：设 Z 为 1 年中水库最高调洪水位达到防洪高水位的事件。显然事件 Z 是事件 A、事件 B、事件 C 的和。根据前面的独立性假定，认为事件 A、事件 B、事件 C 之间是相互独立的，因此根据概率可加性原理有

$$P(Z)=P(A)+P(B)+P(C)-P(A)P(B)-P(A)P(C)-P(B)P(C)+P(A)P(B)P(C) \tag{5.3}$$

式中，$P(Z)$为在 1 年中水库最高调洪水位达到防洪高水位的频率；$P(A)$、$P(B)$、$P(C)$分别为在前汛期、主汛期、后汛期水库最高调洪水位达到防洪高水位的频率。

3. 组合风险度的计算原理

根据上述按水库防洪标准不变的要求确定各期的汛限水位情况下，利用漫坝风险度评价方法对各期进行风险度计算，然后对各期风险度进行组合即可得到洪水分期条件下的水库漫坝风险度，其计算公式为

$$R(Z)=R(A)+R(B)+R(C)-R(A)R(B)-R(A)R(C)-R(B)R(C)+R(A)R(B)R(C) \tag{5.4}$$

式中，$R(Z)$为在 1 年中水库最高调洪水位达到防洪高水位的漫坝风险度；$R(A)$、$R(B)$、$R(C)$分别为在前汛期、主汛期、后汛期水库最高调洪水位达到防洪高水位的漫坝风险度。

5.3.2　洪水分期条件下漫坝风险度计算方法步骤

1. 汛期分期

根据前述汛期分期原则与分期方法，并结合南方湿润地区各水库的实际情况，综合分析确定水库汛期分期。

2. 各期汛限水位的推求

按照“不降低水库工程防洪标准”的要求，利用组合频率法推求各期的汛限水位。而要计算式（5.4）中的 P（A）、P（B）和 P（C），则必须进行分期 A、B 和 C 的洪水配线工作，即以各期洪水系列作为样本进行理论频率曲线配制。目前工程上广泛采用的绘制频率曲线的方法是适点配线法。它是利用 Φ_P 值表，先假设偏态系数（C_s）值，查出不同频率 P 的 Φ_P 值，然后由下式计算对应于频率 P 的洪峰流量（Q_P）值

$$Q_P = \overline{Q}\left(1 + C_v \Phi_P\right) \tag{5.5}$$

式中，$\overline{Q}$ 为各洪水系列的均值；C_v 为变差系数。

由不同的 P 值，算出相应的洪峰流量值（Q_P），便可绘制出一条与 $\overline{Q}$，C_v 及 C_s 值相对应的理论频率曲线。将理论频率曲线与实测经验频率点据分布相比较，看它们拟合是否比较好，如不理想，则根据实际情况，适当调整 C_s 的试配值，必要时还可调整 C_v 甚至 $\overline{Q}$，直到理论频率曲线与经验频率点据分布拟合较好为止。由于手工计算量太大，且计算结果偏差较大，因此可编制程序在计算机上完成配线工作。具体做法是将各期实测洪水系列与 Φ_P 值表的相关数据输入电子计算机，按矩形公式计算各期洪水系列的统计特征值 $\overline{Q}$、C_v，假定 $C_s = aC_v$，a 在 1.5～4.0 变化，根据最小二乘法原理，即所有同一频率上的理论点与实测点据纵坐标离差的平方和为最小的准则，用黄金分割（0.618）法，在给定范围内依次调整参数 C_s、C_v 和 $\overline{Q}$，逐步进行迭代计算，直到符合精度要求为止。最后得到所求的理论频率曲线，它的统计参数 $\overline{Q}$、C_v 及 C_s 就是所要确定的对应各期洪水系列的统计特征值。

有了汛期各分期的洪水频率曲线，根据各期水库调洪演算得到水库最高水位达到防洪高水位对应的流量，可查得相应的洪水频率。显然，在水库工程防洪标准不变约束条件下，由式（5.3）可得多种分期汛限水位组合方案。

3. 各期漫坝因素不确定性处理

各期漫坝因素不确定性处理。同前文风险因素不确定性处理一样，在某个分期汛限水位组合方案下，分别确定洪水位、水面壅高度、波浪爬高等变量的均值与均方差。需要说明的是，风速亦应该进行分期统计，与洪水分期相对应，但为简化计算起见，风速不作分期处理，而在各期计算过程中仍采用水库汛期最大有效风来计算水面风壅高度和波浪爬高，这样对计算结果亦是偏于安全的。

4. 水库汛期漫坝风险度计算

在水库各分期汛限水位组合方案下，经过计算确定各期随机变量的均值与均方差，则可按前述方法计算各期的漫坝风险度 $R(A)$、$R(B)$和 $R(C)$，然后用式（5.4）进行组合计算，即可求得水库汛期漫坝风险度。显然，不同的分期汛限水位组合方案，对应有不同的水库漫坝风险度，据此，可根据漫坝风险度分级及评价指南评判分期汛限水位组合方案的可行性。

5.4　工程应用分析

5.4.1　水库漫坝风险度计算

水库洪水分期条件下漫坝风险度计算的目的，是研究在不降低水库大坝防洪标准前提下调整各分期汛限水位的可行性，即其漫坝组合风险是否可以接受。在南方湿润地区水库各分期漫坝易损度相同，所以漫坝风险度计算的关键是各期漫坝危险度的计算。

以澄碧河水库为例，设水库汛限水位前汛期为 185.00m、主汛期 185.00m、后汛期为 185.00m。具体计算步骤与结果如下：

确定各期设计洪水频率。根据前述水库汛限水位方案，即前汛期、主汛期和后汛期均为 185.00m，则对应的水库防洪高水位达到 1000 年一遇洪水位的洪水频率分别为 0.036‰（前汛期）、0.812‰（主汛期）和 0.079‰（后汛期）；

确定各期漫坝危险度。利用前文介绍的“设计洪水-最大有效风法”计算各期的漫坝危险度，结果为 0.0001（前汛期）、0.0026（主汛期）和 0.0002（后汛期）；

确定各期漫坝风险度。已知各期漫坝易损度均为 0.704（取地理信息系统方法的评价结果），所以根据漫坝危险度的结果得各期的漫坝风险度分别为

前汛期：$R(A)=H(A)\times V(A)=0.0001\times 0.704=0.000070$

主汛期：$R(B)=H(B)\times V(B)=0.0026\times 0.704=0.001830$

后汛期：$R(C)=H(C)\times V(C)=0.0002\times 0.704=0.000148$

确定水库汛期组合风险度根据各期漫坝风险度的结果，利用式（5.4）计算水库汛期的组合风险度

$$
\begin{aligned}
R(Z)&=R(A)+R(B)+R(C)-R(A)R(B)-R(A)R(C)-R(B)R(C)+R(A)R(B)R(C)\\
&=0.000070+0.001830+0.000148-0.000070\times 0.001830-0.000070+0.000148\\
&\quad -0.001830\times 0.000148+0.000070\times 0.001830\times 0.000148\\
&=0.002048
\end{aligned}
$$

根据上述步骤，计算不同汛限水位方案的水库年组合漫坝风险度，结果见表 5.2。

表 5.2　组合漫坝风险度计算结果

序号	汛限水位方案（前汛期＋主汛期＋后汛期）	后汛期漫坝危险度	年组合漫坝风险度	风险属性
1	185.00m+185.00m+185.00m	0.0002	0.002048	极低风险
2	185.00m+185.00m+185.20m	0.0810	0.077818	低度风险
3	185.00m+185.00m+185.40m	0.1362	0.129135	低度风险
4	185.00m+185.00m+185.60m	0.1995	0.187982	中度风险
5	185.00m+185.00m+185.80m	0.2510	0.235860	中度风险
6	185.00m+185.00m+186.00m	0.3121	0.292661	中度风险
7	185.00m+185.00m+186.20m	0.3630	0.339981	中度风险

续表

序号	汛限水位方案 （前汛期＋主汛期＋后汛期）	后汛期 漫坝危险度	年组合 漫坝风险度	风险属性
8	185.00m+185.00m+186.40m	0.4467	0.417793	高度风险
9	185.00m+185.00m+186.60m	0.5324	0.497464	高度风险
10	185.00m+185.00m+186.80m	0.6045	0.564493	高度风险
11	185.00m+185.00m+187.00m	0.6842	0.638586	高度风险

5.4.2 水库汛限水位的优化调整

由表 5.2 知，后汛期汛限水位不超过 186.20m 时，水库漫坝风险等级为“中度风险”及以下；当汛限水位在 186.40～187.00m 时，水库漫坝风险等级则为“高度风险”。

因此，在不降低水库大坝防洪标准以及漫坝风险在合理范围内，可对该水库的防洪调度方案进行如下调整：前汛期和主汛期（即 4 月 1 日至 8 月 31 日）以原防洪限制水位 185.00m 迎洪，后汛期（即 9 月 1 日开始）可以 186.20m 迎洪。

该水库正常蓄水位与防洪限制水位重合，后汛期抬高了水库汛限水位，也即抬高了水库的正常蓄水位。汛限水位由 185.00m 抬高到 186.20m，水头增加 1.20m，水库蓄水量增加 4800 万 m^3，由此将提高水库的发电与其他综合效益。

第 6 章　南方湿润地区土石坝三维非线性有限元基础理论

南方湿润地区土石坝在运维过程中不仅仅面临防洪安全的问题，同时还会面临结构安全的问题。应力-应变分析是结构安全评价的主要内容，本章结合南方湿润地区的特点介绍土石坝三维非线性有限元分析理论，为土石坝静力和动力应力-应变分析提供理论支撑。

6.1　静力有限元计算理论

6.1.1　堆石料和混凝土静力本构模型

堆石料是一种非线性材料，其形变不仅取决于荷载的大小，还与加载时的应力路径相关，其应力-应变关系呈现显著的非线性特征。

1963 年，Konder 在大量土体常规三轴试验基础上指出主应力差（σ_1-σ_3）与轴向应变（ε_a）近似呈双曲线关系（Schmertmann，1963），即

$$\sigma_1-\sigma_3=\frac{\varepsilon_a}{a+b\varepsilon_a} \tag{6.1}$$

式中，a、b 为决定于土性质的试验参数。Kulhaw 和 Duncan（1972）进一步假定轴向应变（ε_a）与体积应变（ε_v）之间的关系仍用双曲线拟合。

1970 年，Duncan 和 Chang（1970）在这两个假定的基础上，推导了切线弹性模量（E_t）和切线泊松比（ν_t）的表达式，即为著名的邓肯-张（Duncan-Chang）E-ν 模型，即

$$E_{\mathrm{t}}=K\cdot p_{\mathrm{a}}\left(\frac{\sigma_3}{p_{\mathrm{a}}}\right)^n\left[1-R_{\mathrm{f}}\cdot\frac{\sigma_1-\sigma_3}{(\sigma_1-\sigma_3)_{\mathrm{f}}}\right]^2 \tag{6.2}$$

$$\mu_{\mathrm{t}}=\frac{G-F\lg(\sigma_3/p_{\mathrm{a}})}{(1-\mathrm{a})^2} \tag{6.3}$$

其中，

$$A=\frac{D(\sigma_1-\sigma_3)}{Kp_{\mathrm{a}}\left(\frac{\sigma_3}{p_{\mathrm{a}}}\right)^n\left[1-R_{\mathrm{f}}\frac{\sigma_1-\sigma_3}{(\sigma_1-\sigma_3)_{\mathrm{f}}}\right]}$$

式中，K、n、R_f、G、F、D 为材料参数；R_f 为破坏比，$R_f=\dfrac{(\sigma_1-\sigma_3)_f}{(\sigma_1-\sigma_3)_{ult}}$，$(\sigma_1\text{-}\sigma_3)_f$ 为破坏主应力差，$(\sigma_1\text{-}\sigma_3)_{ult}$ 为主应力差极限；p_a 为大气压力。

根据莫尔-库仑（Mohr-Coulomb）强度破坏准则，得到破坏主应力差$(\sigma_1\text{-}\sigma_3)_f$ 和固结压力（σ_3）之间的关系，即

$$(\sigma_1-\sigma_3)_f=\frac{2c\cos\varphi+2\sigma_3\sin\varphi}{1-\sin\varphi} \tag{6.4}$$

式中，c 为凝聚力；φ 为内摩擦角。

1980 年，邓肯（Duncan）提出了修正模型，用切线体积模量（B_t）替换 E-ν 模型中的切线泊松比（ν_t），由下式计算：

$$B_t=K_b p_a\left(\frac{\sigma_3}{p_a}\right)^m \tag{6.5}$$

因为非线性模型中的邓肯双曲线模型因概念明确，参数确定经验丰富，且计算结果较符合工程实际情况，目前被国内工程界普遍采用。对于南方湿润地区，上述模型同样具有普适性，因此本书采用邓肯 E-B 模型来描述南方湿润地区土石坝筑坝材料的非线性应力-应变分析。

计算中当土石料单元应力同时满足下列条件时，表明该单元处于卸载或再加载状态。

（1）$S_i\leqslant 0.95S_{i-1}$；

（2）$\sigma_{3,i}\leqslant 0.95\sigma_{3,i-1}$，$i$ 为加载级数。

对于处于卸载或再加载状态的土体单元，E_t 改用回弹模量（E_{ur}），即

$$E_{ur}=K_{ur}p_a\left(\frac{\sigma_3}{p_a}\right)^{n_{ur}} \tag{6.6}$$

式中，p_a 为大气压力；K_{ur}、n_{ur} 为试验参数。c、φ、K、K_{ur}、n、n_{ur}、R_f、K_b 和 m 为邓肯模型的 9 个材料试验参数，其具体数值可根据三轴试验测定。

由于邓肯模型最初是针对二维问题提出的，河海大学顾淦臣教授建议在三维计算中用广义剪应力，即 $q=\sqrt{\dfrac{1}{2}\left[(\sigma_1-\sigma_2)^2+(\sigma_2-\sigma_3)^2+(\sigma_3-\sigma_1)^2\right]}$ 代替（$\sigma_1\text{-}\sigma_3$），用平均主应力 $p=\dfrac{1}{3}(\sigma_1+\sigma_2+\sigma_3)$ 代替 σ_3，相应的抗剪强度$(\sigma_1\text{-}\sigma_3)_f$ 用三维问题的莫尔-库仑准则取代，即

$$q_f=\frac{3P\sin\phi+3c\cos\phi}{\sqrt{3}\cos\theta_\sigma+\sin\phi\sin\theta_\sigma} \tag{6.7}$$

式中，θ_σ 为洛德（Lode）应力角，应力角的计算如下：

$$\theta_\sigma=\mathrm{tg}^{-1}\left(-\frac{1}{\sqrt{3}}u_\sigma\right) \tag{6.8}$$

$$u_\sigma=1-\frac{2(\sigma_2-\sigma_3)}{\sigma_1-\sigma_3} \tag{6.9}$$

通常在土石坝有限元分析中，混凝土面板和趾板一般按线弹性材料进行分析。

6.1.2　接触面静力本构模型

在南方湿润地区实际工程中，混凝土面板与垫层土石料力学特性相差很大，需在两种材料之间设置接触单元以模拟两者之间的相互作用。

1. 无厚度单元

Goodman 于 1968 年提出了一种无厚度 4 结点单元（Goodman et al.，1968）。这种单元最初应用于岩石力学中作为节理单元，后用于各种边界接触单元，如桩与土、防渗墙与土及面板与土石料之间。Clough 和 Duncan 在土和其他材料接触面上的摩擦试验基础上，建立了切向剪切劲度系数表达式，将其推广至三维问题（接触面位于 xz 坐标平面内），则

$$
\begin{cases}
k_{yx} = k_1 \gamma_{\mathrm{w}} \left(\dfrac{\sigma_y}{p_{\mathrm{a}}} \right)^n \left(1 - \dfrac{R_{\mathrm{fs}} \tau_{yx}}{\sigma_y \tan \delta} \right)^2 \\
k_{yz} = k_1 \gamma_{\mathrm{w}} \left(\dfrac{\sigma_y}{p_{\mathrm{a}}} \right)^n \left(1 - \dfrac{R_{\mathrm{fs}} \tau_{yz}}{\sigma_y \tan \delta} \right)^2
\end{cases}
\tag{6.10}
$$

式中，k_{yx}、k_{yz} 分别为接触面切向和剪切劲度模量；σ_y 为接触面法向应力；k_1 为无因次剪切劲度模量；R_{fs}、n 为试验参数；δ 为接触面上材料的外摩擦角；γ_{w} 为水的重度；p_{a} 为大气压力。

Goodman 单元能较好地反映接触面切向变形和应力之间的非线性关系，并且在一定程度上反映接触面的剪切特性，长期以来，一直得到广泛的应用。但由于单元本身没有厚度，因此计算过程中会出现两侧单元嵌入或脱离的现象。对于这些情形，通常采用调整法向劲度系数（K_{n}）来解决，如当接触面拉开时，K_{n} 取一大值，如 $K_{\mathrm{n}}=10^8\mathrm{kN/m^3}$。由于 K_{n} 的取值有较大的任意性，因此只要当法向相对位移有微小误差时，就可能使法向应力产生较大误差，最终可能引起出现不合理现象。这是无厚度单元的不足之处。

2. 薄层单元

在土石坝中，面板是直接浇筑在下面的垫层之上的。因此在浇筑振捣面板混凝土时，部分混凝土砂浆会进入一定深度的土石料垫层内。等到砂浆凝固后，会与垫层胶结在一起，形成一个有一定厚度的粗糙接触带。此时，受力剪切破坏并不一定发生在两者理想的交界面上，而多发生在附近的土体内，形成了一个剪切错动带。这个剪切错动带内土体的应力-应变性质明显不同于周围土体，它代表了一定厚度范围内土体与面板的接触特性。另外，为了克服无厚度单元可能造成两侧单元嵌入或脱离的现象，以及模拟剪切破坏常常发生在附近土体内这一现象，许多研究人员建议采用有厚度的薄层单元来模拟这个剪切错动带的错动、滑移或张开现象。目前，国际上已有不少学者提出过多种薄层单元类型，其中最有代表性的是 Desai 于 1984 年提出的薄层单元（Desai et al.，1984）。单元厚度 t 对剪切劲度有直接影响。当 t 取得太小，接触面不易错开，会使相对切向位移产生误差。当 t 取得太大，与单元宽度 W 同处一个量级时，接触单元与普通单元就没有太大区别了。Desai 研究指出，单元厚度与宽度之比以 0.01～0.1 为宜。由于受试验条件影响，没有测定耦合分量 D_{sn} 和

D_{ns}，而人为地取为零，因此不能客观全面地描述接触带的实际应力-应变特征。

张冬霁等于 1998 年提出了耦合薄层单元，对 Desai 的薄层单元进行了改进（张冬霁和卢廷浩，1998）。他认为土与结构在相对滑动之前仍然存在剪切错动带在相互作用中进行力的传递。耦合薄层单元模型除了较好地模拟接触界面土体一侧的剪切错动，还反映了土体特别是粗颗粒土在剪切过程中存在的明显的剪胀（剪缩）效应，这在理论上是一个进步。而在工程的实际应用中表明采用耦合薄层单元模型得到的成果较为合理。但是，耦合薄层单元模型也存在着单元厚度合理选择的问题。事实上，影响接触带厚度 t 的因素很多，诸如土体的颗粒级配、最大粒径、密度、接触界面的粗糙程度等。目前，还没有合理确定 t 的理论公式，只能根据数值分析或试验结果确定其大概的范围。薄层单元厚度的取值，有待进一步研究，尤其需要大量的试验模拟，以找出规律。

本书重点介绍薄层单元，其单元两侧接触面上的应力-应变关系可表示为

$$\begin{Bmatrix} d\sigma_{x'} \\ d\sigma_{y'} \\ d\sigma_{z'} \\ d\tau_{x'y'} \\ d\tau_{y'z'} \\ d\tau_{x'z'} \end{Bmatrix} = \begin{bmatrix} 0 & 0 & 0 & 0 & 0 & 0 \\ & K_{nn}e & 0 & 0 & 0 & 0 \\ & & 0 & 0 & 0 & 0 \\ & & & K_{ns}e & 0 & 0 \\ & & & & K_{ns}e & 0 \\ & & & & & 0 \end{bmatrix} \begin{Bmatrix} d\varepsilon_{x'} \\ d\varepsilon_{y'} \\ d\varepsilon_{z'} \\ d\gamma_{x'y'} \\ d\gamma_{y'z'} \\ d\gamma_{x'z'} \end{Bmatrix} \tag{6.11}$$

式中，e 为单元厚度；K_{nn} 为法向模量；K_{ns} 为切向模量，且均采用双曲线模型，即

$$\begin{cases} K_{nn} = K_{ni}\left(1 - \dfrac{\sigma_n}{V_m K_{ni} + \sigma_n}\right)^{-2} \\ K_{ns} = K_1 \cdot \gamma_w \left(\dfrac{\sigma_y}{p_a}\right)^{n'} \left(1 - \dfrac{R_f' \cdot \tau}{\tau_p}\right)^2 \end{cases} \tag{6.12}$$

式中，V_m 为法向最大压缩量；τ 为剪应力；τ_p 为临界剪应力，$\tau_p=c+\sigma_n\tan\varphi$，$c$ 和 φ 为两接触材料之间凝聚力和内摩擦角；K_1 为无因次量，由直剪试验求得；γ_w 为水的重度；n'、R_f'为由直剪试验求得的指数与破坏比。

薄层节理单元的结点排序及局部坐标系的定义如图 6.1 所示，假设沿单元厚度方向应变均匀分布。

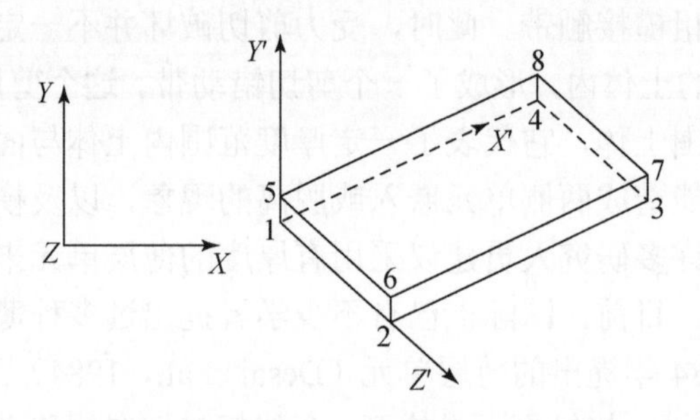

图 6.1　薄层节理单元结点排序及局部坐标系

6.1.3　垂直缝和周边缝精细模拟方法

高混凝土土石坝面板垂直缝（压性缝和张性缝）和周边缝的合理设计是确保大坝防渗系统完整性的重要保障。面板蓄水承压后会引起垂直缝和周边缝发生剪切、沉陷和拉压三向变形。以往对垂直缝和周边缝的沉陷和张开变形很重视，而对压性部位接缝，即压性垂直缝的压缩量未引起足够的重视，这一问题在南方湿润地区尤其需要关注，这是由于南方地区湿度较高，在防渗方面有更高的要求。例如，在 2008 年“5·12”汶川大地震中，156m 高的紫坪铺面板坝河床中央部位压性垂直缝附近的面板混凝土出现了明显的挤压破坏，见图 6.2。因此，关于面板压性垂直缝的压缩变形同样应引起足够重视，并进行重点研究。

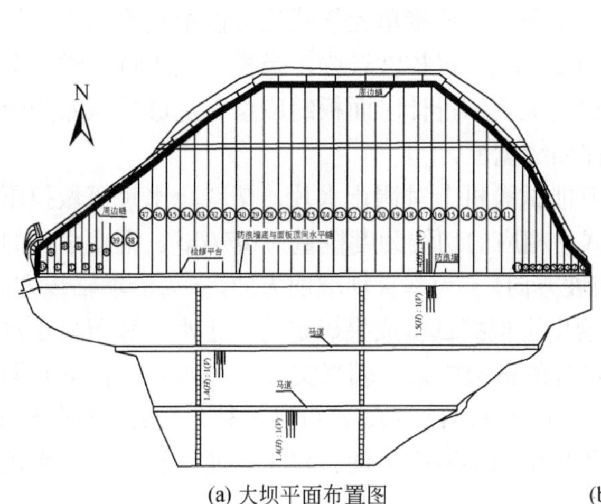

(a) 大坝平面布置图

(b) 23#和24#面板之间垂直缝附近混凝土挤压破坏

图 6.2　紫坪铺面板坝垂直缝挤压破坏

结合实际工程面板垂直缝和周边缝的实际设计特点（参见图 6.3 面板、趾板和接缝之间的相互关系），精细模拟垂直缝和周边缝的三向受力变形行为，尤其关注压性垂直缝的压缩变形量，为正确预留垂直缝变形空间及合理设计嵌缝材料和止水结构提供保障，以减少或避免日后可能出现的压性垂直缝附近混凝土面板挤压破坏问题。

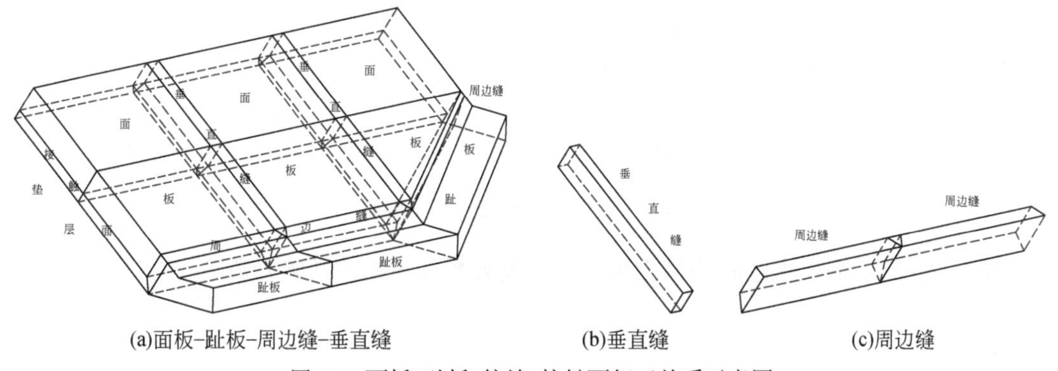

(a)面板-趾板-周边缝-垂直缝　　(b)垂直缝　　(c)周边缝

图6.3　面板-趾板-接缝-接触面相互关系示意图

6.1.4 止水材料本构模型

土石坝的周边缝和垂直缝中设有各种止水材料。常用的止水材料有铜片、PVC 塑料片、不锈钢片等。施工良好的工程，其止水材料与混凝土黏结严密，不会漏水。在蓄水和运行过程中，坝体变形使伸缩缝（周边缝和垂直缝）发生剪切、沉陷和拉压三向变形。目前，对接缝止水的合理数值模拟尚未取得统一的模式，一般有连接单元模型、分离缝模型、接触面模型和薄层单元等。其中连接单元模型是由河海大学顾淦臣和董爱农于 1986 年研究提出的，模型被许多工程设计单位和科研单位编制计算程序时所采用，是目前公认的较为理想的模拟止水材料力学特性的方法。

连接单元模型是在止水材料拉压和双向剪切试验基础上得到受力变形规律，并在有限元计算中用无厚度六面体单元进行模拟。这种止水连接单元模式还可以根据不同止水材料由试验得出的具体三向受力变形关系后加以补充，可扩性较强。当模拟受压特性时，会出现两侧混凝土单元相互嵌入的情形，这种情况表示设计时面板缝应留有足够的压缩变形余地，计算得到的嵌入量即为设计预留的伸缩缝宽度。

为了确定连接单元的数学模型，在万能试验机上对铜止水片、塑料止水片等做拉压和双向剪试验，得到受力 F 和变形 δ 关系式，相应的切线劲度模量为 $\mathrm{d}F/\mathrm{d}\delta$。铜止水片的坐标系统规定如图 6.4 所示，其中 x 为顺坝坡方向，y 为垂直坝坡面方向，z 为沿坝轴线方向。其他止水片坐标系统与此相仿。表 6.1 给出了根据试验成果确定的铜止水片和塑料止水片的劲度关系式，同时补充不锈钢波纹止水片的试验成果（郭兴文等，1999）。表 6.1 同时给出了这 3 类止水片的试验参数 a_i（i=1～4）、b_i（i=1～3）、c_i（i=1～3）、，供计算时选用。不过，这些材料参数会因止水片的材料和规格的不同而不同。对于重要工程，应该用该工程拟采用的止水材料做试验测定。

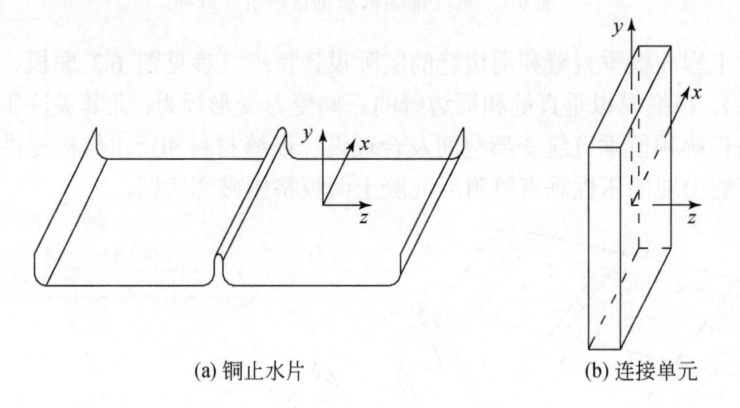

(a) 铜止水片　　(b) 连接单元

图 6.4　止水铜片和连接单元模型

表 6.1 给出了铜止水片和塑料止水片的劲度关系式和相关试验参数。

表 6.1　止水材料的连接单元模型劲度关系式及参数表

止水材料 / 受力模式	铜止水片	塑料止水片	不锈钢波纹止水片
拉	$K_{zz}=\dfrac{a_1}{(1-b_1\delta)^2}$	$K_{zz}=c_1$	$K_{zz}=a_1\delta^2+a_2\delta+a_3$
	$a_1=175$，$b_1=47.6$	$c_1=4000$，$\delta\leqslant0.0115$ $c_1=600$，$\delta>0.0115$	$a_1=0.0027$， $a_2=-0.0716$　$a_3=0.553$，
压	$K_{zz}=\dfrac{a_2}{(1-b_2\delta)^2}$	$K_{zz}=c_2$	$K_{zz}=a_1\delta^2+a_2\delta+a$
	$a_2=650$，$b_2=41$	$c_2=530.4$，$\delta\leqslant0.0115$ $c_2=196$，$\delta>0.0115$	$K_{zz}=a_1\delta^2+a_2\delta+a_3$
沉陷	$K_{zy}=\dfrac{a_3}{(1-b_3\delta)^2}$	$K_{zy}=0$	$K_{zy}=a_4\delta+a_5$
	$a_3=225$，$b_3=40$	0	$a_4=0.0116$，$a_5=0.0257$
沉陷	$K_{zx}=a_4$	$K_{zx}=c_3$	$K_{zx}=a_6$
	$a_4=608$，$\delta\leqslant0.0125$ $a_4=560$，$\delta>0.0125$	$c_3=1400$	$a_6=10.359$

注：①表中劲度系数单位为 kPa/m，铜止水片和塑料止水片变形 δ 单位为 m，不锈钢波纹止水片变形 δ 单位为 mm。
②对于垂直缝处止水材料，沉陷为相邻两块面板垂直坝坡面的相对沉陷，剪切为相邻两块面板顺坡向的相对剪切。
③对于周边缝处止水材料，沉陷为面板相对于趾板的沉陷，剪切为面板相对于趾版沿趾板轴线方向的剪切。

6.2　动力有限元计算理论

在南方湿润地区，土石坝在动力加载下的响应对结构的安全性有着显著影响。本节将深入讨论动力有限元计算的基础理论，以模拟地震等动力加载情况下的土石坝响应。

6.2.1　动力控制方程及求解步骤

土石坝动力控制方程是描述土石坝在水流作用下的动力响应的数学方程。这个方程通常包括了水流力、土石坝结构的弹性和阻尼等因素，以预测土石坝在水流冲击下的振动和变形情况。具体来说，土石坝动力控制方程可以用来分析土石坝的稳定性、安全性以及可能的振动幅度。土石坝动力控制方程为

$$\boldsymbol{M}\{\ddot{\delta}(t)\}+\boldsymbol{C}\{\dot{\delta}(t)\}+\boldsymbol{K}\{\delta(t)\}=\{F(t)\} \tag{6.13}$$

式中，$\delta(t)$、$\dot{\delta}(t)$、$\ddot{\delta}(t)$ 分别为结点位移、速度和加速度；$F(t)$为结点的动力荷载，由地震加速度确定；$\boldsymbol{M}$ 为质量矩阵；$\boldsymbol{K}$ 为劲度矩阵；$\boldsymbol{C}$ 为阻尼矩阵，可采用瑞利假定，$\boldsymbol{C}=\lambda\omega\boldsymbol{M}+\dfrac{\lambda}{\omega}\boldsymbol{K}$，$\omega$ 为基频，λ 为阻尼比。

采用 Wilson-θ 法求解上述动力控制方程，主要计算步骤如下：

（1）进行静力非线性计算，求出震前每一单元的静应力。

（2）动力计算前先根据地震过程幅值大小来划分若干时段，并假定每一时段中各单元的动参数剪切模量（G）和阻尼比（λ）保持不变。根据静力计算得到的单元应力值和堆石料的动力本构模型计算各单元的 G 和λ，供迭代初始值之用。

（3）在该时段内取时间步长 $\Delta t=0.01\sim0.02$s，用 Wilson-θ 法求解动力控制方程式（6.13），得到该时段各单元的动剪应变γ过程，取该时段最大剪应变（γ_{max}）的 0.65 倍作为该单元在该时段的平均剪应变（$\bar{\gamma}$）。

（4）根据求得平均剪应变（$\bar{\gamma}$），由动力本构模型计算各单元在该时段中的剪切模量 G_i 和阻尼比 λ_i，在该时段内迭代几次直到各单元的剪切模量和阻尼比达到精度要求。将此剪切模量和阻尼比作为下一时段的起始模量 G_{i+1} 和阻尼比 λ_{i+1}，并求出大坝的基频以作下一时段迭代之用。

（5）重复步骤（3）～（4），求得所需动力反应量，直至地震结束为止。

6.2.2 动力本构模型

在进行动力计算分析时，一般将坝体堆石料和地基覆盖层土石料视为黏弹性体，采用等效剪切模量（G）和等效阻尼比（λ）这两个参数来反映其动应力-应变关系的非线性和滞后性，并表示为剪切模量和阻尼比与动剪应变的关系。本书采用 Hardin-Drnevich 模型（Hardin and Drnevich，1972）来计算土石料动模量和阻尼比，即

动模量
$$G=\frac{G_{max}}{1+\gamma/\gamma_r} \tag{6.14}$$

阻尼比
$$\lambda=\lambda_{max}\frac{\gamma/\gamma_r}{1+\gamma/\gamma_r} \tag{6.15}$$

最大剪切模量
$$G_{max}=K_2p_a(\sigma'_m/p_a)^n \tag{6.16}$$

式中，γ_r 为参考剪应变，$\gamma_r=\tau_{max}/G_{max}$；$\sigma'_m$ 为平均有效应力；p_a 为大气压力；K_2 和 n 为试验参数。其中，面板和垫层之间的动力接触面关系采用有厚度薄层单元。

6.2.3 地震永久变形计算方法

本书采用等效结点力法计算面板坝地震永久变形，即将动力计算得到的残余体应变和残余剪应变按照一定假设转换至直角坐标系下的 6 个应变分量后计算“等效结点力”，将其作用于坝体进行一次静力计算，即可得到坝体的地震永久变形。

残余体积应变和剪切应变计算采用沈珠江（1984）模型，其增量形式如下

$$\Delta\varepsilon_{vr}=c_1(\gamma_d)^{c_2}\exp(-c_3S_1^2)\frac{\Delta N}{1+N} \tag{6.17}$$

$$\Delta\gamma_r=c_4(\gamma_d)^{c_5}S_1^2\frac{\Delta N}{1+N} \tag{6.18}$$

式中，$\Delta\varepsilon_{vr}$ 为残余体积应变；$\Delta\gamma_r$ 为残余剪切应变；S_1 为剪应力水平；γ_d 为动剪应变；N、ΔN 为振动次数及其增量；c_1、c_2、c_3、c_4、c_5 为试验参数，由常规的动三轴液化试验确定。

6.3　计算程序简介

20 世纪 80 年代，河海大学顾淦臣教授研发了我国最早的专门用于面板堆石坝工程三维非线性有限元静力、动力结构分析程序 TSDA（顾淦臣和张振国，1988）。此程序也适用于南方湿润地区土石坝工程三维非线性有限元静力、动力结构分析。经过几代研究人员的共同努力，目前对该程序功能进行了大幅度扩充和完善，现已升级到 TSDA2008 版。程序最初专用于混凝土面板堆石坝，后经不断拓展，同样适用于黏土心墙（斜墙）土石坝、沥青混凝土防渗土石坝、复合土工膜防渗土石坝、均质土石坝等各种类型土石坝的三维静力、动力有限元计算分析，迄今已成功地应用于 60 余个工程实例。计算分析成果为这些土石坝的设计及加固提供了可靠的理论依据，取得了可喜的经济效益和社会效益。TSDA 具有以下主要特点：

（1）丰富的单元类型：程序含 8 结点六面体等参单元、6 结点五面体等参单元、4 结点四面体单元、8 结点接触单元、6 结点接触单元、8 结点连接单元等。

（2）丰富的材料静力、动力本构模型：材料的静力本构模型和动力本构模型。

（3）对坝体分级填筑（简单加载或复杂加载）、面板浇筑（一次或分期）及库水的分期蓄降均可按照工程进度要求进行详细模拟。

（4）可以按照要求输出所需的静力物理量：坝体（坝基）的位移和应力，面板三向位移，面板顺坡向和坝轴向应力，周边缝和垂直缝的拉开或压紧量、沉陷和剪切错动量。

（5）动力计算可输入地震 3 个分量、2 个分量或 1 个分量的地震加速度过程线，可以计算各种类型的坝水相互作用，亦可以只算空库情况。

（6）可以按照要求输出所需的动力反应量：坝体（坝基）的动位移和动应力，面板三向动位移，面板顺坡向和坝轴向动应力，周边缝和垂直缝的动拉开或压紧量、动沉陷和动剪切错动量，面板和坝体（坝基）各个部位的速度和加速度，面板的动力抗震稳定性等。所有这些动力反应量都可输出过程线或最大值。

（7）可对坝基（坝体）进行总应力法和有效应力法液化分析。有效应力法可得到振动孔隙水压力和液化度的分布情况或过程线，其中振动孔隙水压力模型。

（8）可计算大坝地震永久变形。

（9）有专门的前处理和后处理配套程序，应用灵活、快捷方便。同时也与国际上几类大型有限元计算通用软件（如 ABAQUS、ADINA、MARC、ANSYS 等）有良好的接口。

第 7 章　南方湿润地区土石坝三维非线性应力-应变静力分析

应力-应变静力分析是南方湿润地区土石坝运维过程中结构安全评价的重要内容。本章结合南方湿润地区土石坝坝体材料变异的实际情况，以某工程为例详细介绍应力-应变静力有限元分析方法。

7.1　工 程 概 况

某工程位于四川省境内，首部拦河大坝为混凝土面板堆石坝，最大坝高为 139m，坝体分上游盖重区、上游铺盖区、混凝土面板、垫层区、过渡区、上游堆石区、下游堆石区、下游护坡。混凝土面板厚 30～73cm，面板上游为盖重区及黏土铺盖区。盖重体顶高程为 3421.00m，顶宽 5.0m，上游坡比为 1∶2.5；上游铺盖顶高程为 3421.00m，宽 5.0m，上游坡比为 1∶1.75。垫层区水平宽 3.0m，过渡区水平宽 5.0m。趾板置于弱风化基岩上，并对整个趾板基础进行固结灌浆处理，固结灌浆的孔距为 4m，排距为 2m，孔深为 10m，呈梅花形布置。帷幕深度按深入相对不透水层（q＜3Lu，q 为渗透率，Lu 为吕荣值）以下 5m 和不小于坝高 0.3 倍两个条件取大值确定。

图 7.1 为该工程面板堆石坝立视图，图 7.2 为该工程面板堆石坝典型剖面图。

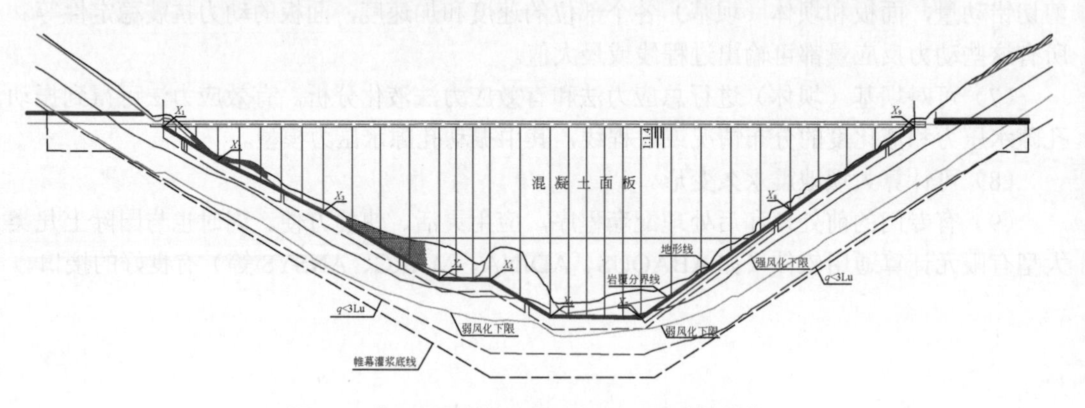

图 7.1　某工程面板堆石坝立视图（沿趾板基线）

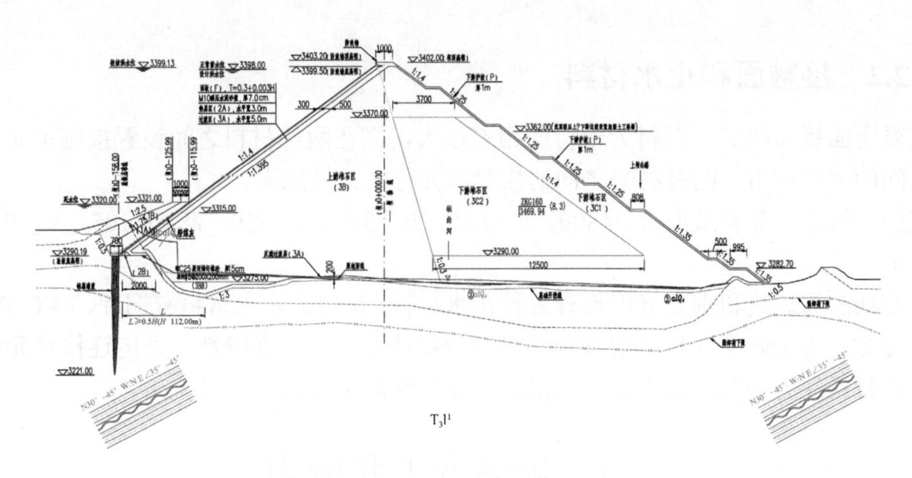

图 7.2　某工程面板堆石坝典型剖面图（单位：m）

7.2　静力有限元计算参数确定

7.2.1　筑坝材料和覆盖层

南方湿润地区土石坝运维安全与筑坝材料和覆盖层有密不可分的联系。土石坝泛指由土料、石料或土石混合料组成，经过分层碾压等施工方法填筑而成的挡水坝。其中构成坝体的土料、石料或土石混合料称为筑坝材料。地基覆盖层指的是第四系松散堆积层。

筑坝材料和覆盖层计算参数结合工程经验并考虑区域特性进行选取。表 7.1 为坝料及覆盖层邓肯 *E-B* 模型计算参数。

表 7.1　坝料及覆盖层邓肯 *E-B* 模型计算参数表

参数名称	ρ	φ_0	$\Delta\varphi$	K	n	R_f	K_b	m
垫层（2A）	2.19	50.0	5.1	1090	0.29	0.75	380	0.26
过渡层（3A）	2.16	48.6	5.0	978	0.32	0.73	355	0.22
主堆石料（3B）	2.13	53.1	7.8	1058	0.32	0.82	365	0.25
次堆石料 1（3C1）	2.14	52.6	8.9	859	0.28	0.71	291	0.23
次堆石料 2（3C2）	2.20	50.7	8.0	870	0.32	0.81	298	0.21
特殊碾压区（3BB）	2.13	53.1	7.8	1080	0.32	0.82	380	0.25
覆盖层	2.09	45.0	5.0	780	0.35	0.68	330	0.30

注：2A、3A、3B、3C1、3C2、3BB 见图 7.2。

混凝土材料基岩采用线弹性模型。各部位材料取值如下：

面板混凝土：E=30GPa，v=0.167；

趾板混凝土：E=28GPa，v=0.167。

7.2.2 接触面和止水材料

混凝土面板与垫层土石料力学特性相差很大，需在两种材料之间设置接触单元以模拟两者之间的相互作用。两种材料之间的接触单元称之为接触面。

接触面模型计算参数取 K_1=4800，n'=0.56，R_f'=0.86，φ=330，K_n=5×105，V_m=0.05m，e=0.10m。

土石坝的周边缝和垂直缝中设有各种止水材料。常用的止水材料有铜片、PVC 塑料片、不锈钢片等。为了确保面板周边缝和垂直缝变形计算成果的准确性，采用连接单元模型对嵌缝止水材料的力学特性进行专门模拟，其计算参数见表 6.1。

7.3 坝体变形和应力

7.3.1 坝体变形

在南方湿润地区，由于气候湿润、水文条件复杂，土石坝的变形情况可能更加复杂。因此，在进行土石坝应力-应变静力分析时，需要特别关注坝体变形的分析。坝体变形是指土石坝在长期受到水压力、土压力等作用下的变形情况。这种变形可能会导致坝体的结构安全性和稳定性受到影响。

坝体（含覆盖层，下同）沉降位移以向下为负。水平位移以向上游为负。坝体在各工况下变形极值见表 7.2。

表 7.2 各工况坝体变形极值表 （单位：cm）

物理量 工况	水平位移		竖向位移（沉降）	沉降率/%
	向上游	向下游		
工况 1：竣工期	−16.75	20.23	−100.10	0.71
工况 2：正常蓄水期	−1.98	26.69	−102.16	0.73
工况 3：校核洪水期	−1.92	27.31	−102.37	0.73

注：沉降率计算包含覆盖层。

图 7.3 为竣工期（工况 1）河床段坝体典型剖面（桩号 0+174.75）变形等值线图。图 7.4 为正常蓄水位（工况 2）河床段坝体典型剖面（桩号 0+174.75）变形等值线图。图 7.5 为竣工期（工况 1）左岸坝体典型剖面（桩号 0+114.6）变形等值线图。图 7.6 为正常蓄水位（工况 2）左岸坝体典型剖面（桩号 0+114.6）变形等值线图。图 7.7 为竣工期（工况 1）右岸坝体典型剖面（桩号 0+272.6）变形等值线图。图 7.8 为正常蓄水位（工况 2）右岸坝体典型剖面（桩号 0+272.6）变形等值线图。

由表 7.2 和图 7.3～图 7.8 可见，竣工期和蓄水期坝体各剖面变形等值线分布及极值符合一般规律，河谷效应明显（宽高比为 2.25）。坝体变形分布均匀，无大的变形梯度，表明坝体材料分区设计合理。大坝变形量值与所采用本构模型及计算参数较为符合。

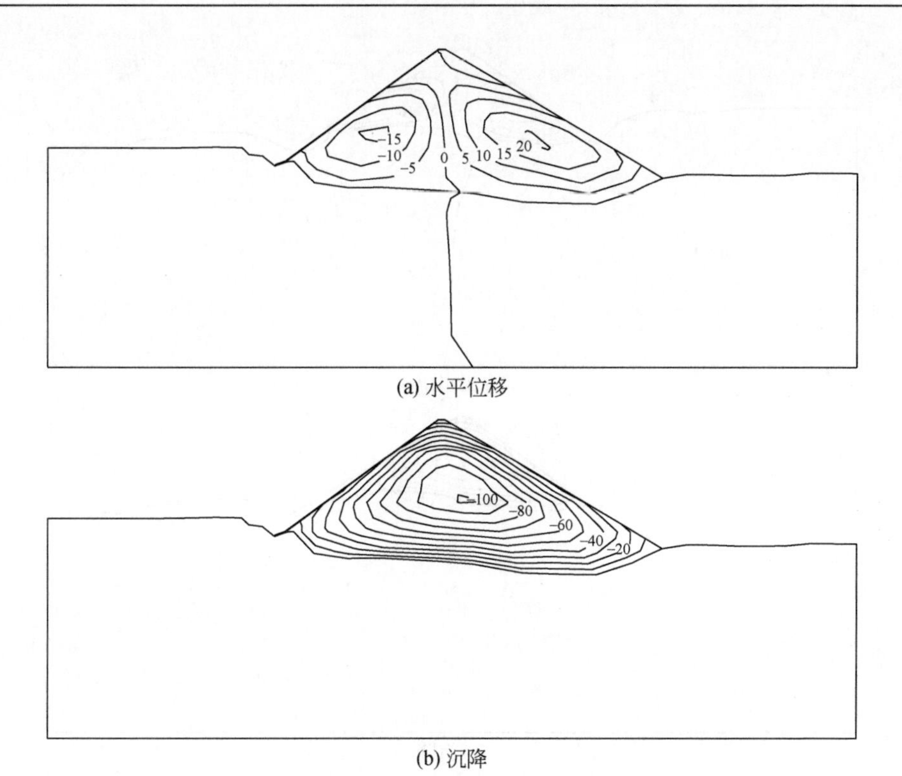

(a) 水平位移

(b) 沉降

图 7.3　竣工期河床段坝体典型剖面（桩号 0+174.75）变形等值线图（单位：cm）

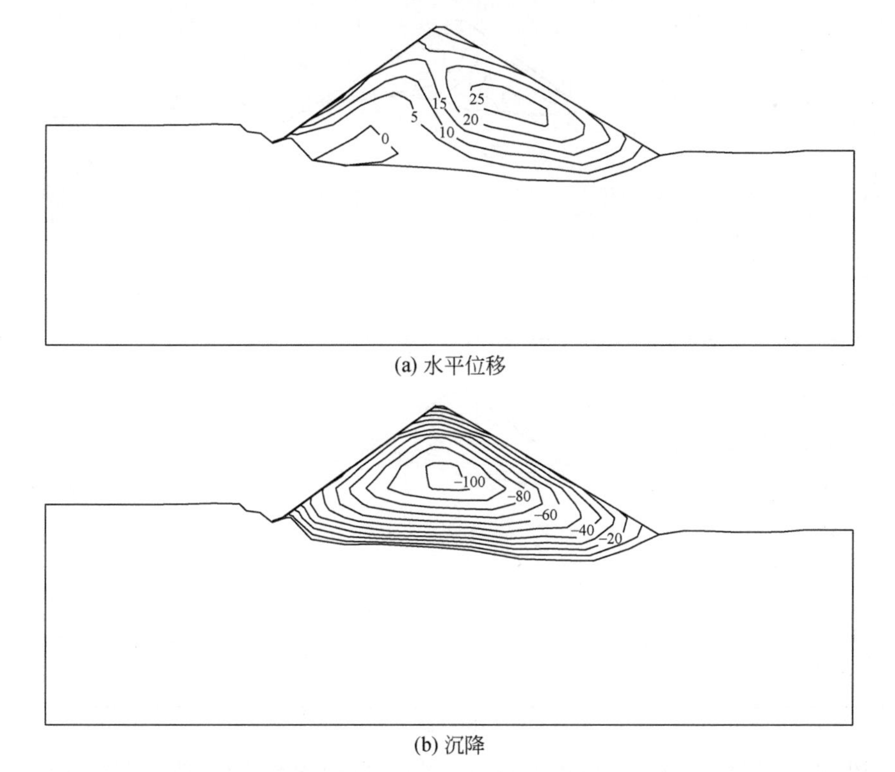

(a) 水平位移

(b) 沉降

图 7.4　正常蓄水位河床段坝体典型剖面（桩号 0+174.75）变形等值线图（单位：cm）

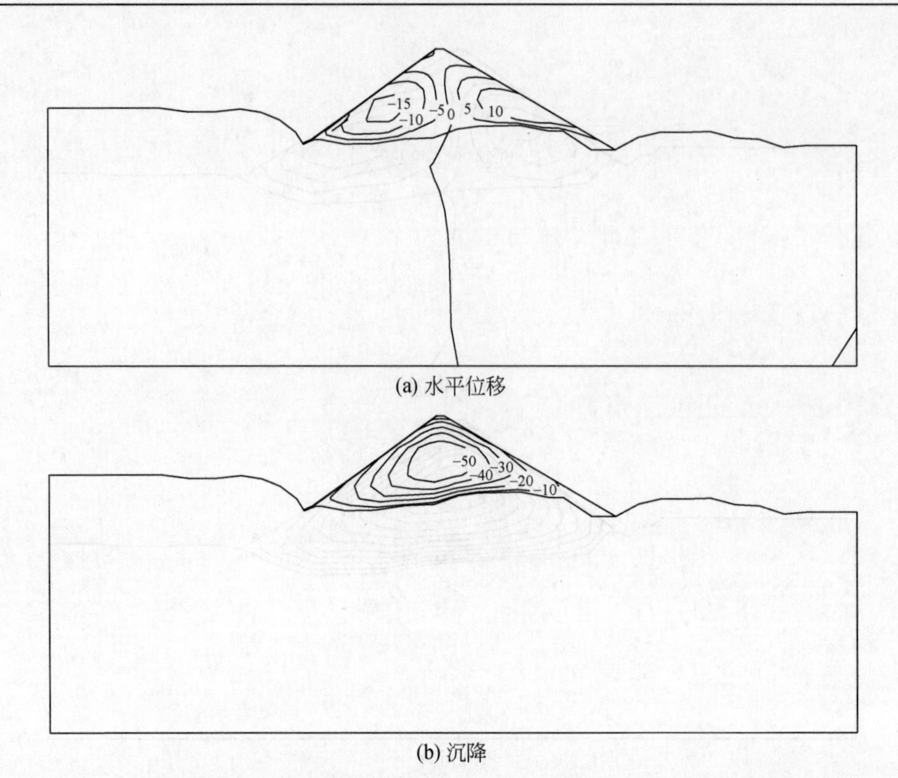

(a) 水平位移

(b) 沉降

图 7.5 竣工期左岸坝体典型剖面（桩号 0+114.6）变形等值线图（单位：cm）

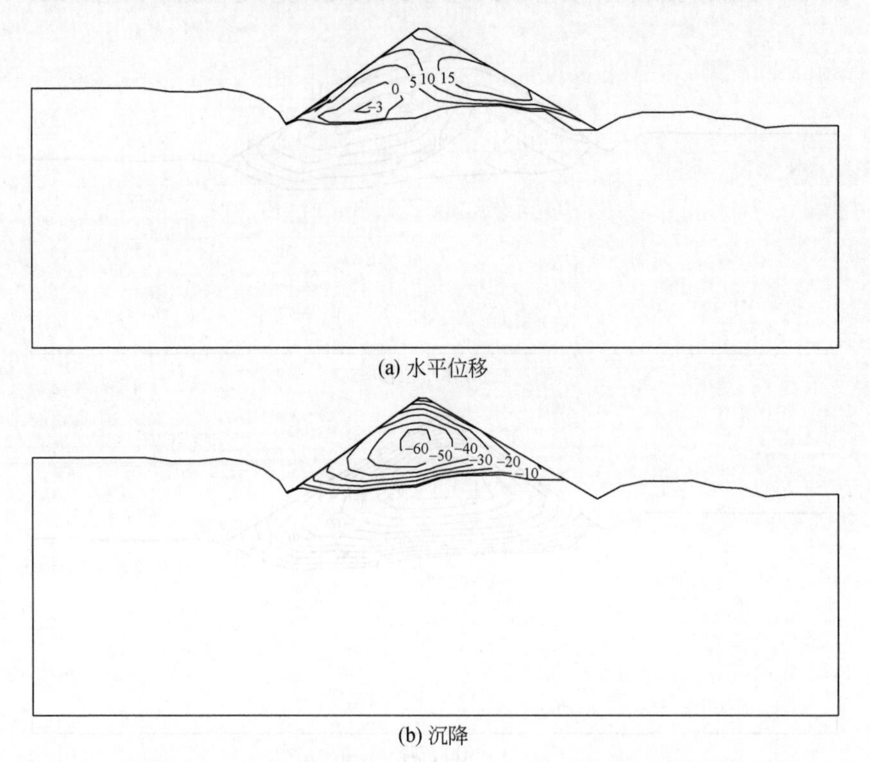

(a) 水平位移

(b) 沉降

图 7.6 正常蓄水位左岸坝体典型剖面（桩号 0+114.6）变形等值线图（单位：cm）

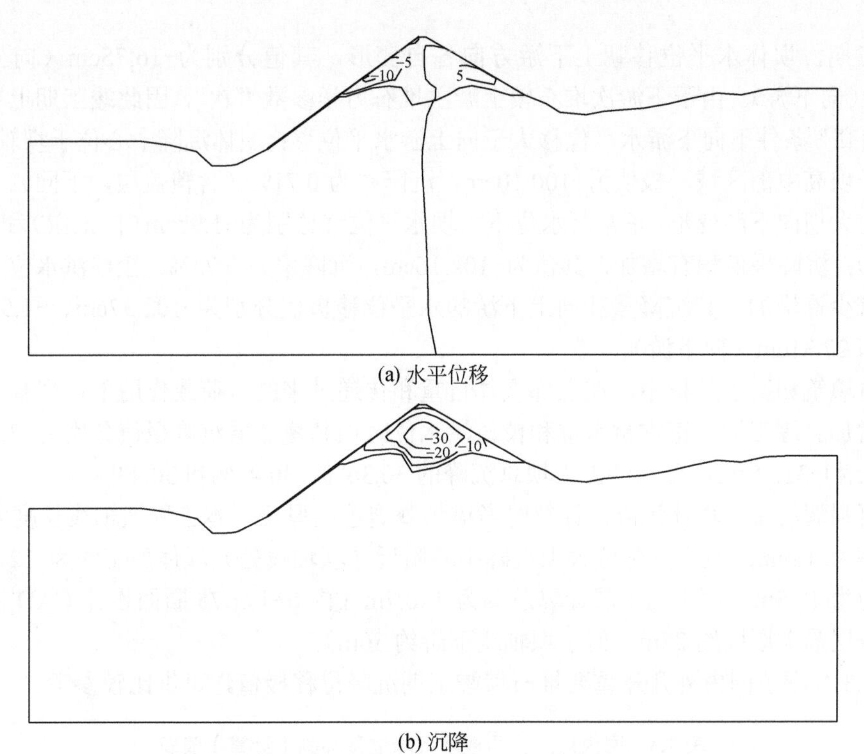

(a) 水平位移

(b) 沉降

图 7.7　竣工期右岸坝体典型剖面（桩号 0+272.6）变形等值线图（单位：cm）

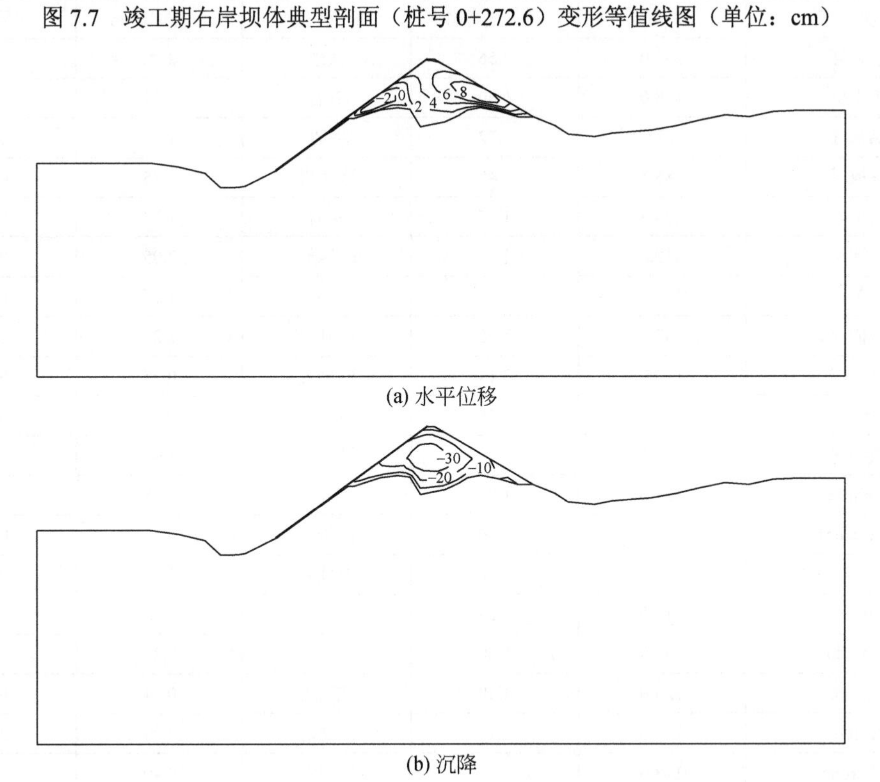

(a) 水平位移

(b) 沉降

图 7.8　正常蓄水位右岸坝体典型剖面（桩号 0+272.6）变形等值线图（单位：cm）

竣工期，坝体水平位移朝上下游方向各自变形，其值分别为-16.75cm（向上游）和20.23cm（向下游）。由于下游次堆石较上游主堆石力学参数“软”，因此竣工期上下游坝壳相同“坝高”条件下向下游水平位移大于向上游水平位移；坝体沉降中心位于坝轴线附近，大致位于坝高中部区域，极值为-100.10cm，沉降率为0.71%（含覆盖层，下同）。蓄水后，水荷载使大坝向下游变形，正常蓄水位下大坝水平位移分别为-1.98cm（向上游）和26.69cm（向下游）；沉降极值稍有增加，其值为-102.16cm，沉降率为0.73%。校核洪水位下，坝体变形量有少许增加，其沉降量和向上下游的水平位移极值分别为-102.37cm、-1.92cm（向上游）和27.31cm（向下游）。

坝体填筑和蓄水过程中，在上部坝体自重和传递过来的水荷载作用下，坝基覆盖层变形不断增加。竣工期、正常蓄水位和校核洪水位时坝基覆盖层沉降极值分别为-30.39cm、-31.09cm和-31.15cm，分别约占大坝总沉降的30.36%、30.43%和30.43%。

需要强调的是，坝体沉降率计算时考虑坝基覆盖层厚度。本工程坝轴线长度为313m，最大坝高为139m，但河床部位大坝沉降中心附近（坝轴线处）坝体高度约为127.2m，覆盖层厚约为13.5m，可压缩土层计算总高为140.7m（由0+174.75断面设计CAD图量取，其中覆盖层最大厚度约25m，但于坝轴线下游约80m）。

表7.3列举了国内外几座重要堆石坝竣工期沉降位移极值，可供比较参考。

表7.3 国内外几座面板坝沉降位移实测（计算）值表

坝名	坝高/m	河谷宽高比	堆石料岩性	沉降位移/m	沉降率/%
水布垭	233.0	2.56	灰岩	2.42	1.04
天生桥	178.0	6.40	灰岩	3.73	2.10
洪家渡	182	2.72	灰岩	1.36	0.76
三板溪	185.5	2.40	凝灰岩	1.75	0.95
猴子岩	223.5	1.25	灰岩	1.74	0.78
江坪河	219.0	1.90	冰碛砾岩	2.05	0.94
玛尔挡	211.0	1.50	砂岩	1.35	0.64
公伯峡	132.2	3.25	砂砾岩	1.27	0.96
察汗乌苏	110.0	3.14	砂砾岩	0.65	0.59
珊溪	132.5	3.38	凝灰岩	0.76	0.57
茨哈峡	257.5	3.00	砂砾岩	1.43	0.56
Cethana	110.0	1.94	石英岩	0.45	0.41
Alti Anchicaya	140.0	2.00	闪长岩	0.63	0.45
Foz do Areia	160.0	5.18	玄武岩	3.58	2.24
Cethana	110.0	1.94	石英岩	0.45	0.41
Segredo	145.0	5.00	玄武岩	2.22	1.53
Shiroro	125.0	4.50	花岗岩	0.94	0.75
Xingo	140.0	6.10	花岗岩	2.90	2.07
Salvajina	148.0	—	砂卵石	0.40	0.27

注：表中有些工程含蠕变变形。

7.3.2　坝体主应力和应力水平

在南方湿润地区，由于水压力的作用和土石料的复杂性质，坝体主应力和应力水平的分布也会更加复杂。坝体主应力是指土石坝在各种荷载作用下，坝体内部各个点的主应力分量，这些主应力分量的大小和方向直接影响到坝体的变形和稳定性；应力水平是指土石坝在各种荷载作用下，坝体内部的应力大小，应力水平过高可能会导致坝体的结构安全性和稳定性受到影响。因此，在南方湿润地区进行土石坝应力-应变静力分析时，需要特别关注坝体主应力和应力水平的分析。

坝体（含覆盖层，下同）主应力以压为正、拉为负。坝体及覆盖层在各工况下大、小主应力及应力水平极值见表 7.4。

表 7.4　各工况坝体及覆盖层大、小主应力及应力水平极值表　　（单位：MPa）

物理量＼工况	工况 1：竣工期	工况 2：正常蓄水期	工况 3：校核洪水期
大主应力	2.21	2.54	2.55
小主应力	0.93	1.10	1.10
应力水平	0.80	0.72	0.72

注：表中坝体应力含覆盖层，但不含下部基岩。

图 7.9 为竣工期（工况 1）河床段坝体典型剖面（桩号 0+174.75）主应力及应力水平等值线图。图 7.10 为正常蓄水位（工况 2）河床段坝体典型剖面（桩号 0+174.75）主应力及应力水平等值线图。

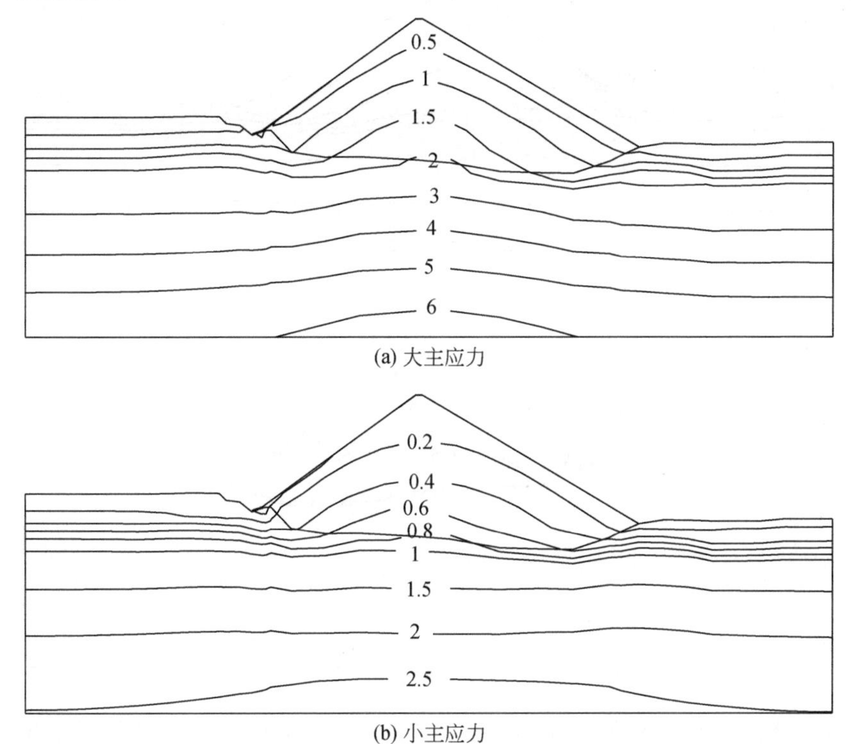

(a) 大主应力

(b) 小主应力

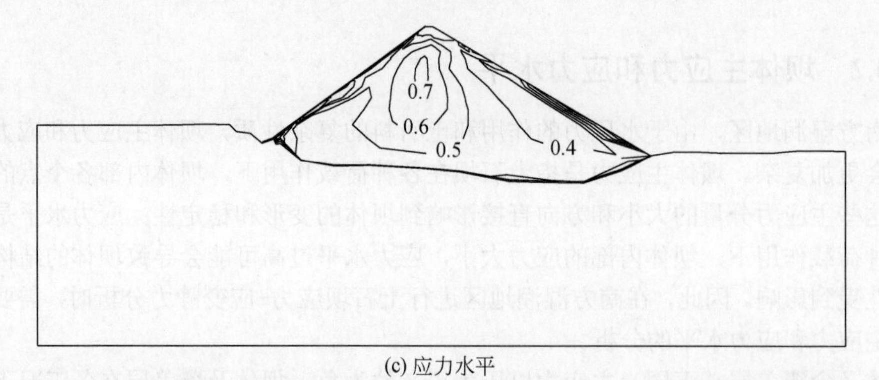

(c) 应力水平

图 7.9　竣工期河床段坝体典型剖面（桩号 0+174.75）主应力及应力水平等值线图（单位：MPa）

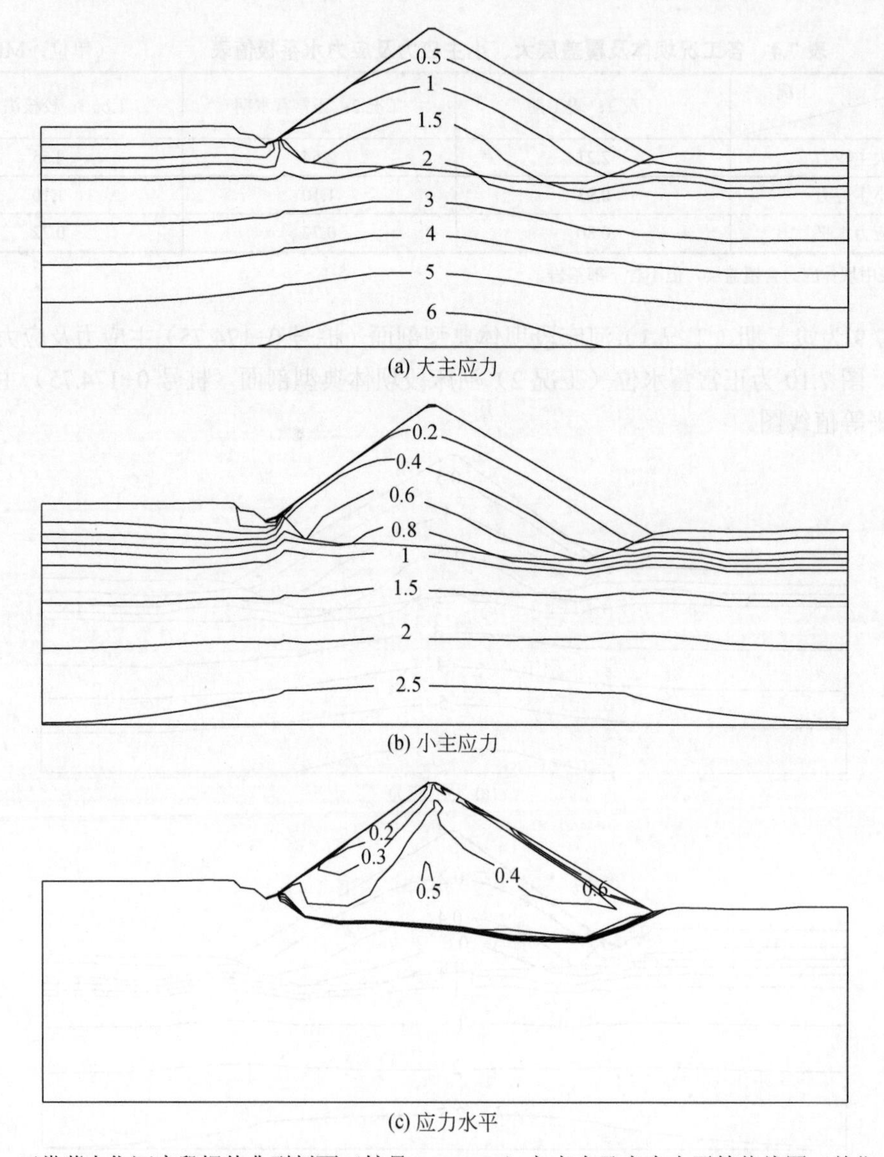

(a) 大主应力

(b) 小主应力

(c) 应力水平

图 7.10　正常蓄水位河床段坝体典型剖面（桩号 0+174.75）主应力及应力水平等值线图（单位：MPa）

图 7.11 为竣工期（工况 1）左岸坝体典型剖面（桩号 0+114.6）主应力及应力水平等值线图。图 7.12 为正常蓄水位（工况 2）左岸坝体典型剖面（桩号 0+114.6）主应力及应力水平等值线图。

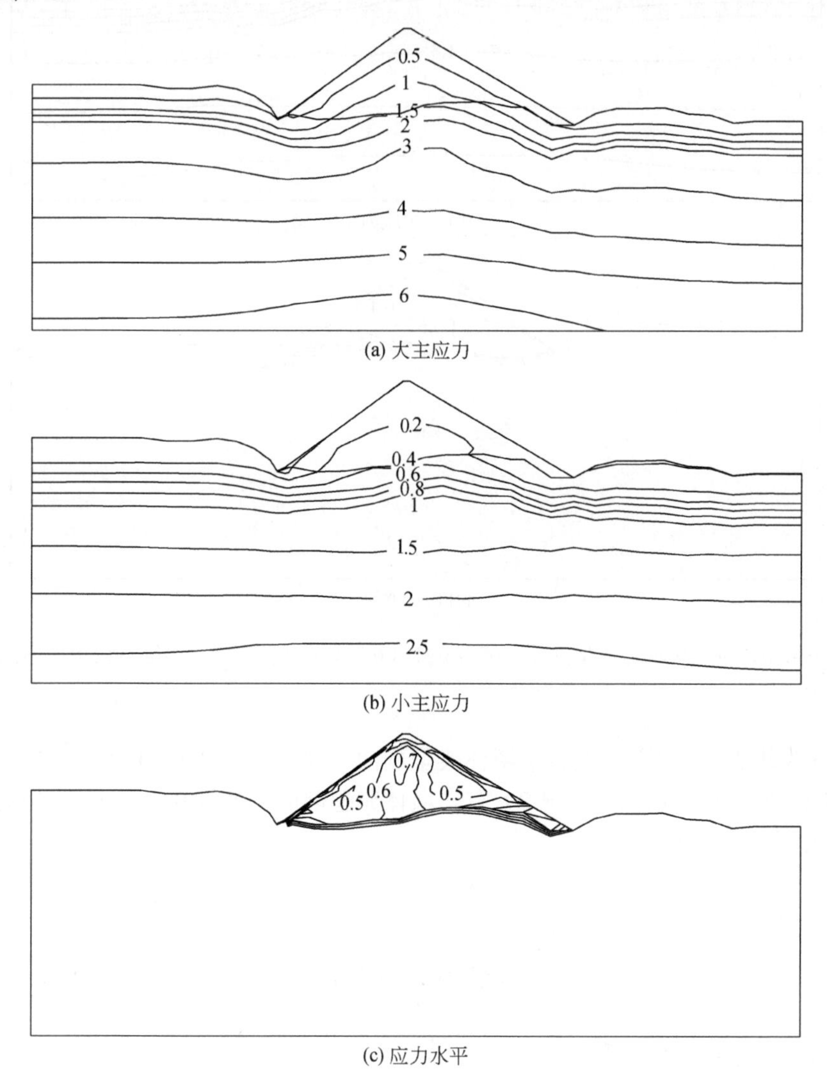

(a) 大主应力

(b) 小主应力

(c) 应力水平

图 7.11　竣工期左岸坝体典型剖面（桩号 0+114.6）主应力及应力水平等值线图（单位：MPa）

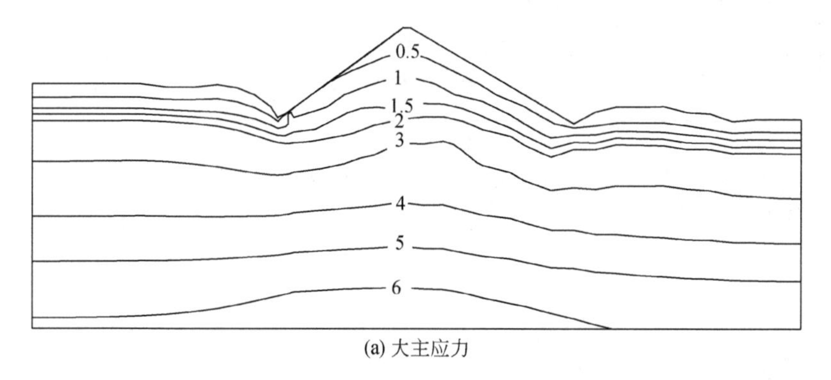

(a) 大主应力

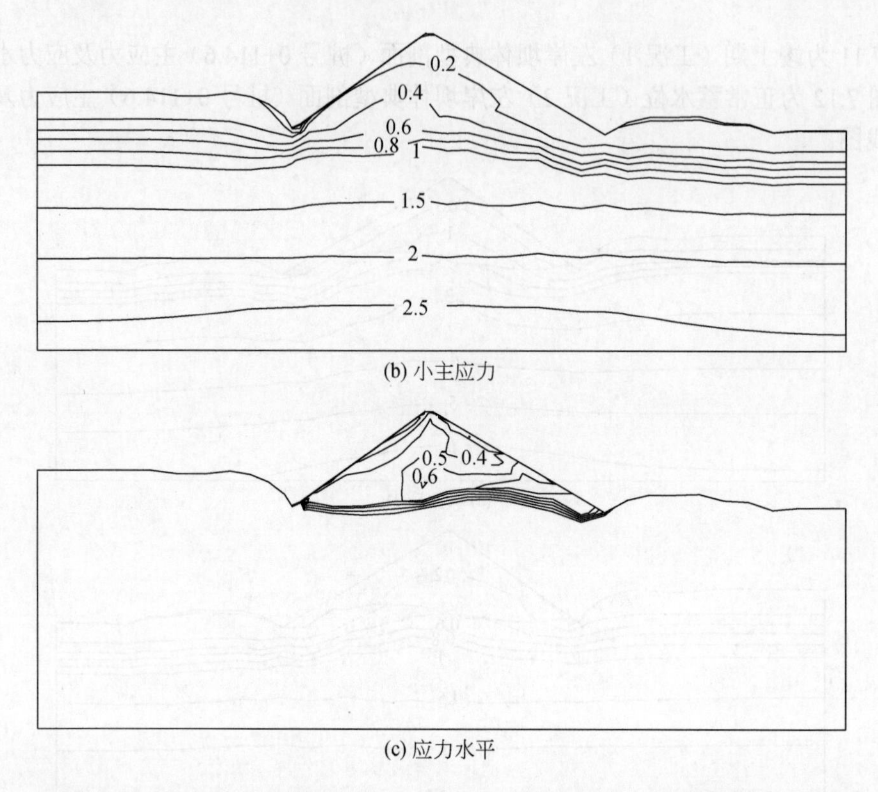

(b) 小主应力

(c) 应力水平

图 7.12 正常蓄水位左岸坝体典型剖面（桩号 0+114.6）主应力及应力水平等值线图（单位：MPa）

图 7.13 为竣工期（工况 1）右岸坝体典型剖面（桩号 0+272.6）主应力及应力水平等值线图。图 7.14 为正常蓄水位（工况 2）右岸坝体典型剖面（桩号 0+272.6）主应力及应力水平等值线图。

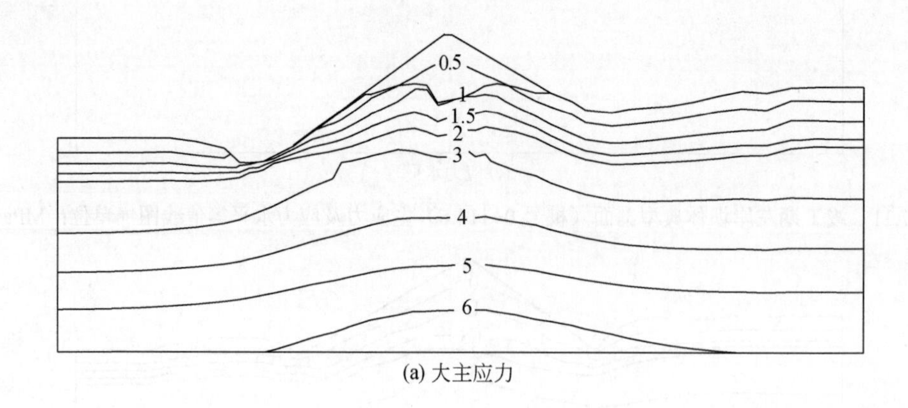

(a) 大主应力

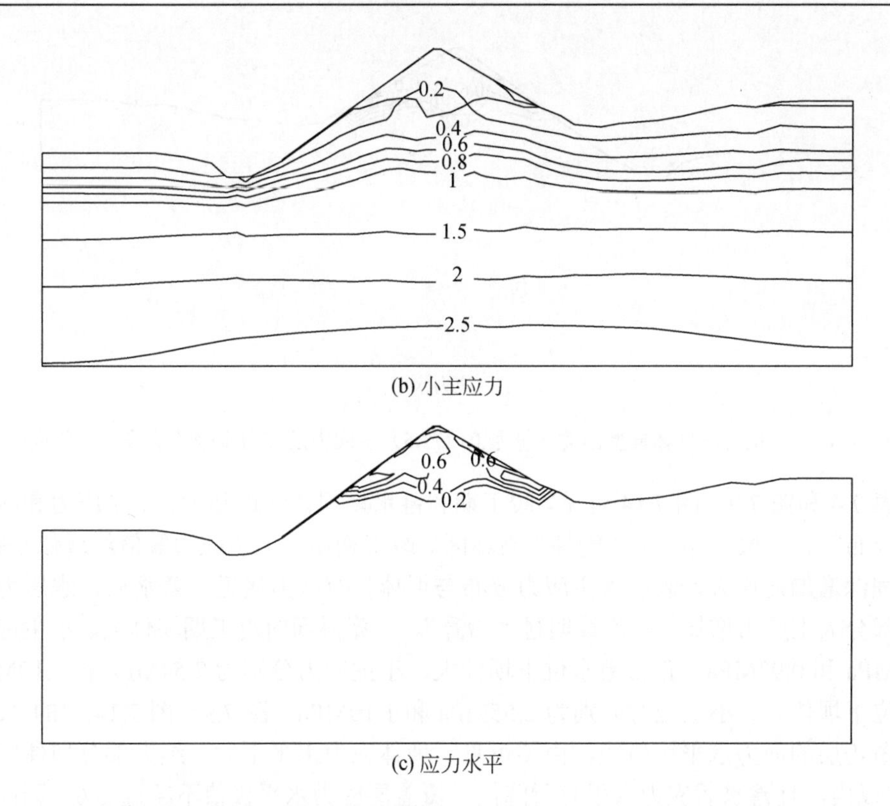

(b) 小主应力

(c) 应力水平

图 7.13　竣工期右岸坝体典型剖面（桩号 0+272.6）主应力及应力水平等值线图（单位：MPa）

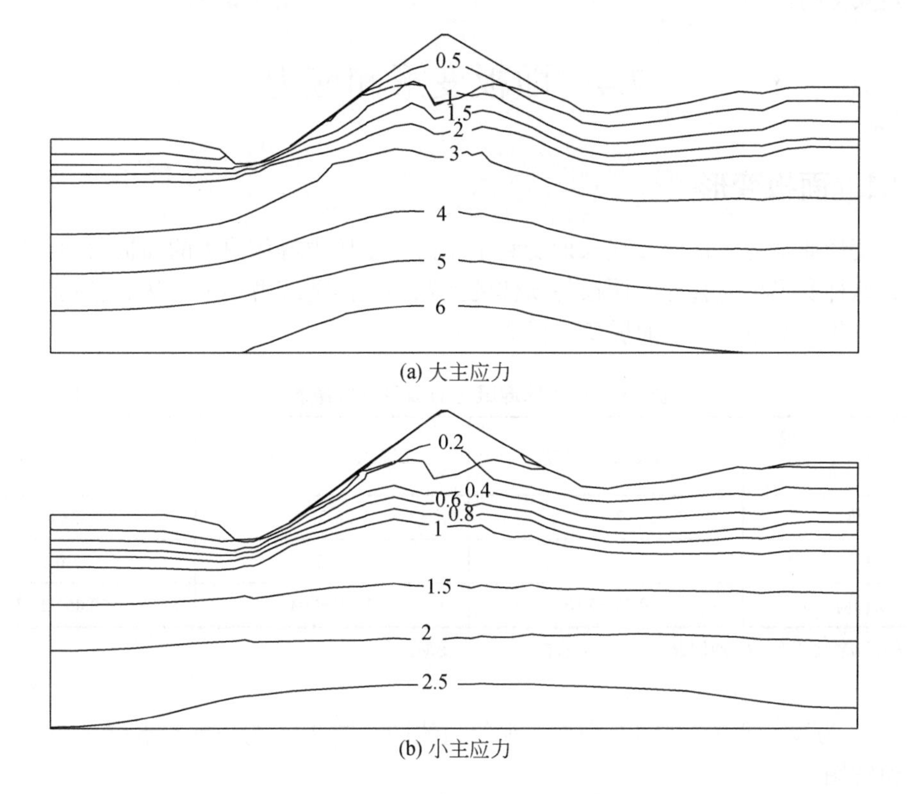

(a) 大主应力

(b) 小主应力

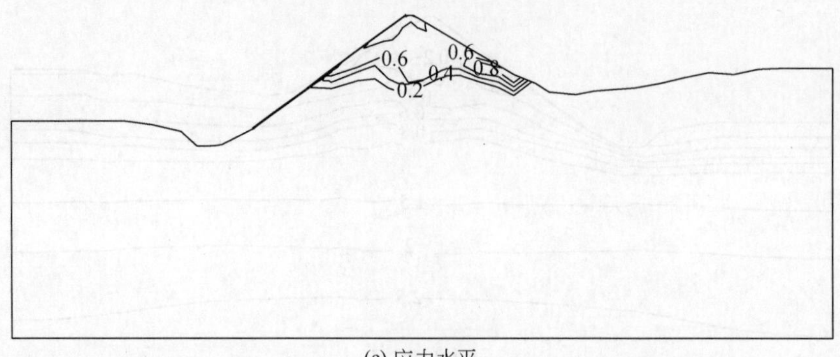

(c) 应力水平

图 7.14　正常蓄水位右岸坝体典型剖面（桩号 0+272.6）主应力及应力水平等值线图（单位：MPa）

由表 7.4 和图 7.9～图 7.14 可见，竣工期和蓄水期坝体和地基大、小主应力和应力水平等值线分布符合一般规律，无“塑性”破坏区。竣工期坝体大主应力等值线近似平行坝坡，量值随埋深增加而增大，表明大主应力分布与坝体自重应力接近。蓄水后，水压力使得上游坝壳部分大主应力增加，等值线明显“抬升”。计算得到的竣工期坝体大、小主应力分别为 2.21MPa 和 0.93MPa；正常蓄水位下坝体大、小主应力分别为 2.54MPa 和 1.10MPa；校核洪水位下坝体大、小主应力分别为 2.55MPa 和 1.10MPa。图 7.9～图 7.14 中的（c）图为坝体和覆盖层的应力水平等值线，由图可见，坝体应力水平不大，绝大部分坝体应力水平在 0.80 以内，且蓄水后应力水平有所降低，覆盖层应力水平极值不超过 0.6，因此坝体和覆盖层是安全的。

7.4　面板变形和应力

7.4.1　面板变形

面板变形通常是指在土石坝长期受到水压力、土压力等作用下的面板弯曲、翘曲等变形情况。这种变形可能会导致面板与坝体的接触部位出现应力集中，从而影响土石坝的整体稳定性。各工况下混凝土面板变形极值见表 7.5。

表 7.5　各工况混凝土面板变形极值表　　（单位：cm）

物理量 \ 工况	工况 1：竣工期	工况 2：正常蓄水期	工况 3：校核洪水期
挠度	3.38	38.01	38.81
沉降	−0.76	−29.71	−30.18
坝轴向	0.35/−0.10	1.98/−2.03	2.06/−2.07

注：表中坝轴向变形“/”两侧数据为两岸面板向河谷中央变形。

图 7.15 为竣工期（工况 1）面板变形等值线图，图 7.16 为正常蓄水位（工况 2）面板变形等值线图。

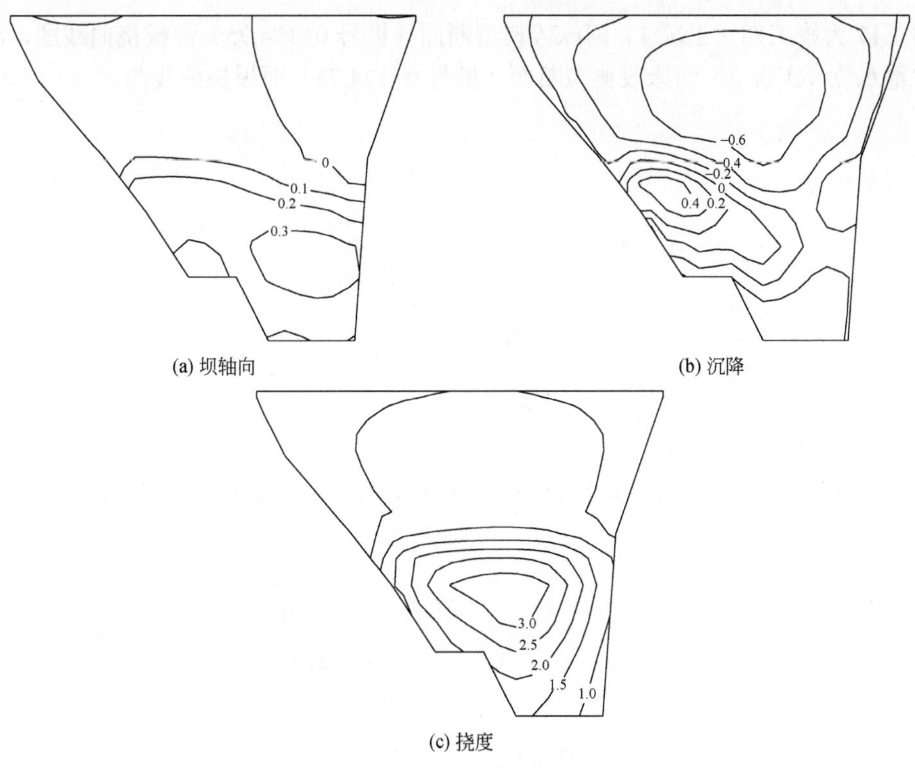

(a) 坝轴向　(b) 沉降

(c) 挠度

图 7.15　竣工期坝面板变形等值线图（单位：cm）

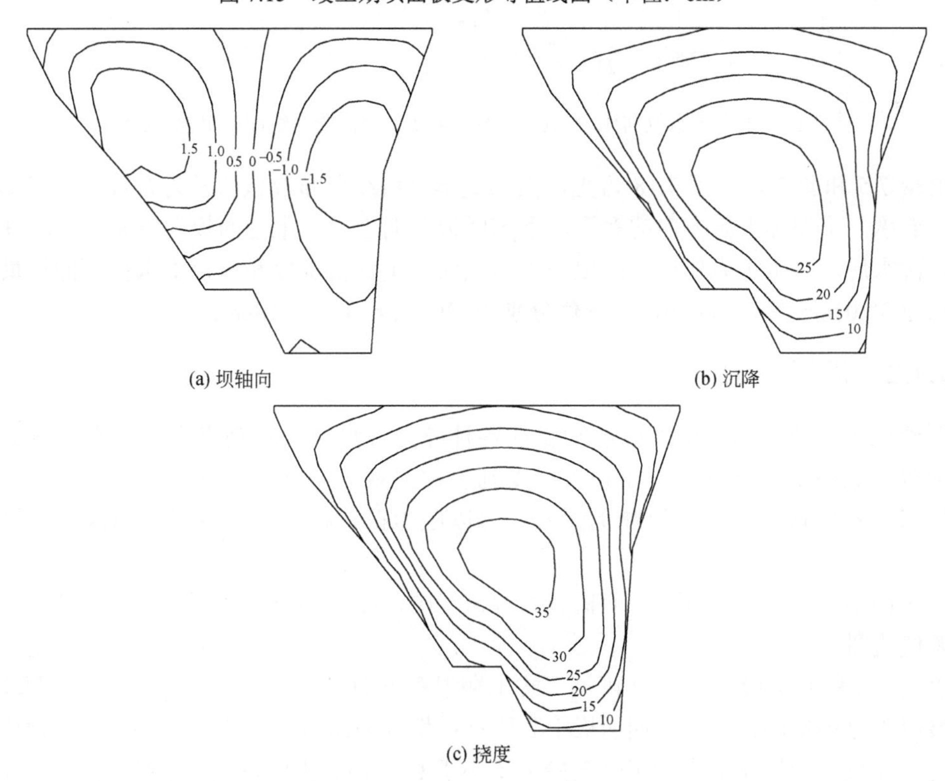

(a) 坝轴向　(b) 沉降

(c) 挠度

图 7.16　正常蓄水位面板变形等值线图（单位：cm）

图 7.17 为竣工期（工况 1）河床段典型断面（桩号 0+174.75）面板挠曲线图，图 7.18 为正常蓄水位（工况 2）河床段典型断面（桩号 0+174.75）面板挠曲线图。

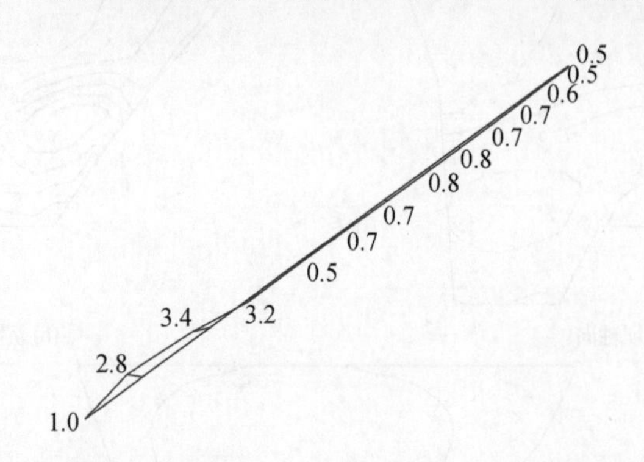

图 7.17 竣工期河床段典型断面（桩号 0+174.75）面板挠曲线图（单位：cm）

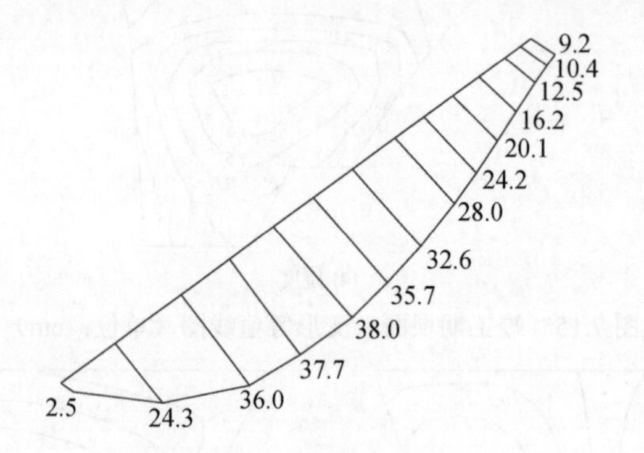

图 7.18 正常蓄水位河床段（桩号 0+174.75）面板挠曲线图（单位：cm）

由表 7.5 和图 7.15～图 7.18 可见，面板变形等值线分布及极值较为合理。竣工期面板由于“继承”了坝体上游方向的变形，下部面板凸向上游，上部面板向下游变形，其值均较小。蓄水后，在水压力作用下面板被压向坝内。正常蓄水位和校核洪水位下面板最大挠度分别为 38.01cm 和 38.81cm，沉降值分别为-29.71cm 和-30.18cm。

7.4.2 面板应力

面板应力是指土石坝中面板所承受的各种应力分量，包括垂直应力、水平应力和剪切应力等。这些应力分量的分布和大小受到多种因素的影响，如水压力、土压力、面板的几何形状和材料性质等。混凝土面板应力以压为正、拉为负。各工况面板应力极值见表 7.6。

图 7.19 为竣工期（工况 1）面板应力等值线图，图 7.20 为正常蓄水位（工况 2）面板应力等值线图。

由表 7.6 和图 7.19、图 7.20 可见，竣工期混凝土面板应力基本以受压为主，顺坡向压应力极值为 2.98MPa，位于一期面板中心附近；坝轴向压应力极值为 0.73MPa，拉应力极值为-0.35MPa。面板顺坡向和坝轴向应力均小于 C30 混凝土的抗压和抗拉强度。蓄水后，面板应力增大，面板顺坡向应力在河床中央部位受压，底部和两岸部位局部区域受拉；面板坝轴向应力河床中央部位受压，两岸部位受拉。正常蓄水位下面板顺坡向压应力和拉应力极值分别为 5.72MPa 和-0.20MPa；坝轴向压应力和拉应力极值分别为 7.22MPa 和-2.51MPa，拉应力极值位于面板右岸折坡附近局部区域，建议该区域适当增加配筋量。校核洪水位与正常蓄水位相比，水位变化不大，面板应力分布规律一致，极值仅小幅增加。

表 7.6　各工况面板应力极值表　　（单位：MPa）

物理量 \ 工况		工况 1：竣工期	工况 2：正常蓄水期	工况 3：校核洪水期
顺坡向	压应力	2.98	5.72	5.73
	拉应力	-0.01	-0.20	-0.24
坝轴向	压应力	0.73	7.22	7.34
	拉应力	-0.35	-2.51	-2.56

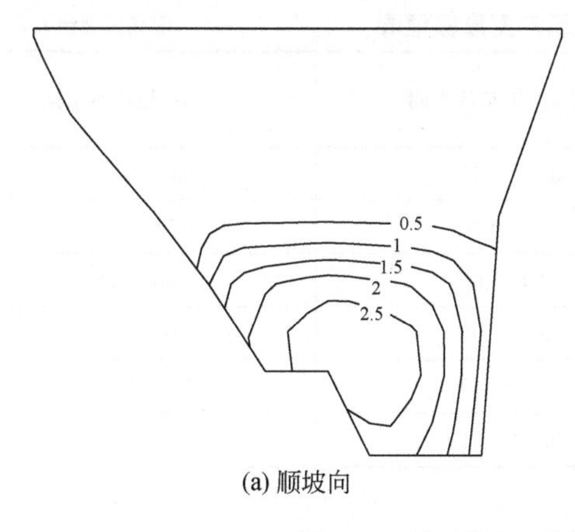

(a) 顺坡向

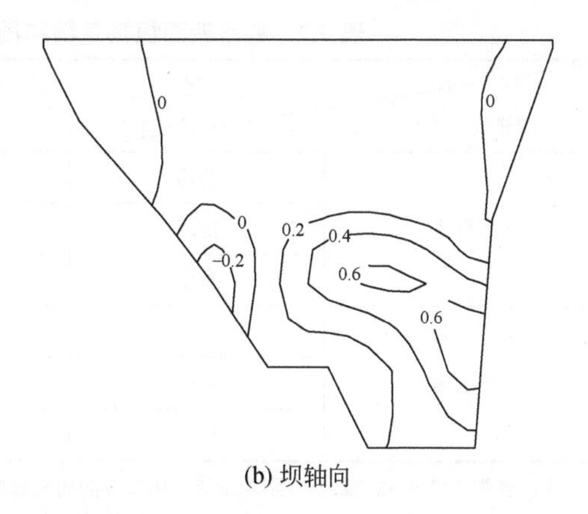

(b) 坝轴向

图 7.19　竣工期坝面板应力等值线图（单位：MPa）

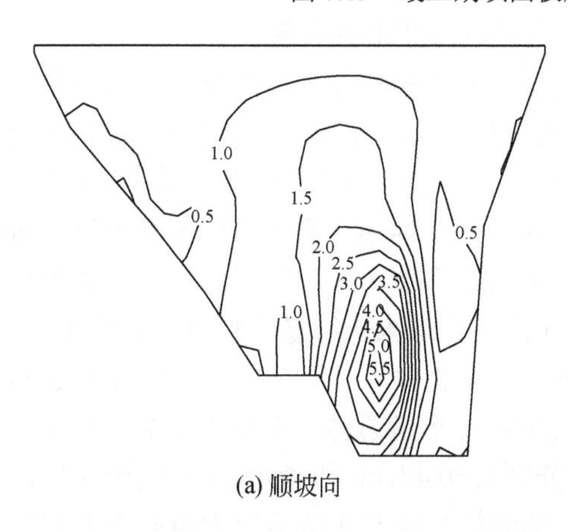

(a) 顺坡向

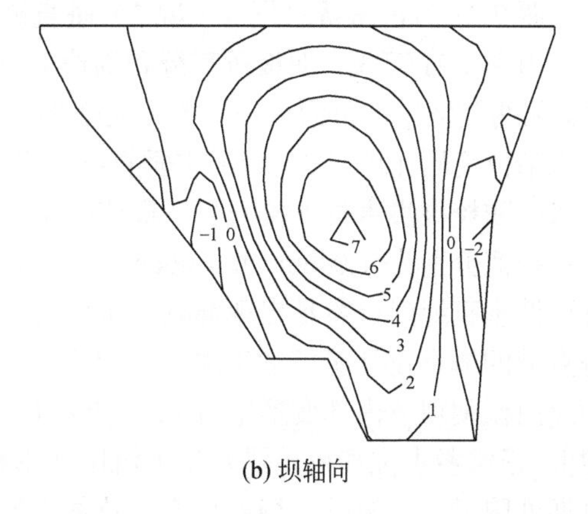

(b) 坝轴向

图 7.20　正常蓄水位面板应力等值线图（单位：MPa）

7.5 接缝三向变形

面板垂直缝和周边缝三向变形包括沿缝长方向缝两侧的剪切变形、缝平面内缝两侧的沉陷变形和垂直缝平面缝两侧的拉压变形。其中，面板垂直缝的剪切变形以缝左侧向下移动（缝右侧向上移动）为正，反之为负；沉陷变形以缝右侧面板相对于缝左侧面板朝坝内变形为负，反之为正；拉压变形以缝受压为正，反之为负。对于周边缝，左岸部位其剪切变形以面板侧相对岸坡趾板侧向下剪切为正，向上剪切为负，右岸部位相反；沉陷变形以面板向坝内移动为正，反之为负；拉压变形以缝受压为正，反之为负。

由于竣工期面板垂直缝和周边缝的三向变形值较小，且大多数接缝处于受压状态，不是控制工况，故对竣工期接缝的三向变形不作展示和分析。此外由于校核洪水位与正常蓄水位相近，接缝的三向变形的分布规律和大小也很相近，因此本节仅给出正常蓄水位周边缝和垂直缝的三向变形分布图。蓄水期面板垂直缝和周边缝三向变形极值见表 7.7。

表 7.7　蓄水期面板垂直缝和周边缝三向变形极值表　（单位：cm）

物理量 \ 工况		工况 2：正常蓄水期	工况 3：校核洪水期
垂直缝	剪切	0.59/−0.67	0.61/−0.69
	沉陷	0.30/−0.44	0.31/−0.45
	拉压	1.04/−1.05	1.06/−1.08
周边缝	剪切	1.05/−1.05	1.07/−1.09
	沉陷	1.28/−0.40	1.30/−0.42
	拉压	0.36/−1.01	0.36/−1.01

注：表中“/”两侧的数值分别表示该处相反方向的变形极值。

图 7.21 为正常蓄水位（工况 2）垂直缝和周边缝三向变形分布图。

由图 7.21 可见，面板垂直缝和周边缝三向变形在蓄水期的分布规律及其极值均较为合理。因两侧河岸部位面板向河床方向变形，故面板垂直缝拉压变形总体上呈两岸部位受拉，河床部位受压［图 7.21（c）中垂直缝变形量在两岸为负数、河床部位为正数］，其中正常蓄水位和校核洪水位下拉开变形极值分别为−1.05cm 和−1.08cm，位于右岸折坡附近；压缩变形极值分别为 1.04cm 和 1.06cm，位于河床中央面板下部。考虑地震作用下，面板坝中部压性垂直缝附近容易出现混凝土压坏现象，因此建议在最大压缩量垂直缝及相邻 1～2 条垂直缝的缝宽设计量可适当加大。面板垂直缝沉陷变形总体上呈河床中部面板相对于两侧河岸面板朝坝体内部变形［图 7.21（b）中垂直缝沉陷变形量总体上左岸为负数、右岸为正数］，正常蓄水位和校核洪水位下沉陷变形极值分别为−0.44cm 和−0.45cm，位于左岸面板分期处附近。面板垂直缝剪切变形总体上河床中部面板相对于两侧河岸面板向下剪切变形［图 7.27（a）中垂直缝剪切变形量总体上左岸为负数、右岸为正数］，正常蓄水位和校核洪水位下剪切变形极值分别为−0.67cm 和−0.69cm，位于左岸面板分期处附近。

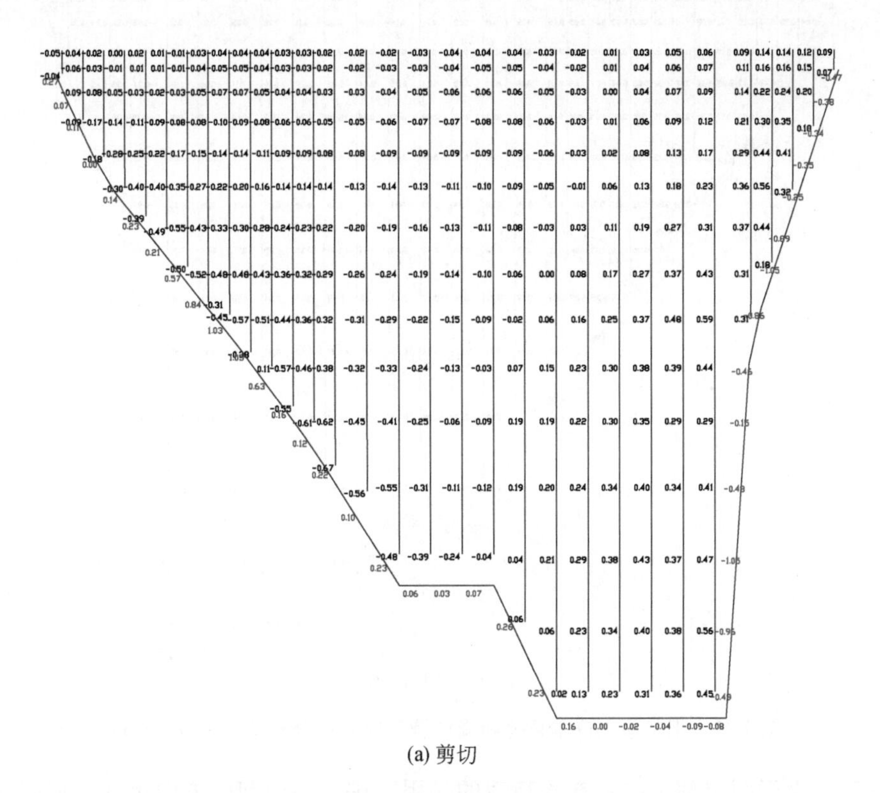

(a) 剪切

(b) 沉陷

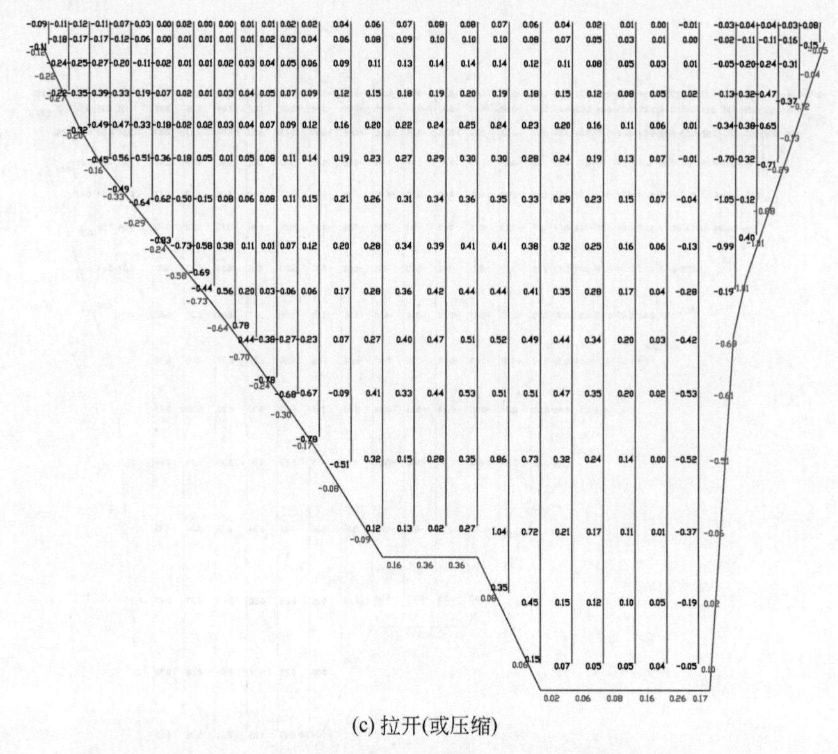

(c) 拉开(或压缩)

图 7.21　正常蓄水位垂直缝和周边缝三向变形分布图（单位：cm）

蓄水后，由于两岸部位面板在水荷载的作用下进一步向河床方向运动，使得两岸周边缝呈拉开特性，正常蓄水位和校核洪水位下拉开变形极值分别为-1.01cm 和-1.01cm，约位于右岸折坡点附近。河床部位的周边缝受压闭合（极值分别为 0.36cm 和 0.36cm）。蓄水后水压力使大多数周边缝处面板向坝内发生沉陷变形，正常蓄水位和校核洪水位下沉陷极值分别为 1.28cm 和 1.30cm，位于右岸折坡点附近。对于周边缝处的剪切变形，表现为两岸面板相对于趾板向下剪切，由于右岸岸坡地形更为陡峻，其量值明显大于左岸，正常蓄水位和校核洪水位下周边缝剪切变形极值分别为 1.05cm 和 1.07cm，位于右岸折坡点附近（高陡地形区）。

计算分析表明，面板垂直缝和周边缝蓄水后的拉开、沉陷和剪切变形均在 2cm 以内，这个数值小于止水片的通常变形极值，因此各接缝止水结构均能适应大坝变形，发挥正常的防渗作用。

7.6　静力参数敏感性分析

在土石坝的应力-应变静力分析中，静力敏感性分析是一个重要的环节。它主要关注的是结构在受到外部载荷作用时，其应力、应变等力学响应参数的变化情况。这种变化程度的大小，即为结构的静力敏感性。

考虑到筑坝材料和覆盖层力学参数存在一定的离散性，对表 7.1 的基准参数做适当调整，建立参数敏感性分析工况。表 7.8 为覆盖层参数取试验小值，其余筑坝材料参数保持不变。表 7.9 将各材料主要参数 K 和 K_b 减小 10%，其余保持不变。通过三维非线性有限元计算，分析覆盖层及筑坝材料参数变化对坝体变形的影响，其计算结果见表 7.10。

表 7.8　坝料及覆盖层邓肯 *E-B* 模型计算参数表（试验小值，JLMG1）

参数名称	ρ	φ_0	$\Delta\varphi$	K	n	R_f	K_b	m
垫层	2.19	50.0	5.1	1090	0.29	0.75	380	0.26
过渡层	2.16	48.6	5.0	978	0.32	0.73	355	0.22
主堆石料	2.13	53.1	7.8	1058	0.32	0.82	365	0.25
次堆石料 1	2.14	52.6	8.9	859	0.28	0.71	291	0.23
次堆石料 2	2.20	50.7	8.0	870	0.32	0.81	298	0.21
特殊碾压区	2.13	53.1	7.8	1080	0.32	0.82	380	0.25
覆盖层	2.09	42.6	4.5	752	0.29	0.7	276	0.29

表 7.9　坝料及覆盖层邓肯 *E-B* 模型计算参数表（K 和 K_b 减小 10%，JLMG2）

参数名称	ρ	φ_0	$\Delta\varphi$	K	n	R_f	K_b	m
垫层	2.19	50.0	5.1	981	0.29	0.75	369	0.26
过渡层	2.16	48.6	5.0	880	0.32	0.73	345	0.22
主堆石料	2.13	53.1	7.8	952	0.32	0.82	354	0.25
次堆石料 1	2.14	52.6	8.9	773	0.28	0.71	282	0.23
次堆石料 2	2.20	50.7	8.0	783	0.32	0.81	289	0.21
特殊碾压区	2.13	53.1	7.8	972	0.32	0.82	369	0.25
覆盖层	2.09	45.0	5.0	702	0.35	0.68	320	0.30

表 7.10　参数敏感性分析工况坝体变形极值表　（单位：cm）

工况	物理量	水平位移		竖向位移（沉降）	沉降率/%
		向上游	向下游		
JLMG1	工况 1：竣工期	−15.81	21.55	−109.50	0.78
	工况 2：正常蓄水期	−2.62	26.98	−112.10	0.80
	工况 3：校核洪水期	−2.57	27.53	−112.22	0.80
JLMG2	工况 1：竣工期	−18.28	22.49	−112.33	0.80
	工况 2：正常蓄水期	−2.31	29.04	−114.92	0.82
	工况 3：校核洪水期	−2.27	29.64	−115.03	0.82

由表 7.10 可知，当覆盖层参数取小值（JLMG1）时，竣工期坝体变形沉降量有所增加，其值由−100.10cm 增加至−109.5cm，增加了 9.4%，蓄水期沉降量增加 9.6%左右，水平位移变化量小于 1.3cm，可见覆盖层参数主要对坝体沉降产生一定影响。当材料主要参数减小（JLMG2，K 和 K_b 减小 10%）时，竣工期坝体变形沉降量极值由−100.10cm 增加至−112.33cm，增加了 12.2%，蓄水期沉降量增加与此大致相当，水平位移变化量小于 2.5cm，可见筑坝参数减小（减小 10%）会增加坝体的变形量，其中沉降约增加 12.2%。总体而言，在覆盖层参数减小（JLMG1）和主要材料计算参数减小（JLMG2）情况下，大坝变形虽有增加，但均在一般合理范围之内。

第 8 章　南方湿润地区土石坝三维非线性应力-应变动力分析

南方湿润地区土石坝在运维过程中因经常受到外部力或荷载作用而产生振动或震动现象，所以应力-应变动力分析是该区域土石坝结构安全评价的重要内容。本章结合南方湿润地区土石坝坝体材料变异的实际情况，以第 7 章中的实例工程为例详细介绍应力-应变动力有限元分析方法。

8.1　动力有限元计算参数确定

根据南方湿润地区类似工程的动力试验成果，结合计算经验，拟定 Hardin-Drnevich 动力本构模型和沈珠江永久变形模型的计算参数，见表 8.1。

表 8.1　坝料及覆盖层动力计算参数表

坝料	K_2	n	λ_{max}	c_1	c_2	c_3	c_4	c_5
垫层	2450	0.54	0.22	0.0038	0.58	0	0.057	0.51
过渡层	2350	0.52	0.22	0.0040	0.60	0	0.058	0.52
主堆石料	2200	0.48	0.23	0.0052	0.65	0	0.068	0.58
次堆石料 1	2100	0.50	0.24	0.0053	0.68	0	0.070	0.60
次堆石料 2	2050	0.51	0.24	0.0050	0.70	0	0.073	0.58
特殊碾压区	2250	0.48	0.23	0.0047	0.68	0	0.062	0.55
覆盖层	1450	0.51	0.26	0.0064	0.74	0	0.076	0.66

8.2　坝体动力反应

坝体动力反应是指坝体在受到外部力或荷载作用下产生的振动或震动现象。坝体动力反应具有重要的工程意义，它直接与坝体的安全性和稳定性相关。

根据动力计算结果，选取坝体河床处典型剖面（桩号 0+174.75）绘制相关动物理量包络图。

8.2.1　动位移反应

在坝体动力反应中，动位移反应指的是坝体在地震等动力荷载作用下产生的位移。不同地震工况下坝体（含覆盖层，下同）动位移包络值（即整个地震历时中动位移绝对值的最大值）见表 8.2。

表 8.2　各地震工况坝体动位移包络值表　（单位：cm）

工况＼物理量	顺河向动位移	竖向动位移	坝轴向动位移
工况 4：50 年超越概率 10%地震	4.32	1.83	3.04
工况 5：50 年超越概率 5%地震	6.09	2.41	4.04
工况 6：100 年超越概率 2%地震	10.38	4.38	6.59

图 8.1 为 50 年超越概率 10%地震（工况 4）河床段坝体（桩号 0+174.75）动位移包络图（图中虚线为坝体与覆盖层分界线）。

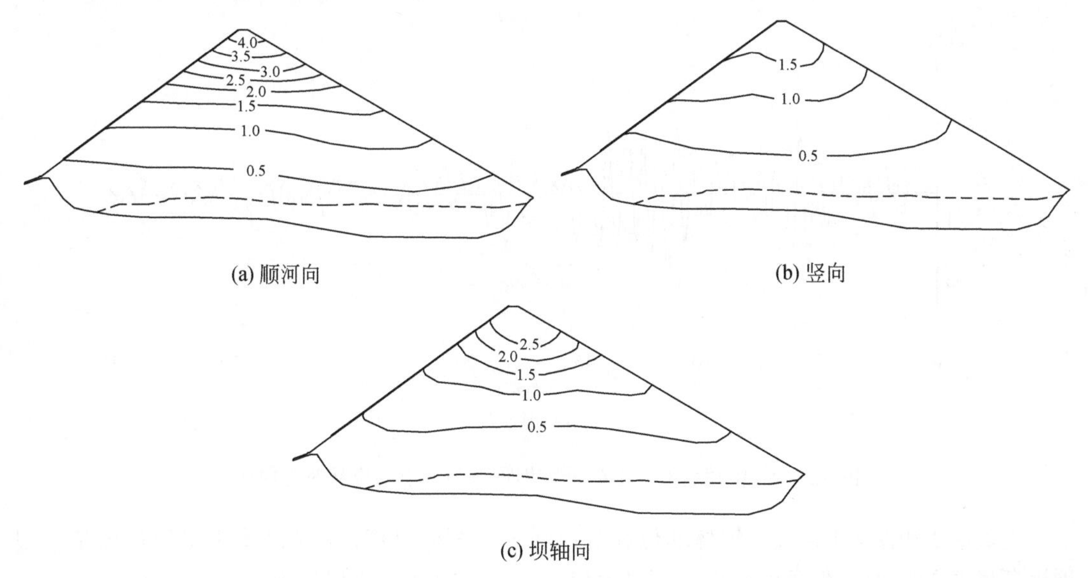

(a) 顺河向　(b) 竖向

(c) 坝轴向

图 8.1　50 年超越概率 10%地震河床段坝体（桩号 0+174.75）动位移包络图（单位：cm）

在河床段典型剖面（桩号 0+174.75）坝顶中央选取典型结点，绘制结点三向动位移时程曲线。图 8.2 为 50 年超越概率 10%地震（工况 4）坝顶典型结点动位移时程曲线。

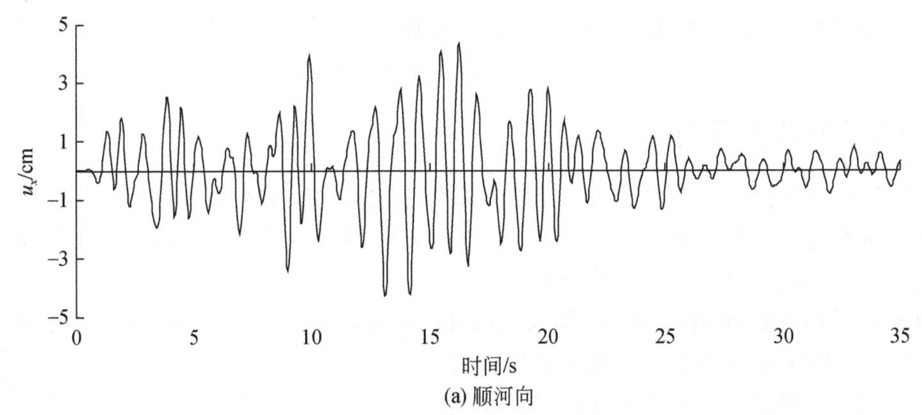

(a) 顺河向

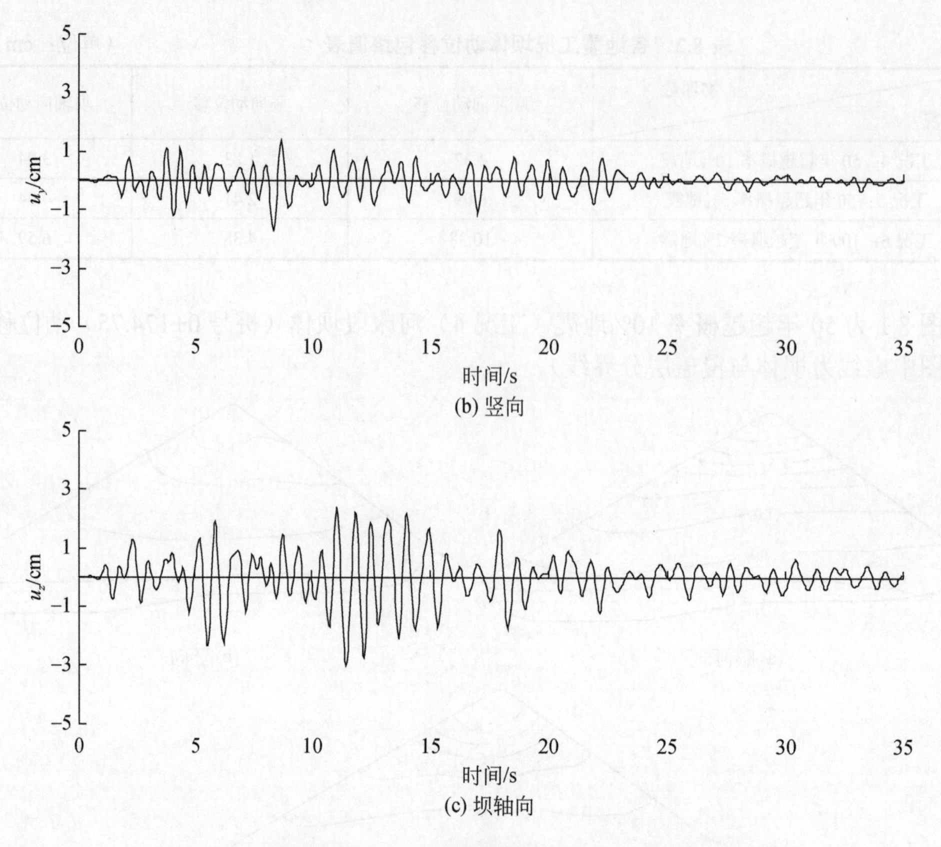

图 8.2　50 年超越概率 10%地震坝顶典型结点动位移时程曲线

由表 8.2 和图 8.1 可见，坝体动位移等值线分布规律合理，其值基本上呈现从坝基至坝顶逐渐增大的特点，在坝顶附近达到最大值。大坝三向动位移极值不大，在 50 年超越概率 10%地震（工况 4）作用下，顺河向、竖向和坝轴向动位移极值分别为 4.32cm、1.83cm 和 3.04cm。大坝动位移极值随输入地震加速度峰值的增加（从工况 4 到工况 6）逐渐增大。其中，在 50 年超越概率 5%地震（工况 5）作用下，顺河向、竖向和坝轴向动位移极值分别为 6.09cm、2.41cm 和 4.04cm；在 100 年超越概率 2%地震（工况 6）作用下，顺河向、竖向和坝轴向动位移极值分别为 10.38cm、4.38cm 和 6.59cm。

8.2.2　加速度反应

在坝体动力反应中，加速度反应指的是坝体在地震等动力荷载作用下产生的加速度。不同概率水准地震作用下坝体（含覆盖层）加速度包络值（即整个地震历时中加速度绝对值的最大值，下同）及放大倍数见表 8.3。

图 8.3 为 50 年超越概率 10%地震（工况 4）河床段坝体典型剖面（桩号 0+174.75）加速度包络图（图中虚线为坝体与覆盖层分界线）。

在河床段典型剖面（桩号 0+174.75）坝顶中央选取典型结点，绘制结点三向加速度时程曲线。图 8.4 为 50 年超越概率 10%地震（工况 4）坝顶典型结点加速度时程曲线。

表 8.3　各地震工况坝体加速度包络值及放大倍数表

物理量 / 工况	顺河向		竖向		坝轴向	
	加速度/（m/s^2）	放大倍数	加速度/（m/s^2）	放大倍数	加速度/（m/s^2）	放大倍数
工况 4：50 年超越概率 10%地震	4.02	3.62	2.74	3.70	3.95	3.56
工况 5：50 年超越概率 5%地震	4.27	2.92	3.00	3.08	4.51	3.09
工况 6：100 年超越概率 2%地震	6.55	2.59	4.82	2.86	7.34	2.90

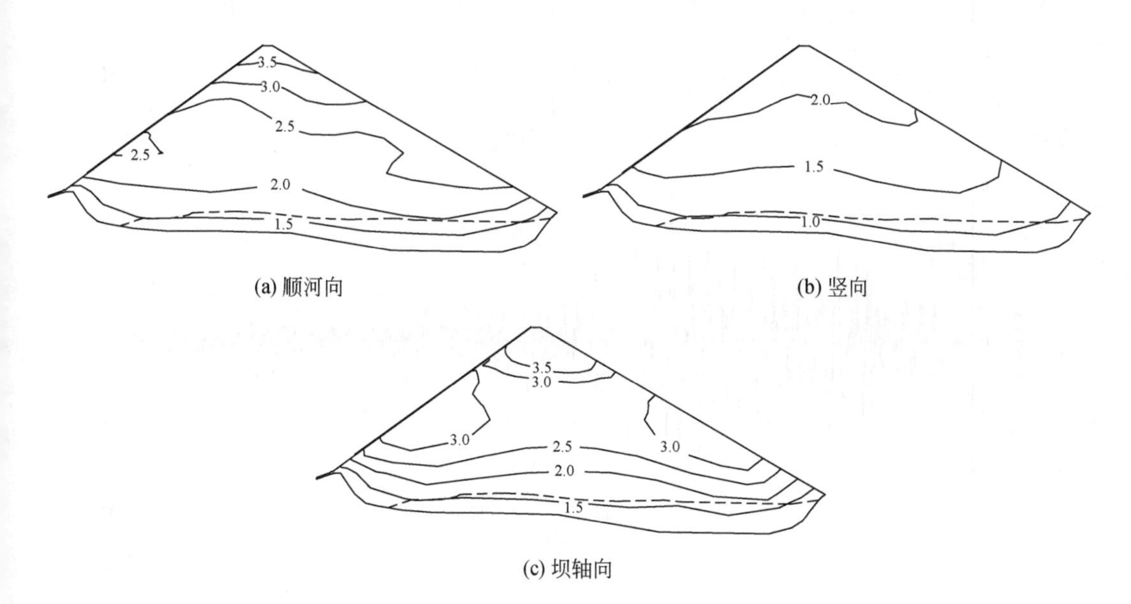

(a) 顺河向　(b) 竖向

(c) 坝轴向

图 8.3　50 年超越概率 10%地震河床段坝体（桩号 0+174.75）加速度包络图（单位：m/s^2）

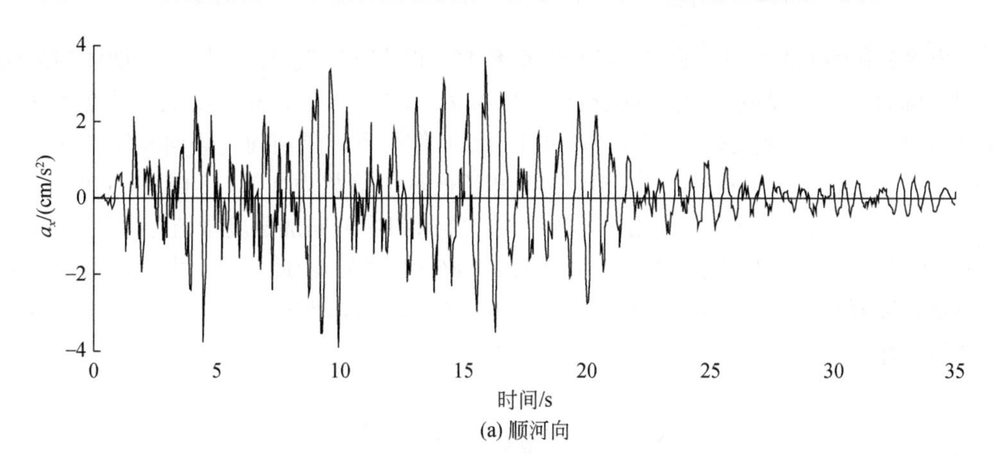

(a) 顺河向

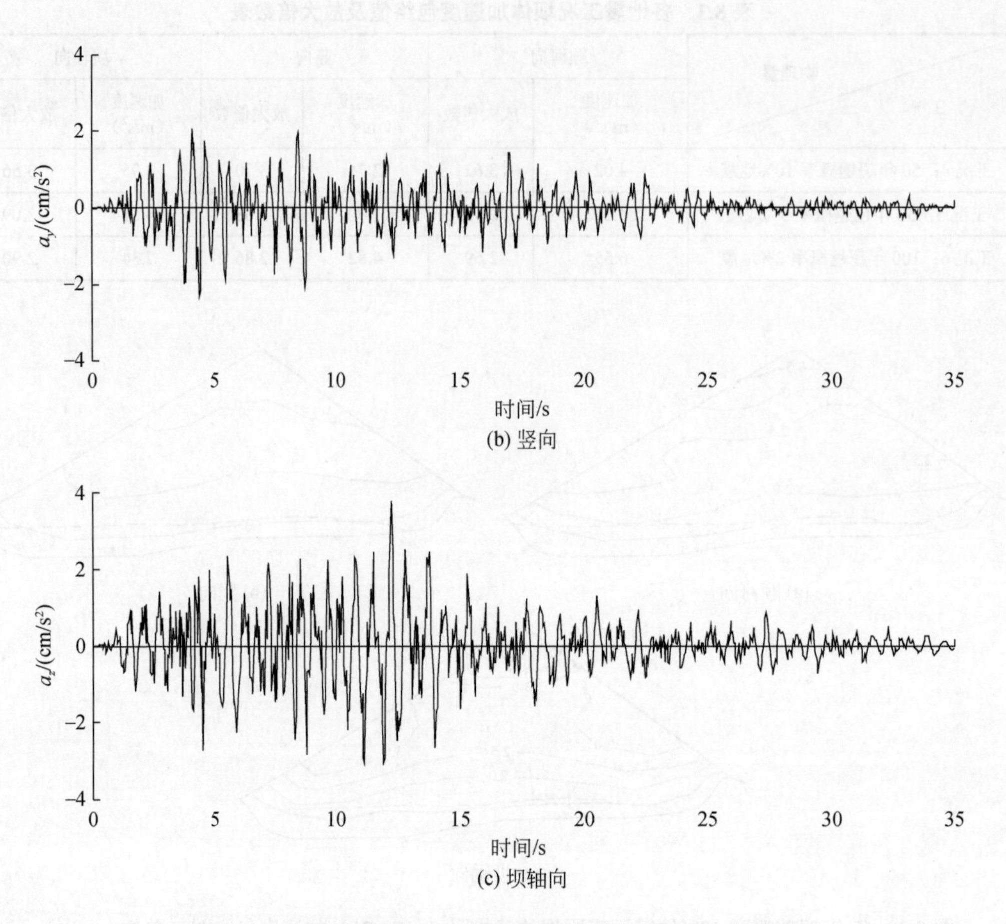

(b) 竖向

(c) 坝轴向

图 8.4　50 年超越概率 10%地震坝顶典型结点加速度时程曲线

由表 8.3 和图 8.3 可见，在 50 年超越概率 10%地震（工况 4）作用下，坝体顺河向、竖向和坝轴向加速度极值分别为 4.02m/s^2、2.74m/s^2 和 3.95m/s^2，相应的放大倍数为 3.62、3.70 和 3.56；在 50 年超越概率 5%地震（工况 5）作用下，顺河向、竖向和坝轴向加速度极值分别为 4.27m/s^2、3.00m/s^2 和 4.51m/s^2，相应的放大倍数为 2.92、3.08 和 3.09；在 100 年超越概率 2%地震（工况 6）作用下，顺河向、竖向和坝轴向加速度极值分别为 6.55m/s^2、4.82m/s^2 和 7.34m/s^2，相应的放大倍数为 2.59、2.86 和 2.90。由此可见，大坝加速度极值随着地震加速度峰值的增加（从工况 4 到工况 6）逐渐增大，但加速度放大倍数逐渐减小，符合一般规律。

8.3　面板动力反应

面板动力反应是指混凝土面板在受到外部力或荷载作用下产生的振动或震动现象。在土石坝中，混凝土面板主要承受水压力、地震力等荷载，这些荷载会导致面板产生动力反应。面板动力反应的研究对于评估坝体的安全性和稳定性具有重要意义。

8.3.1　动位移反应

在面板动力反应中，动位移反应是指面板在地震等动力荷载作用下产生的位移。不同地震工况下混凝土面板动位移包络值(即整个地震历时中动位移绝对值的最大值)见表 8.4。

表 8.4　各地震工况混凝土面板动位移包络值表　（单位：cm）

工况＼物理量	顺河向动位移	竖向动位移	坝轴向动位移
工况 4：50 年超越概率 10%地震	3.77	1.78	2.95
工况 5：50 年超越概率 5%地震	5.12	2.34	3.61
工况 6：100 年超越概率 2%地震	8.71	4.35	6.34

图 8.5 为 50 年超越概率 10%地震（工况 4）面板动位移包络图。

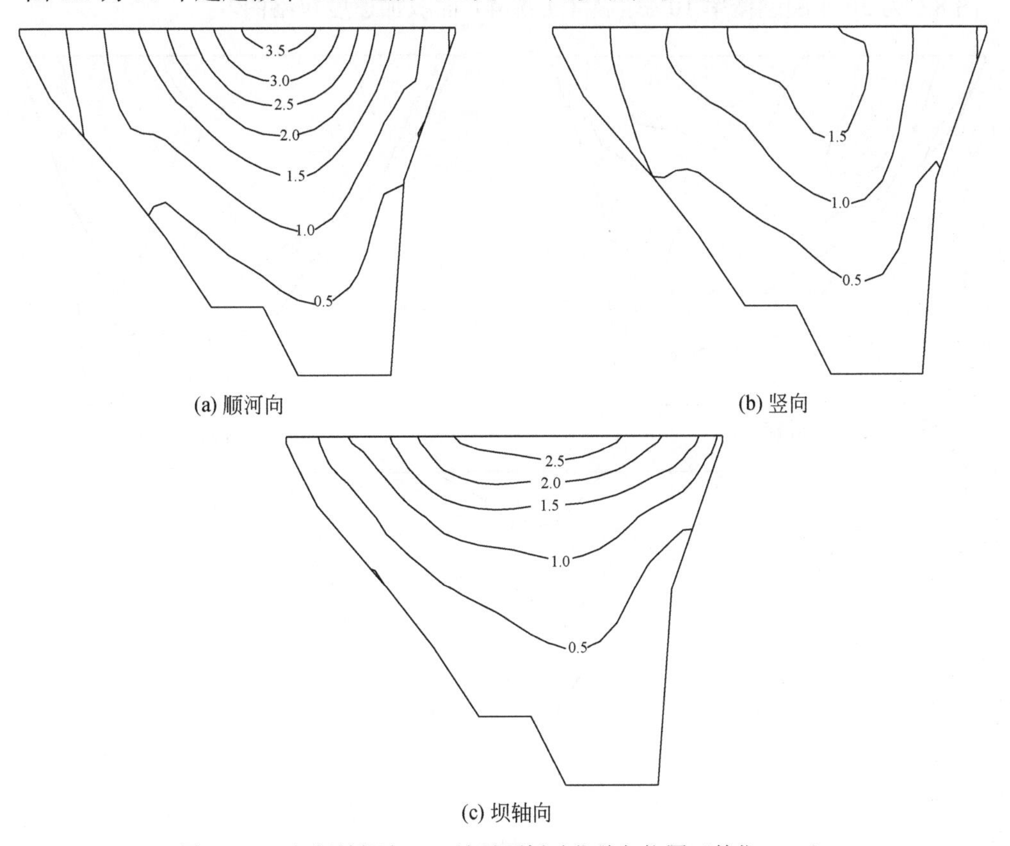

图 8.5　50 年超越概率 10%地震面板动位移包络图（单位：cm）

由表 8.4 和图 8.5 可见，混凝土面板动位移包络线分布规律合理，其值基本上呈现由下至上逐渐增大的特点，在面板顶部中央附近达到最大值。面板三向动位移极值不大，在 50 年超越概率 10%地震（工况 4）作用下，顺河向、竖向和坝轴向动位移极值分别为 3.77cm、1.78cm 和 2.95cm。

8.3.2　加速度反应

在面板动力反应中，加速度反应是指面板在地震等动力荷载作用下产生的加速度。不同地震工况下，混凝土面板加速度包络值（即整个地震历时中面板加速度绝对值的最大值）见表 8.5。

表 8.5　各地震工况面板加速度包络值表　（单位：m/s^2）

工况 \ 物理量	顺河向加速度	竖向加速度	坝轴向加速度
工况 4：50 年超越概率 10%地震	4.02	2.59	3.84
工况 5：50 年超越概率 5%地震	4.17	3.00	4.20
工况 6：100 年超越概率 2%地震	6.25	4.75	6.90

图 8.6 为 50 年超越概率 10%地震（工况 4）面板加速度包络图。

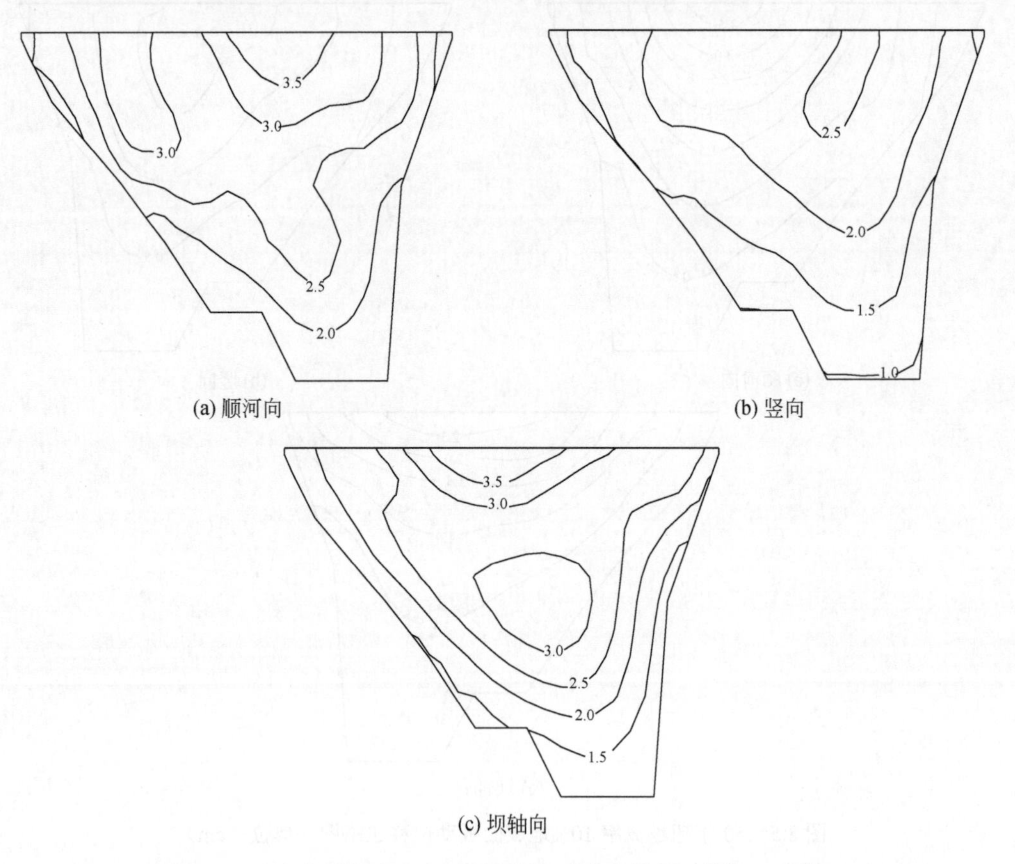

图 8.6　50 年超越概率 10%地震面板加速度包络图（单位：m/s^2）

由表 8.5 和图 8.6 可见，在 50 年超越概率 10%地震（工况 4）作用下，面板顺河向、竖向和坝轴向加速度极值分别为 $4.00m/s^2$、$2.59m/s^2$ 和 $3.84m/s^2$。

8.3.3　动应力反应

在面板坝动力反应中，动应力反应是指面板在地震等动力荷载作用下产生的应力。不同概率水准地震作用下混凝土面板动应力包络值（即整个地震历时中面板动压应力和动拉应力的极值，下同）见表 8.6。动应力以压为正、拉为负。

表 8.6　各地震工况混凝土面板动应力包络值　（单位：MPa）

工况 \ 物理量	顺坡向		坝轴向	
	压应力	拉应力	压应力	拉应力
工况 4：50 年超越概率 10%地震	5.37	−4.42	2.81	−2.83
工况 5：50 年超越概率 5%地震	6.72	−5.73	3.26	−3.34
工况 6：100 年超越概率 2%地震	9.44	−10.30	5.73	−5.89

图 8.7 为 50 年超越概率 10%地震（工况 4）面板动应力包络图。

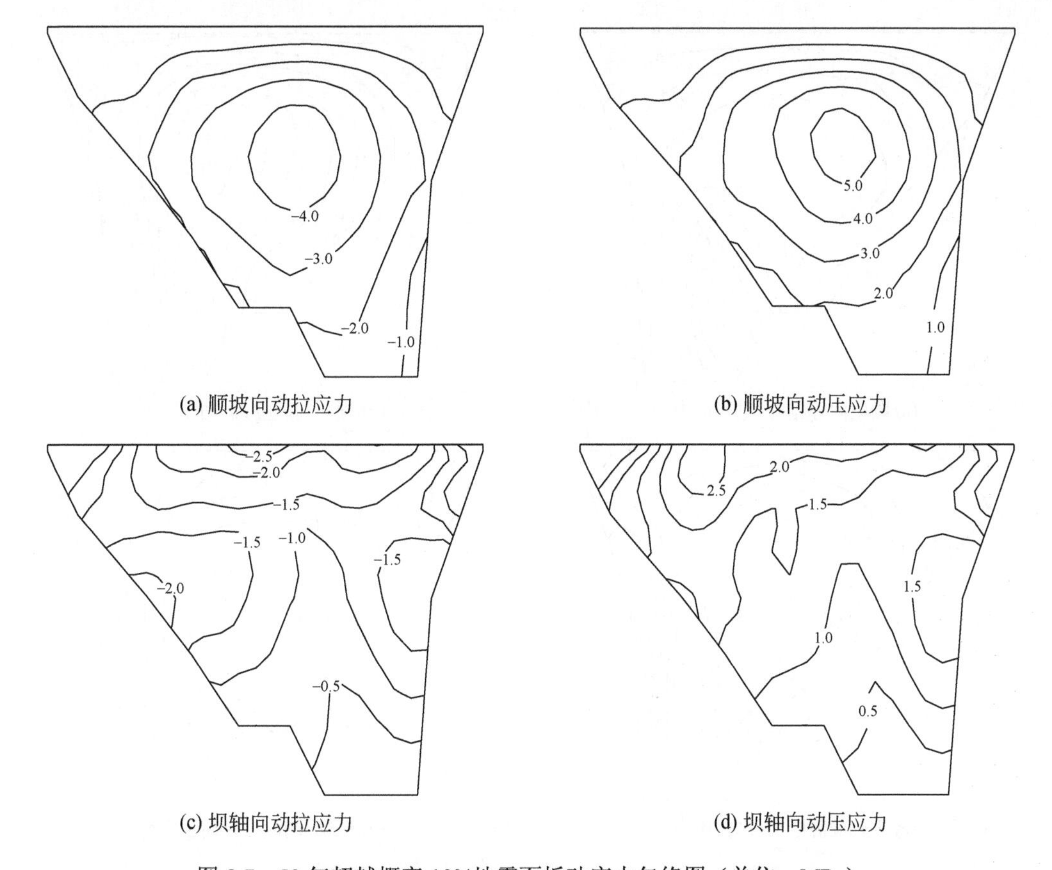

(a) 顺坡向动拉应力　(b) 顺坡向动压应力

(c) 坝轴向动拉应力　(d) 坝轴向动压应力

图 8.7　50 年超越概率 10%地震面板动应力包络图（单位：MPa）

由表 8.6 和图 8.7 可见，混凝土面板顺坡向和坝轴向动应力（动拉应力和动压应力）包络值分布规律合理，极值随着输入地震加速度峰值的增加（从工况 4 的 111cm/s^2 到工况 6

的 253cm/s²）而增大。在 50 年超越概率 10%地震作用下，面板顺坡向动压应力和动拉应力极值分别为 5.37MPa 和−4.42MPa，均大致位于面板的中部；坝轴向动压应力和拉应力极值分别为 2.81MPa 和−2.83MPa，均大致位于面板顶部。在 50 年超越概率 5%地震作用下，面板顺坡向动压应力和动拉应力极值分别为 6.72MPa 和−5.73MPa，均大致位于面板的中部；坝轴向动压应力和拉应力极值分别为 3.26MPa 和−3.34MPa，均大致位于面板顶部。在 100 年超越概率 2%地震作用下，面板顺坡向动压应力和动拉应力极值分别为 9.44MPa 和−10.30MPa，均大致位于面板的中部；坝轴向动压应力和拉应力极值分别为 5.73MPa 和−5.89MPa，均大致位于面板顶部。

图 8.8 为 50 年超越概率 10%地震（工况 4）面板静力、动力叠加后的应力等值线图。由图 8.8 可见：

（1）当面板顺坡向静应力和动压应力叠加后，面板顺坡向几乎不出现拉应力区，总压应力极值为 7.73MPa，小于面板 C30 混凝土的抗压强度。当面板顺坡向静应力和动拉应力叠加后，面板中部的动拉应力区与该部位静压应力区有一定抵消作用，使面板总压应力区和极值减小，面板上部的总拉应力区和极值增大，极值分别为 3.54MPa 和−2.86MPa。

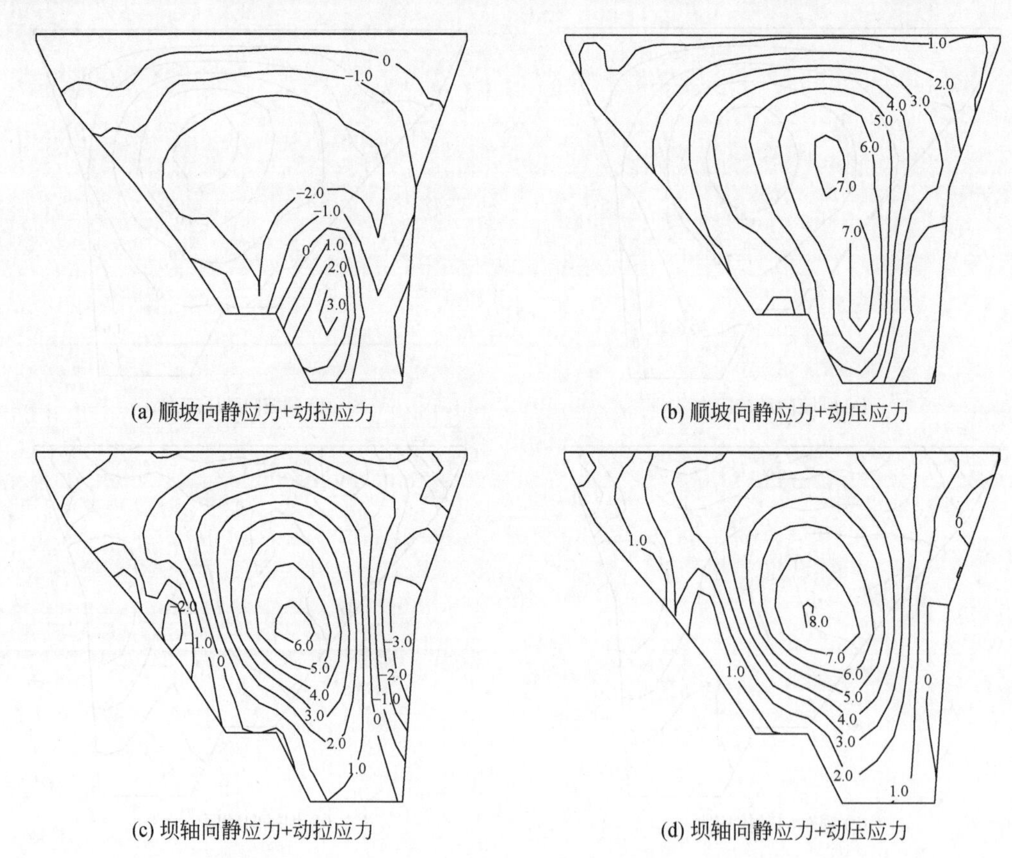

图 8.8 50 年超越概率 10%地震面板静力、动力叠加后的应力等值线图（单位：MPa）

（2）对于面板坝轴向应力，当静应力和动压应力叠加后，河床部位面板的压应力区域和极值有所增大，总压应力极值约 8.07MPa，小于面板 C30 混凝土的抗压强度，两岸面板的拉应力区和极值有较大减小，不是拉应力控制值。

当坝轴向静应力和动拉应力叠加后，两岸附近面板的拉应力区和极值增大，总拉应力极值约-3.73MPa，位于右岸折坡附近区域。由于地震时混凝土面板动应力是交变的，且各处极值发生在不同时刻，这种静动拉应力的最不利叠加只在某瞬时发生，且只局限于两岸面板局部区域，未必对面板整体结构安全有重大影响。为了确保面板安全，建议在岸坡附近面板受拉区适当增加配筋率。

8.4　地震永久变形

在南方湿润地区土石坝应力-应变动力分析中，地震永久变形是一个重要的考虑因素。地震永久变形是指地震作用下，结构或土体所发生的、无法完全恢复的形变或位移。这种变形通常是由于地震动引起的坝体内部应力的变化，导致坝体材料的微观结构发生变化，从而引起宏观尺度的变形。

8.4.1　坝体永久变形

在地震永久变形中，坝体永久变形是指地震后坝体发生的不可恢复的变形。大坝竖向永久变形以向上为正，顺河向水平永久变形以向下游为正，坝轴向水平永久变形以向右岸为正。不同概率水准地震作用下坝体永久变形极值见表 8.7。

表 8.7　各地震工况坝体地震永久变形极值表　　（单位：cm）

工况 \ 物理量	顺河向永久变形	坝轴向永久变形	竖向永久变形（震陷）	震陷率/%
工况 4：50 年超越概率 10%地震	7.57	3.62/−3.11	−15.78	0.11
工况 5：50 年超越概率 5%地震	9.67	4.57/−4.05	−20.63	0.15
工况 6：100 年超越概率 2%地震	14.22	7.42/−6.30	−29.47	0.21

注：表中坝轴向永久变形“/”两侧数值表示左岸和右岸坝体向河床方向的永久变形值。

图 8.9 为 50 年超越概率 10%地震时（工况 4）坝体（桩号 0+174.75）永久变形等值线图（图中虚线为坝体与覆盖层分界线）。

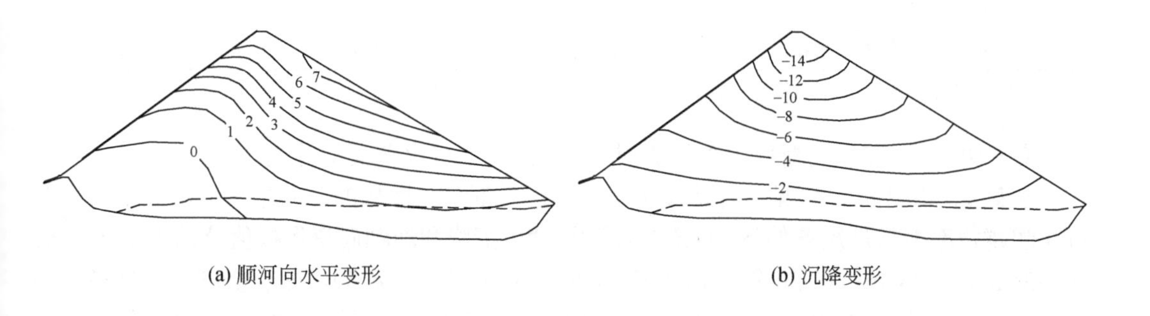

(a) 顺河向水平变形　　(b) 沉降变形

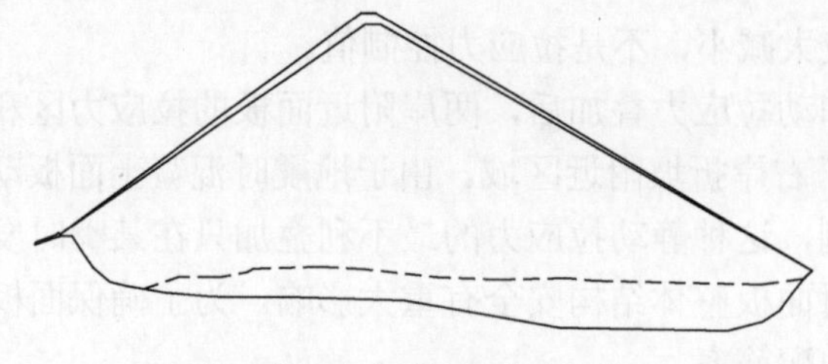

(c) 大坝永久变形轮廓(放大50倍)

图 8.9 50 年超越概率 10%地震坝体（桩号 0+174.75）永久变形等值线图（单位：cm）

由表 8.7 和图 8.9 可见，地震永久变形特点为大坝竖向永久变形为向下的震陷，极值位于坝顶；由于水压力的作用，顺河向永久变形表现为绝大部分坝体朝下游的变形，其极值大致位于下游坡的上部 1/3 高程处；坝轴向变形为两岸向河床变形，极值位于坝顶处。在 50 年超越概率 10%地震条件下（工况 4），坝体竖向、顺河向，以及左、右岸坝轴向永久变形极值分别为−15.78cm、7.57cm、3.62cm 和−3.11cm，大坝震陷率为 0.11%。随着输入地震加速度峰值的增加，坝体三向地震永久变形有所增加。在 50 年超越概率 5%地震条件下（工况 5），坝体竖向、顺河向，以及左、右岸坝轴向永久变形极值分别为−20.63cm、9.67cm、4.57cm 和−4.05cm，大坝震陷率为 0.15%。在 100 年超越概率 2%地震条件下（工况 6），坝体竖向、顺河向，以及左、右岸坝轴向永久变形极值分别为−29.47cm、14.22cm、7.42cm 和−6.30cm，大坝震陷率为 0.21%。大坝震陷率在一般范围之内，偏小，这是由于筑坝材料力学特性较好之故。地震后，大坝轮廓总体上向坝内收缩，在下游坝坡下部轻微外凸，这与已有面板坝地震后的实测永久变形分布特点相符合。

8.4.2 面板永久变形

在地震永久变形中，面板永久变形是指地震后面板发生的不可恢复的变形。不同概率水准地震作用下混凝土面板永久变形极值见表 8.8。

表 8.8 各地震工况混凝土面板永久变形极值表 （单位：cm）

物理量 工况	挠度永久变形	竖向沉降永久变形	坝轴向永久变形
工况 4：50 年超越概率 10%地震	16.67	−15.33	3.23/−3.02
工况 5：50 年超越概率 5%地震	21.32	−19.58	4.48/−3.93
工况 6：100 年超越概率 2%地震	31.48	−28.82	7.29/−6.22

注：表中坝轴向变形“/”两侧数值表示左右岸面板向河床的永久变形极值。

图 8.10 为 50 年超越概率 10%地震时（工况 4）面板永久变形等值线图。

由表 8.8 和图 8.10 可见，各地震工况下，震后混凝土面板的三向永久变形量不大。在 50 年超越概率 10%地震条件下（工况 4），面板挠度、沉降和坝轴向变形极值分别为 16.67cm、−15.33cm 和 3.23cm；在 50 年超越概率 5%地震条件下（工况 5），面板挠度、沉降和坝轴向变形极值分别为 21.32cm、−19.58cm 和 4.48cm；在 100 年超越概率 2%地震条件下（工况 6），面板挠度、沉降和坝轴向变形极值分别为 31.48cm、−28.82cm 和 7.29cm。

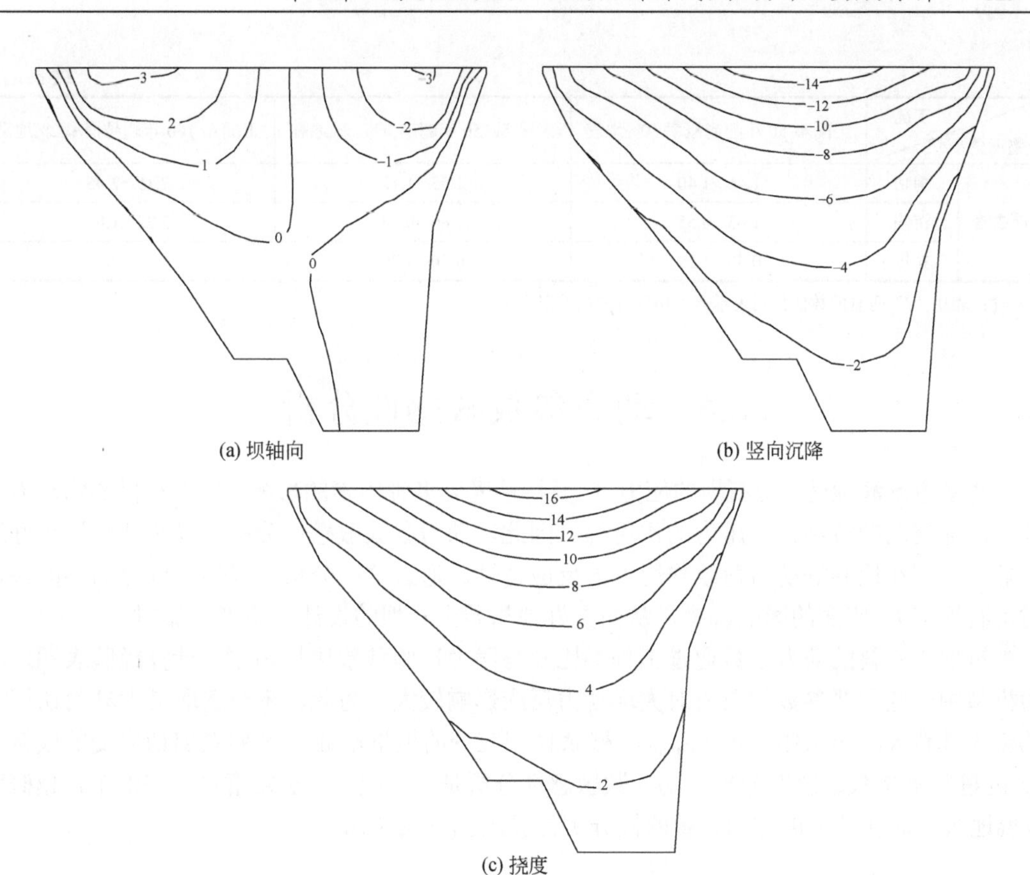

(a) 坝轴向　　(b) 竖向沉降

(c) 挠度

图 8.10　50 年超越概率 10%地震面板永久变形等值线图（单位：cm）

8.5　面板接缝动变形

土石坝面板接缝动变形是指土石坝面板在受到外部荷载（如地震力）的作用下，接缝处产生的振动变形。地震过程中，接缝（垂直缝和周边缝）三向变形会不断发生变化。随着地震强度增大，接缝三向动变形相应增加。按最不利原则，将静、动力条件下接缝三向变形进行叠加，得到接缝总变形，极值见表 8.9。100 年超越概率 2%地震下静力、动力叠加后的接缝总变形最大，其中垂直缝剪切、沉陷和拉开变形极值分别为 1.59cm、1.02cm 和−1.16cm，周边缝剪切、沉陷和拉开变形极值分别为−2.45cm、2.32cm 和−2.35cm。接缝静动叠加后的三向总变形极值均未超过 2.5 0 cm，小于止水材料的一般变形量。因此，地震作用下面板垂直缝和周边缝止水材料依然能够正常工作。

表 8.9　静力、动力叠加后的接缝三向变形极值表　　（单位：cm）

物理量 \ 工况		工况 4: 50 年超越概率 10%地震	工况 5：50 年超越概率 5%地震	工况 6: 100 年超越概率 2%地震
垂直缝	剪切	0.92/−0.80	1.13/−0.91	1.59/−1.13
	沉陷	0.53/−0.54	0.68/−0.60	1.02/−0.73
	拉压	1.06/−1.08	1.06/−1.10	1.11/−1.16

续表

物理量 \ 工况		工况 4: 50 年超越概率 10%地震	工况 5：50 年超越概率 5%地震	工况 6: 100 年超越概率 2%地震
周边缝	剪切	1.46/−1.40	1.55/−1.72	2.15/−2.45
	沉陷	1.63/−0.55	1.80/−0.72	2.32/−1.09
	拉压	0.45/−1.59	0.50/−1.79	0.70/−2.35

注：表中“/”两侧的数值分别表示该处相反方向的变形极值。

8.6　动力参数敏感性分析

在南方湿润地区，土石坝的应力-应变特性受到多种因素的影响，如土石料的物理力学性质、地震动的特性、水压力的作用等。因此，动力参数敏感性分析可以帮助我们更好地了解土石坝在地震等动力荷载作用下的反应特性。通过这种分析，我们可以评估不同参数对土石坝应力-应变的影响程度，从而更好地指导土石坝的设计、施工和加固。

筑坝土石料的动力参数通过工程类比及与静力试验参数比拟确定。计算经验表明，动力模型中一些主要参数的取值对大坝动力反应影响较大。为此，本节选取最大动剪切模量的模量基数 K_2、最大阻尼比（λ_{max}）、残余体积应变的模量基数 c_1 和残余剪切应变的模量基数 c_4 进行动参数敏感性分析。动参数敏感性分析是在工况 4（正常蓄水位+50 年超越概率 10%地震）的基础上进行的。敏感性分析计算工况见表 8.10。

表 8.10　动参数敏感性分析计算工况一览表

序号	工况描述
MG1	在工况 4 基础上，动参数 K_2 上浮 10%
MG2	在工况 4 基础上，动参数 K_2 下调 10%
MG3	在工况 4 基础上，最大阻尼比 λ_{max} 上浮 10%
MG4	在工况 4 基础上，最大阻尼比 λ_{max} 下调 10%
MG5	在工况 4 基础上，永久变形参数 c_1 上浮 10%
MG6	在工况 4 基础上，永久变形参数 c_1 下调 10%
MG7	在工况 4 基础上，永久变形参数 c_4 上浮 10%
MG8	在工况 4 基础上，永久变形参数 c_4 下调 10%

表 8.11 给出了动参数 K_2 和 λ_{max} 的变化对大坝动位移极值和加速度极值的影响。

表 8.11　动参数 K_2 和 λ_{max} 对大坝动位移和加速度变化率的影响一览表

工况 \ 物理量	u_{dx}	u_{dy}	u_{dz}	a_x	a_y	a_z
MG1：参数 K_2 上浮 10%	−1.2%	−10.5%	−7.2%	3.6%	−3.6%	5.8%
MG2：参数 K_2 下调 10%	1.5%	10.7%	8.0%	4.2%	−4.3%	3.2%
MG3：参数 λ_{max} 上浮 10%	−3.6%	−3.9%	−3.2%	−4.5%	−4.9%	−3.4%
MG4：参数 λ_{max} 下调 10%	3.6%	5.9%	5.2%	4.2%	5.7%	4.4%

注：u_{dx}、u_{dy}、u_{dz} 分别为顺河向、竖向和坝轴向动位移；a_x、a_y 和 a_z 分别为顺河向、竖向和坝轴向加速度。

由表 8.11 可见，K_2 上下浮动 10%时，动位移变化率小于 11%，主要影响竖向动位移，对水平向和坝轴向动位移影响相对较小；K_2 对加速度的影响小于 6%。参数 λ_{max} 取值上下浮动 10%时，对动位移和加速度极值的影响不大，均未超过 6%。值得注意的是，参数 K_2 的增大或减小，并未引起大坝三向加速度反应极值简单增大或减小，这是因为参数发生变化后，加速度极值点的位置放生了变化。参数 λ_{max} 增大，则大坝阻尼增大，对大坝加速度反应有降低作用；反之亦然。

表 8.12 给出了永久变形参数 c_1 和 c_4 的变化对大坝永久变形极值的影响。

表 8.12　永久变形参数 c_1 和 c_4 对大坝永久变形变化率的影响一览表

工况 \ 物理量	u_{px}	u_{py}	u_{pz}
MG5：参数 c_1 上浮 10%	−1.18%	2.09%	−3.31%/2.57%
MG6：参数 c_1 下调 10%	1.18%	−2.03%	3.31%/−2.25%
MG7：参数 c_4 上浮 10%	11.09%	7.98%	13.26%/7.71%
MG8：参数 c_4 下调 10%	−11.23%	−7.92%	−13.54%/−7.40%

注：u_{px}、u_{py}、u_{pz} 分别为顺河向、竖向和坝轴向永久变形。

由表 8.12 可见，参数 c_1 上下浮动 10%对大坝永久变形影响不大，其影响程度均未超过 2%。相比之下，参数 c_4 的变化（上浮 10%或下调 10%）对永久变形影响相对明显，产生 7.92%～13.54%变幅的永久变形增量。可见，剪切残余应变对大坝震后永久变形影响更为显著。

第9章　南方湿润地区土石坝防渗墙塑性混凝土配合比设计及质量检测

南方湿润地区土石坝在运维过程中面临结构安全问题，高性能土石坝防渗墙塑性混凝土配合比设计及质量检测能够提高土石坝结构安全性。本章将详细介绍南方湿润地区土石坝防渗墙塑性混凝土配合比设计及质量检测的理论和方法，并以广西屯六水库横斗副坝为工程实例，深入探究南方湿润地区土石坝防渗墙塑性混凝土配合比设计及质量检测的工程应用问题。

9.1　塑性混凝土配合比设计

塑性混凝土是一种低强度、低弹性模量、高抗渗性的防渗墙体材料，其组成原料主要包括水泥、砂石骨料、水、外加剂、膨润土和黏土等，主要用于大坝、围堰工程的防渗体（蒋巧玲和朱琦，2010）。塑性混凝土的性能主要取决于其原材料及配合设计，经济合理的配合比设计能够提高塑性混凝土的性能。目前可参照《水工塑性混凝土配合比设计规程》（DL/T 5786—2019）进行塑性混凝土配合比设计。

9.1.1　原材料

1. 水泥

水泥（图 9.1）是影响塑性混凝土强度、弹性模量、极限应变、抗渗性和抗侵蚀性等特性的主要原材料。水泥是水硬性胶结材料，与水作用后逐渐形成硬化的浆体，与其他材料合成后形成凝固的结晶体，最终形成混凝土中凝胶体。为了解水泥特性，对运往工地的水

图 9.1　矿渣水泥

泥应测定其安定性、标准稠度、凝结时间、28d 抗压强度和比重。受潮与结块的水泥严禁使用。

2. 黏土和膨润土

黏土和膨润土是塑性混凝土中必不可少的材料，是决定塑性混凝土强度、弹性模量、变形以及渗透性能的重要因素。同时，它对降低塑性混凝土的弹性模量起着关键性作用。一般，要求黏土和膨润土必须含有足够黏粒（＜0.005mm）和胶粒含量（＜0.002mm）。黏土（图 9.2）是岩浆岩和变质岩中硅酸盐矿物风化后形成的，其主要成分是黏土矿物，常见的有高岭土、蒙脱石、伊利石、海泡石等。膨润土（图 9.3）是以蒙脱石为主要矿物成分的黏土，膨润土外观有的呈块状，或呈松散状，多为白色，也有浅灰色、黄色、浅黄色等，呈油脂光泽、蜡状或土状光泽。膨润土有较强的吸附性和阳离子交换能力，在水中能分散成胶体-悬浮液，并具有一定的黏度、触变性和润滑性。膨润土吸湿性很强，能吸收 8～15 倍于自己体积的水量，吸水后膨胀，膨胀倍数为几倍到 30 倍。根据蒙脱石所含的交换性阳离子的种类和含量的不同可把膨润土划分为铀质膨润土和钙质膨润土。掺入适量的黏土和膨润土会使混凝土的弹性模量提高，可显著提高混凝土的抗渗能力，同时还能增强混凝土的保水性、润滑性、可塑性、黏接性。

图 9.2　黏土

图 9.3　铀质膨润土和钙质膨润土

3. 砂石骨料

砂石骨料是混凝土的主要组成部分，它可以提高混凝土的强度和稳定性。砂石骨料在混凝土中起到骨架的作用，帮助提高混凝土的抗压强度和抗拉强度。同时，砂石骨料的强度和稳定性也可以提高混凝土的耐久性，从而延长建筑物的使用寿命。砂宜选用新鲜的石英含量高的河砂，其级配曲线平滑且连续，细度模数为2.4～2.8，适宜的砂率为35%～45%，砂石骨科如图9.4所示。石子用天然卵石和人工碎石均可，为提高混凝土的流动性，宜用天然卵石。若需增加砂浆与骨料之间的胶结力时，在条件许可时，亦可掺入20%～25%的碎石。石子的粒径尺寸由大到小应连续，并组成平滑的凸形的颗分曲线，最大粒径尺寸不超过40mm。小石与中石的比例以4∶6为宜，否则容易堵管（如为3∶7时，就易堵管），有条件时最大粒径以20mm为好。

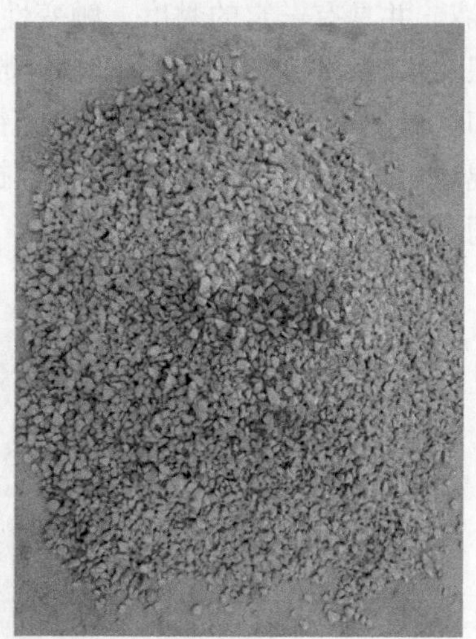

图9.4 砂石骨料

4. 水

水在混凝土中起到溶液的作用。当水与水泥反应时，水分子会与水泥颗粒中的化合物发生化学反应，形成水化产物。这些水化产物填充了混凝土中的微细孔隙，使混凝土变得致密，提高了混凝土的强度和耐久性。水化反应还会释放热量，促使混凝土的凝固和硬化过程加速。水在混凝土中起到润湿的作用。混凝土中的骨料表面通常带有一层黏附的粉尘和杂质，这些杂质会影响骨料与水泥的黏结。而水的润湿作用可以使水泥与骨料更好地结合，形成均匀的混凝土浆糊。这样可以提高混凝土的强度和密实性，减少混凝土的开裂和渗水问题。水在混凝土中还起到流动性调节的作用。混凝土施工时需要保证一定的流动性，以便于浇筑、振捣和成型。适量的水可以使混凝土具有良好的可塑性和可流动性，便于施工操作。

5. 粉煤灰

粉煤灰（图 9.5），又称烟灰，是一种外观呈现灰白色的粉末状物质，粒径一般在 1～100μm。粉煤灰是由煤粉作为燃料的火力发电厂在燃烧过程中产生的工业废料，其自身具备 3 种效应，这些效应能够提升混凝土的抗渗性能，增强其后期的强度，确保混凝土体积的稳定性，并降低大体积混凝土的水化热。

图 9.5　粉煤灰

6. 外加剂

塑性混凝土中的外加剂是指添加到混凝土中以改善其性能和特性的化学物质。外加剂具有改善混凝土的强度与耐久性、提高混凝土的流动性与可泵性、控制混凝土的凝结与减缓混凝土的早期强度、减少混凝土的环境污染等重要作用。混凝土防渗墙的外加剂多选用减水剂（图 9.6），有时用缓凝型或引气型减水剂，有时还同时加入引气剂。减水剂具有强烈的分散作用，它有效地降低了混合料的用水量。常用的分散剂有纯碱（Na_2CO_3），掺量一般为黏土重量的 0.5‰～1.0‰，其作用是增大黏土的分散度，以制备所需密度的泥浆（用湿掺法拌和工艺）。另一种添加剂为硫酸钠早强剂，掺量为水泥重量的 1%～2%，它能提高早期强度的 50%～100%。外加剂所需进行的物理化学性能测试可按表 9.1 进行。

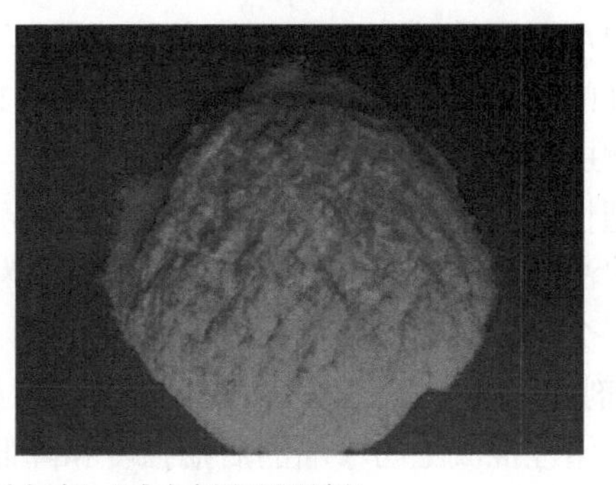

图 9.6　混凝土外加剂（减水剂和早强剂）

表 9.1 防渗墙混凝土常用外加剂的主要性能表

类型	名称	主要成分	掺量（按水泥重）/%	产品技术指标		
				pH	硫酸盐/%	氯化物/%
普通型	MG	木质素磺酸钙	0.2～0.3	4～6	0.75～1.3	
	WN-1	木质素磺酸钠	0.25～0.3	12.5	13～19	<1.7
	TRB	木质素、半纤维素	0.5～0.75	8.5～10.5		
高效型	FDN	β-萘磺酸盐甲醛缩合物	0.2～1.0	7～9		
	NF	萘磺酸盐甲醛缩合物	0.5～1.5	11～12	≤25	1.6
	UNF-2	β-萘磺酸盐甲醛缩合物	0.3～0.7	7～9	<5	0.99
	MF	萘磺酸盐	0.3～0.7	7～9		
缓凝引气减水剂	DH5	萘磺酸盐	0.1～0.25	9±1		
	801	聚次甲基多环芳烃磺酸钠	0.5	7～9	<25	—
	MY	木钙衍生物	0.2～0.5	8～9		

9.1.2 配合比设计方法及步骤

1. 配合比设计原则

1）选择合适模强比

为了获得更高的安全度，所选的配合比应使混凝土具有较小的模强比（即单轴压缩试验测得的28d弹性模量和28d抗压强度之比）。最好的情况下，所设计的配合比应使混凝土的模强比小于100；一般情况下，配合比使混凝土的模强比介于100～300；超过500的模强比就不太合宜。

2）考虑与防渗墙相邻的土体性质

设计塑性混凝土的配合比时，同时还应考虑与防渗墙相邻的土体性质的影响。一般，墙体的弹性模量为其相邻土体弹性模量的4～5倍为宜，最大不宜超过10倍。同时，还应使塑性混凝土的非线性指数λ（$\lambda = E_i / E_{0.5\%}$，即初始模量与应变量为0.5%的割线模量之比）与周围土的非线性指数λ相接近，两者愈接近，防渗墙的应力便愈小。

3）考虑方案经济性

塑性混凝土防渗墙的最大优越性是它的经济性，特别是节省水泥。一般情况下，每立方米混凝土中水泥用量以100～150kg为宜，最多不宜超过200kg，对承受水力比降不高的，尤其是临时性的防渗墙，其水泥用量可降至40～100kg。

4）和易性与用水量

为提高塑性混凝土的和易性，一般的塑性混凝土的用水量要大，尤其是当膨润土和黏土。采用湿掺法时，其水灰比多大于2，一般多为3～6，有时可达到4～10，这可使其坍落度达到20～25cm，扩散度达到40～45cm。

5）外加剂

为了增加塑性混凝土防渗墙的后期强度和降低其渗透系数，可掺入适量粉煤灰。

2. 塑性混凝土组成材料影响其特性的规律性

不同的塑性混凝土组成材料会呈现不同的特性规律，分析塑性混凝土组成材料影响其特性的规律性有助于提高设计塑性混凝土配合比的效率。表 9.2 呈现塑性混凝土的强度、模强比、极限应变和非线性指数等参数受配合比的影响情况。

表 9.2　塑性混凝土特性受材料配比影响表

特性 影响因素	强度［$(\sigma_1-\sigma_3)_f$］	模强比（E_t/R_{28}）	极限应变（ε_{max}）	非线性指数（λ）
水灰比	随水灰比增大而减小	随水灰比增大而明显减小	随水灰比增大呈凹曲线变化，在某一水灰比处达到最小	随水灰比增大而增大
水胶比	随水胶比增大而增大，但关系欠佳	随水胶比增大而增大	随水胶比增大而减小	随水胶比增大而增大
黏粒含量	随含黏粒含量增大而减小	随含黏粒含量增大而减小	随含黏粒含量增大而增大	关系不明显
干容重	随干容重增大而增大	随干容重增大而增大	随干容重增大而减小	随干容重增大而增大
细料含量	随细料含量增大而减小	关系不明显	随细料含量增大而增大	随细料含量增大而减小
膨润土含量	随膨润土用量增大而减小	随膨润土用量增大而增大	随膨润土用量增大而略有减小	随膨润土用量增大而增大
骨料含量	随骨料含量增大而增大	随细料含量增大而减小，但随粗料含量增大而增大	随骨料含量增大而减小	随骨料含量增大而增大
骨胶比	关系不明显	随骨胶比增大而增大	关系不明显	关系不明显
水泥用量	与水泥量成正比	关系不明显	关系不明显	关系不明显

3. 配合比设计方法及步骤

1）正交设计法

根据工程塑性混凝土防渗墙设计指标要求，确定因素及水平进行组合，确定配合比总数量，编制配合比因素-水平表，然后确定初选的塑性混凝土配合比表。进行配合比试验，可采用初选、复选和终选 3 个阶段试验步骤，最终确定最优配合比方案。

2）工程类比法

工程类比法主要考虑工程等级、防渗墙的厚度、深度及周围介质的特性，参考类似塑性混凝土防渗墙的设计参数，从而确定塑性混凝土配合比设计指标的一种方法。该方法适用于塑性混凝土防渗墙深度较小、重要性较低的情况。

3）数值分析法

利用数值分析方法确定塑性混凝土防渗墙设计指标适用于墙体深度较大、建筑物等级较高的情况。该方法可分析墙体处于复杂介质环境及承受多种荷载作用，克服了工程类比法精度较低的问题。

4）塑性混凝土配合比设计步骤

塑性混凝土配合比设计困难的原因是影响其工作性能及力学性能的因素较多，主要有单位体积用水量、水胶比、黏土及膨润土含量、砂石料总量和细料总量等。这些因素相互依存，相互制约，仅靠增减其中任何一个因素很难获得高极限应变、低弹性模量的塑性混凝土。目前，塑性混凝土配合比设计是根据工程要求，通过大量试配得到。目前可参照《水工塑性混凝土配合比设计规程》（DL/T 5786—2019）进行塑性混凝土配合比设计，塑性混凝土配合比设计可以按以下步骤进行：

（1）根据南方湿润地区土石坝防渗墙墙体周围土体的应力-应变关系，初步选定一组塑性混凝土变形模量（E）和非线性指数（λ）（尽可能与土体的E、λ值接近），进行墙体结构计算，选出与墙体最优应力状态相应的参数值和极限应变值（ε）。

（2）根据选定的指标，初步设计一组塑性混凝土配合比进行试验。

（3）分析试验结果，找出与原选定 E、λ、ε 相近材料的应力-应变关系曲线，求得邓肯-张参数后进行复核计算。

（4）综合考虑防渗墙的结构安全、抗渗性能和施工经济等方面的因素，最后确定适宜的塑性混凝土配合比。

9.2　塑性混凝土防渗墙质量检测技术

混凝土防渗墙是一种隐蔽的建筑，在建成后只要不出现事故将很难发现其质量问题。因此，混凝土防渗墙工程完工后还需进行严格的质量检测。在南方湿润地区，塑性混凝土防渗墙质量检测方法主要有钻孔取芯检测法、注（压）水试验法、地震透射层析成像和超声波法等检测方法（巨浪，2016；邓扬等，2023）。

9.2.1　钻孔取芯法

钻孔取芯法是使用岩芯钻机在混凝土防渗墙墙体上获取试样，通过试样的检测试验，了解墙体混凝土密实程度、强度与基岩面接触情况、墙底沉渣厚度以及有无夹泥、水平冷缝等情况。钻孔取芯一般宜采用内径 100mm 或 150mm 的金刚石或人造金刚石薄壁钻头钻芯取样。为了检查墙段接头的质量，可采用钻机钻打骑缝孔或斜孔的办法。

9.2.2　注（压）水试验法

注（压）水试验在钻孔取芯后进行，对孔深较大的采取分段注（压）水，塑性混凝土防渗墙由于其强度较低，压水试验时要注意控制其压力不要太大，以免引起墙体破坏。注（压）水试验得到的是透水率，将其换算为渗透系数，评价防渗墙的防渗效果。

每个检查孔自上而下分段进行注水试验。测试时，将试段隔离后，连续往孔内注水，并保持钻孔水位固定不变，测定注水量，直到形成稳定的注水量。具体做法是：用带水表的注水管或量筒向套管内注入清水，使管中水位保持在管口，测出管口水位高出地下水位的水头（H）。试验时，首先按照 5 分钟时间间隔连续测量 5 次，然后每隔 20 分钟测量 1 次，并至少测量 6 次，当连续 2 次测定的注入流量之差不大于最后一次注入流量的 10%时，

视为流量稳定，终止观测。当试段位于地下水位以下时，塑性混凝土防渗墙墙体渗透系数计算公式为

$$K = \frac{16.67Q}{AH} \tag{9.1}$$

式中，Q 为注入流量，L/min；H 为试验水头，cm；A 为形状系数，cm；K 为渗透系数，cm/s。

当试段位于地下水位以上，且 $50 < H/r < 200$、$H \leqslant l$ 时，塑性混凝土防渗墙墙体渗透系数计算公式为

$$K = \frac{7.05Q}{lH} \lg \frac{2l}{r} \tag{9.2}$$

式中，r 为钻孔内半径，cm；l 为试验段长度，cm。

9.2.3　地震透射层析成像法

地震透射层析成像法是利用激发地震波对被测剖面进行透射，然后利用各个方向上的投影值来重构剖面物性（弹性波波速）图。弹性波在混凝土中的传播速度与混凝土的密度和强度有密切的关系。当波速高时，表示混凝土密度大、强度高；当波速低时，表示混凝土密度小、强度低。地震透射层析成像检测混凝土就是利用地震透射层析成像技术探测弹性波在混凝土体内的传播速度，根据波速大小判断混凝土的质量。工程探测多用弹性波地震透射层析成像和电磁波地震透射层析成像。实施方法是：先在检测断面两侧各打一个钻孔 A 和 B，当在 A 孔内某点激发时，在 B 孔内等间距多点接收，测得多个旅行时，依次下去，可测得多组旅行时。每一个旅行时对应一条射线。将两断面划分成多个等面积网格单元，这样，穿过多个单元的每一条射线就写出一个射线方程，多条射线就构成一个线性方程组，解此方程组可以求得每个单元的波速。根据各单元的波速可绘制成混凝土的弯曲射线图、色谱图和波速等值线图，从而进行混凝土质量的评价。

色谱图是将不同波速分类，用不同颜色表示不同范围的波速所绘制的波速分布图。色谱图可以概括地、直观地反映混凝土体内波速分布情况。通过率定的波速与强度的关系，可以直观地看出各部位混凝土强度。弯曲射线图绘出了波从激发点到接收点所经过的二维路径。以观测系统图为背景分析，射线密集的部位波速高，反之波速低。等值线图是反映波速分布的又一个成果。他虽没有色谱图直观，但能更准确地反映波速分布情况，与色谱图形成互为补充的成果。运用地震透射层析成像成果评价混凝土质量，要选取不同情况的混凝土芯作抗压强度试验，建立混凝土波速-强度相关关系，根据波速等值线图定量评价混凝土强度。

9.2.4　超声波法

超声波法是利用各部位的纵波波速来判断墙体质量的强度和均匀性。测试可利用钻孔取芯的垂直孔，在一个孔内充满水或机油作为耦合剂，两测孔内分别放入声波发射器和接收传感器，把它们置于同一个平面或有一定高差的位置。测试时发射声波信号贯穿混凝土，由接收传感器接收并放大，记录仪量测声波在混凝土的传播时间、速度和声波的衰减情况。质量好的混凝土对弹性波有很好的传播性能，频率 50kHz 范围内的超声波在混凝土中的速

度接近 4000m/s；当混凝土中夹有泥沙等软质材料或密实度较差时，其波速减小，振幅衰减大，从而可判断墙体质量。图 9.7 为超声波测试现场图。

图 9.7 广西兴安太平寨水库塑性混凝土防渗墙超声波测试现场照片

9.3 工程应用

9.3.1 工程概况

本节以南方湿润地区的代表性水库——屯六水库为例进行土石坝防渗墙塑性混凝土配合比设计及质量检测，屯六水库位于广西南宁市良庆区大塘镇，属珠江流域西江水系郁江支流八尺江上游，南宁市大王滩水库的上游，是一座以灌溉为主，兼有防洪、供水、发电、养殖等综合效益的大（2）型水利工程。屯六水库总库容为 2.26 亿 m^3，采用设计洪水标准为 100 年一遇洪水设计，2000 年一遇洪水校核；消能防冲按 50 年一遇洪水设计。相应的正常蓄水位为 146.62m，设计洪水位为 148.80m，校核洪水位为 149.85m，死水位为 141.12m。屯六水库枢纽工程于 1958 年 10 月动工兴建，1960 年建成投入运行。水库枢纽工程现状由主坝（1 座）、副坝（15 座）、溢洪道（1 座）、屯六输水隧洞（1 座）、盲流闸（1 座）、主要连通渠（3 处）和电站等主要建筑物组成。

9.3.2 室内试验

1.原材料性能试验

原材料包括水泥、细骨料、粗骨料（5～20mm）、膨润土、黏土、高性能减水剂。水泥、细骨料和高性能减水剂现购，粗骨料由现有斜坡旁两堆碎石（5～30mm）筛分而来，膨润土和黏土来源于广西屯六水库除险加固工程。

1）水泥

选用华润水泥有限公司的“润丰”牌 P·O42.5 通用硅酸盐水泥（王春光，2021），其物理力学、化学性能检验结果见表 9.3。

表 9.3　“润丰”牌 P·O42.5 通用硅酸盐水泥理化性能检验结果表

检验项目	用水量/%	细度/%	安定性	凝结时间/分钟		抗折强度/MPa		抗压强度/MPa	
				初凝	终凝	3d	28d	3d	28d
实测值	26.0	2.2	合格	159	222	5.3	8.8	27.9	53.5
《通用硅酸盐水泥》（GB 175—2017）	—	≤5	合格	≥45	≤600	≥3.5	≥6.5	≥17.0	≥52.4

由水泥性能检验结果可知，华润水泥（南宁）有限公司生产的“润丰”牌 P·O42.5 通用硅酸盐水泥（图 9.8）所检三氧化硫含量、比表面积、安定性、凝结时间、抗折强度和抗压强度符合《通用硅酸盐水泥》（GB 175—2017）标准技术要求。

图 9.8　试验所用水泥及装车过程

2）细骨料

选用广西福洛森装饰工程有限公司生产的人工砂（刘晓龙，2020），其品质检验结果见表 9.4。

表 9.4　细骨料（人工砂）品质检验结果表

检验项目	细度模数	饱和面干表观密度/（kg/m^3）	堆积密度/（kg/m^3）	空隙率/%	石粉含量/%	坚固性/%	硫酸盐及硫化物含量/%	有机质含量（比色法）	饱和面干吸水率/%
人工砂	2.5	2560	1510	42	17.4	4.8	0.56	浅于标准色	1.5
《水工混凝土施工规范》（SL 677—2014）	2.4～2.8	≥2500	—	—	6～18	≤8	≤1	浅于标准色	—

细骨科（人工砂）（图 9.9）的饱和面干表观密度、石粉含量、坚固性、硫酸盐及硫化物含量、有机质含量和饱和面干吸水率均符合《水工混凝土施工规范》（SL 677—2014）标

准技术要求。

图 9.9 试验所用细骨料及装车过程

3）粗骨料

选用广西福洛森装饰工程有限公司生产的碎石，粒径为 5～20mm，经自来水冲洗干净后使用。碎石品质检验结果见表 9.5。

表 9.5 粗骨料（碎石）品质检验结果表

项目	饱和面干表观密度/（kg/m³）	饱和面干吸水率/%	针片状含量/%	压碎指标/%	坚固性/%	有机质含量（比色法）	逊径颗粒含量/%	泥块含量/%	含泥量/%
碎石	2680	0.47	5.9	8.7	3.8	浅于标准色	3	0	0.3
《水工混凝土施工规范》（SL 677—2014）	≥2550	≤1.5	≤15	≤12	≤5	浅于标准色	—	不允许	≤1

由粗骨料（图 9.10）品质检验结果可知，所检粗骨料饱和面干表观密度、饱和面干吸水率、针片状含量、压碎指标、坚固性、有机质含量、逊径颗粒含量、泥块含量和含泥量符合《水工混凝土施工规范》（SL 677—2014）标准技术要求。

图 9.10 试验所用粗骨料（5～20mm）及装车过程

4）膨润土

选用澧县玉龙化工厂生产的钙基膨润土，膨润土品质检验结果见表 9.6。

表 9.6　膨润土品质检验结果表

检验项目	水分含量/%	滤失量/mL	75μm 筛失余量/%	黏度/(MPa·s)（600r/min）	膨胀容/(mL/15)	造浆量/(m^3/t)	胶质价/(mL/15g)	吸蓝/(g/100g)
钙基膨润土	9.5	12.0	2.0	38	85	8.0	50	30
《膨润土》（GB/T 20973—2020）	≤13.0	≤15.0	≤2.0	≥35	—	—	—	—

由膨润土（图 9.11）品质检验结果可知，澧县玉龙化工厂生产的钙基膨润土水分含量、滤失量、75μm 筛失余量及黏度均符合《膨润土》（GB/T 20973—2020）中土木工程用膨润土的标准技术要求。

图 9.11　试验所用膨润土

5）黏土

选用百色市田阳区东旺村的黏土，黏土品质检验结果见表 9.7。

表 9.7　黏土品质检验结果表

检验项目	黏粒含量/%	塑性指数	含沙量/%	二氧化硅与三氧化二铝含量比
黏土	45.2	20.4	2.1	3.8
《水利水电工程混凝土防渗墙施工技术规范》（SL 174—2014）	＞45	＞20	＜5.0	3～4

由黏土（图 9.12）品质检验结果可知，百色市田阳区东旺村的黏土黏粒含量、塑性指数、含砂量及二氧化硅与三氧化二铝含量的比均符合《水利水电工程混凝土防渗墙施工技术规范》（SL 174—2014）的标准技术要求。

6）外加剂

选用凯里市鼎坚混凝土外加剂有限公司生产的 DJ-6 型高效减水剂（缓凝型）。外加剂品质检验结果见表 9.8。

图 9.12 试验所用黏土

表 9.8 外加剂品质检验结果表

检验项目	减水率/%	泌水率比/%	含气量/%	凝结时间差/分钟		抗压强度比/%（不小于）		28d 收缩率比/%（不小于）
				初凝	终凝	7d	28d	
DJ-6 型高效减水剂(缓凝型)	16	65	2.5	+110	—	125	121	120
《混凝土外加剂》（GB 8076—2008）	≥14	≤100	≤4.5	>+90	—	≥125	≥120	≤135

由外加剂(图 9.13)品质检验结果可知，凯里市鼎坚混凝土外加剂有限公司生产的 DJ-6 型高效减水剂的减水率、泌水率比、含气量、凝结时间差、抗压强度比、收缩率比均符合《混凝土外加剂》（GB 8076—2008）中高效减水剂（缓凝型）的标准技术要求。

图 9.13 试验所用外加剂

7）水

试验用水为广西壮族自治区水利科学研究院自来水。

钻孔取芯法是使用岩芯钻机在混凝土防渗墙墙体上获取试样，通过试样的检测试验，了解墙体混凝土密实程度、强度与基岩面接触情况、墙底沉渣厚度以及有无夹泥、水平冷缝等情况。钻孔取芯一般宜采用内径 100mm 或 150mm 的金刚石或人造金刚石薄壁钻头钻芯取样。为了检查墙段接头的质量，可采用钻机钻打骑缝孔或斜孔的办法。

2. 塑性混凝土室内性能试验

如表 9.9 所示室内试验研究内容分为 6 项，试验方法参照《水工塑性混凝土试验规程》（DL/T 5303—2013）和《水工混凝土试验规程》（SL/T 352—2020）进行。

表 9.9　塑性混凝土室内性能试验研究内容及方法

序号	试验内容	参考规范
1	坍落度及扩散度	《水工塑性混凝土试验规程》（DL/T 5303—2013）
2	表观密度	
3	抗压强度	
4	弹性模量	
5	渗透系数	
6	超声波测试混凝土抗压强度	《水工混凝土试验规程》（SL/T 352—2020）

超声波测试混凝土抗压强度所用的仪器是海创高科 HC-U81 型多功能混凝土超声波检测仪。《水工混凝土试验规程》（SL/T 352—2020）中抗压试件的测试位置如图 9.14 所示，参照抗压试件的测试位置，弹性模量试件和抗弯拉试件测试位置如图 9.15 所示。

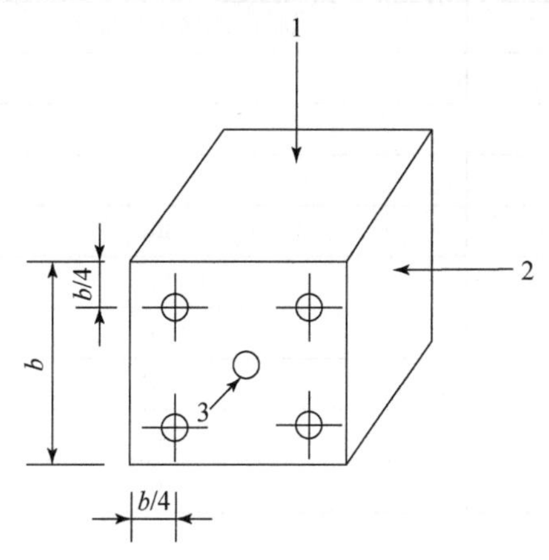

图 9.14　塑性混凝土抗压试件超声波测试示意图

1. 浇注方向；2. 抗压测试方向；3. 超声波测试方向

1）掺膨润土塑性混凝土性能试验

（1）掺膨润土塑性混凝土配合比正交试验方案。

试验参照《水工塑性混凝土配合比设计规程》（DL/T 5786—2019）并采用正交设计法进行塑性混凝土配合比设计（王愉龙，2020）。考虑到原材料一定时，塑性混凝土性能主要与水胶比、膨润土掺量有关，因此配合比设计时考虑水胶比、膨润土掺量两个因素，每个因素考虑 3 个水平，因素-水平见表 9.10。根据配合比因素-水平表设计了塑性混凝土配合比正交试验方案（李红梅等，2016；王佳雯，2017），如表 9.11 所示。

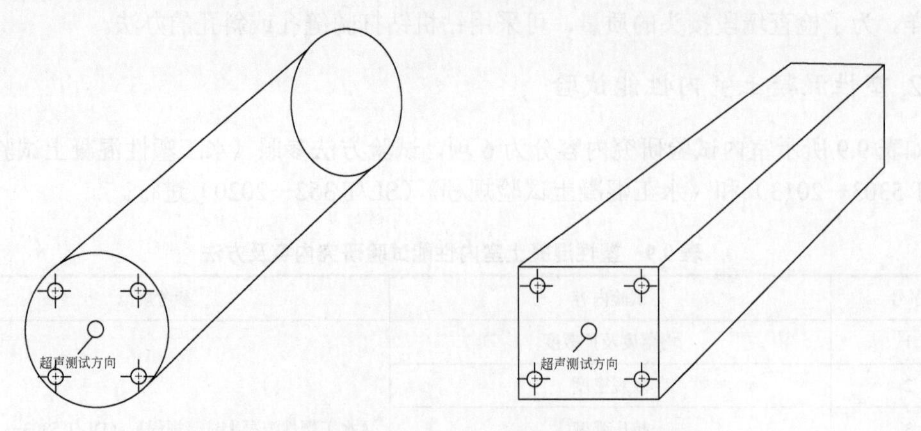

图 9.15 弹性模量试件、抗弯拉试件测试位置图

表 9.10 掺膨润土塑性混凝土配合比因素-水平表

因素＼水平	1	2	3
膨润土掺量/%	40	30	20
水胶比	0.8	1.0	1.2

表 9.11 掺膨润土塑性混凝土配合比正交试验方案表

编号	水平（膨润土掺量/%）	水平（水胶比）
sx1	1（40）	1（0.8）
sx2	1（40）	2（1.0）
sx3	1（40）	3（1.2）
sx4	2（30）	1（0.8）
sx5	2（30）	2（1.0）
sx6	2（30）	3（1.2）
sx7	3（20）	1（0.8）
sx8	3（20）	2（1.0）
sx9	3（20）	3（1.2）

（2）掺膨润土塑性混凝土配置强度及基本参数确定。

在初步的配合比正交试验方案确定后，通过调配砂率、单位体积用水量、外加剂掺量等基本参数（宋帅奇，2015），结合《水工塑性混凝土配合比设计规程》（DL/T 5786—2019），确定最终的掺膨润土塑性混凝土配合比基本参数。

配置强度：根据项目编制的“塑性混凝土室内试验方案”，将塑性混凝土配置强度分为 1～3MPa、3～5MPa 和 5～7MPa 3 个等级。

基本参数确定：砂率大小直接影响塑性混凝土的工作性能、强度及耐久性，表现为砂率过小，混凝土振捣时泛浆困难，单位体积用水量增大，施工时容易产生粗细骨料分离现象，混凝土耐久性差；砂率过大，会使混凝土单位体积用水量和水泥用量增大，强度降低，从而影响塑性混凝土的经济性（盛之会，2012；王鹏，2012）。因此，需根据试验的结果进行塑性混凝土最优砂率比选。

根据试验的结果确定塑性混凝土单位体积用水量，试验过程中单位体积用水量与坍落度关系满足《水工塑性混凝土配合比设计规程》（DL/T 5786—2019）规定要求。试验所加外加剂为高性能减水剂，加入混凝土拌合物后对水泥颗粒有分散作用，能改善其工作性能，减少单位用水量，改善混凝土拌合物的流动性（袁梅和赵家声，2010）。若减水剂过量会引起混凝土坍落度过大，或者离析、泌水、板结。掺膨润土塑性混凝土砂率、单位体积用水量和外加剂掺量选择试验成果见表 9.12。

表 9.12　掺膨润土塑性混凝土砂率、单位体积用水量和外加剂掺量选择试验成果表

膨润土掺量/%	水胶比	砂率/%	单位体积用水量/（kg/m^3）	外加剂掺量/%	坍落度/mm	扩散度/mm
40	1.2	52	305	5.0	200	360
40	1.0	51	310	5.0	213	345
		51	310	5.1	220	380
40	0.8	50	320	5.0	190	335
		50	320	5.5	205	345
30	1.2	54	300	1.7	214	370
		54	300	2.0	225	350
		54	305	—	203	303
		52	310	—	210	363
30	1.0	52	300	2.8	180	278
		52	285	1.8	215	370
		52	335	—	215	372
		52	360	—	230	455
		52	350	—	225	415
		52	335	—	230	425
		52	315	—	225	345
		51	310	2.5	210	378
30	0.8	50	320	1.8	197	292
		50	320	3.6	200	378
		50	395	—	235	390
		50	400	—	196	330
		50	405	—	217	370
		50	385	—	220	376
20	1.2	54	300	1.8	220	420
		54	290	1.7	200	392
20	1.0	52	300	2.2	215	385
20	0.8	52	310	—	210	363
		50	310	2.5	220	355
		50	305	—	205	315

（3）掺膨润土塑性混凝土推荐配合比及其性能试验研究。

掺膨润土塑性混凝土配合比方案和基本参数选择试验成果均满足《水利水电工程混凝土防渗墙施工技术规范》（SL 174—2014）和《水工塑性混凝土配合比设计规程》（DL/T 5786—2019）要求。经试验研究坍落度和扩散度与配合比参数的关系（李杰，2010），最终确定掺膨润土塑性混凝土正交试验配合比，详见表 9.13。

表 9.13 掺膨润土塑性混凝土正交试验配合比表

编号	膨润土掺量/%	水胶比	砂率/%	外加剂掺量/%	混凝土材料用量/(kg/m³)					
					水	水泥	砂	石子	膨润土	外加剂
sx1	40	0.8	50	5.5	320	240	765	765	160	22.0
sx2	40	1.0	51	5.1	310	186	831	799	124	15.8
sx3	40	1.2	52	5	305	153	879	812	102	12.7
sx4	30	0.8	50	3.6	320	280	765	765	120	14.4
sx5	30	1.0	51	2.5	310	217	831	799	93	7.8
sx6	30	1.2	54	1.7	300	175	918	782	75	4.3
sx7	20	0.8	50	2.5	310	310	776	776	77.5	9.7
sx8	20	1.0	52	2.2	300	240	858	792	60	6.6
sx9	20	1.2	54	1.7	290	193	928	791	48	4.1

正交试验以塑性混凝土坍落度、扩散度、7d 抗压强度和 28d 抗压强度指标确定最终正式成型的配合比，相关指标见表 9.14。

表 9.14 掺膨润土塑性混凝土正交试验正式成型指标一览表

编号	坍落度/mm	扩散度/mm	7d 抗压强度/MPa	28d 抗压强度/MPa
sx1	205	345	2.29	4.62
sx2	220	380	1.50	3.10
sx3	200	360	1.52	2.01
sx4	200	378	4.92	6.59
sx5	210	378	3.22	4.21
sx6	214	370	2.27	3.02
sx7	220	355	7.45	8.64
sx8	215	385	3.06	5.40
sx9	200	392	4.03	4.50

正式成型时，优选出 28d 抗压强度等级在 1～3MPa、3～5MPa 和 5～7MPa 的系列试件 sx3、sx5 和 sx4，最终确定掺膨润土塑性混凝土正式成型的配合比方案。

抗压强度试件尺寸为 150mm×150mm×150mm，每个强度等级各 1 个配合比，共成型 30 组；弹性模量试件尺寸为直径（Φ）150mm×300mm 的圆柱体，每个强度等级各 1 个配合比，共成型 30 组；抗弯拉强度试件尺寸为 150mm×150mm×550mm，每个强度等级各 1

个配合比，共成型 3 组；渗透系数试件尺寸为上口 175mm，下口 185mm，高 150mm 的圆锥体，每个强度等级各 1 个配合比，共成型 3 组，进行渗透系数测试，试件正式成型方案见表 9.15。

表 9.15　掺膨润土塑性混凝土试件正式成型方案一览表

序号	强度等级/MPa	试件尺寸/mm	组数/组	备注
1	1～3	150×150×150	10	测试抗压强度；每个强度等级各 1 个配合比，1 个配合比成型 10 组，共 30 组
2	3～5		10	
3	5～7		10	
4	1～3	150×150×550	1	测试抗弯拉强度；每个强度等级各 1 个配合比，1 个配合比成型 1 组，共 3 组
5	3～5		1	
6	5～7		1	
7	1～3	*Φ*150×300	10	测试静压弹性模量；每个强度等级各 1 个配合比，1 个配合比成型 10 组，共 30 组
8	3～5		10	
9	5～7		10	
10	1～3	上口 175，下口 185，高 150	1	测试渗透系数；每个强度等级各 1 个配合比，1 个配合比成型 1 组，共 3 组
11	3～5		1	
12	5～7		1	

掺膨润土塑性混凝土推荐配合比的混凝土性能包括新拌混凝土工作性能（坍落度、扩散度、表观密度）、硬化混凝土的力学性能（抗压强度、弹性模量、超声波测试混凝土抗压强度）、耐久性能（抗渗等级）（盛之会，2012）。工作性能试验过程见图 9.16，结果如表 9.16 所示。3 个系列（sx3、sx5、sx4）掺膨润土塑性混凝土的坍落度和扩散度均符合《水工混凝土施工规范》（SL 677—2014）中对工作性能的要求，表观密度的数值也在正常范围之内。

(a) 坍落度

(b) 扩散度

(c) 表观密度

图 9.16　塑性混凝土工作性能试验过程图

表 9.16　掺膨润土塑性混凝土工作性能试验结果表

编号	强度等级/MPa	膨润土掺量/%	水胶比	砂率/%	外加剂掺量/%	工作性能		
						坍落度/mm	扩散度/mm	表观密度/(kg/m^3)
sx3	1～3	40	1.2	52	5.0	200	360	2184
sx5	3～5	30	1.0	51	2.5	210	378	2166
sx4	5～7	30	0.8	50	3.6	200	378	2204

对优选的 3 个系列掺膨润土塑性混凝土分别进行组抗压强度测试、弹性模量测试和超声波测试，见图 9.17 和图 9.18。记录单个试件的测试值，并计算出组别平均值。3 个系列掺膨润土塑性混凝土共进行抗压强度测试 30 组、弹性模量测试 30 组、超声波测试 63 组，得到的掺膨润土塑性混凝土力学性能试验结果如表 9.17 所示。

由测试结果数据可知，3 个系列掺膨润土塑性混凝土的强度范围分别在 1～3MPa、3～5MPa 和 5～7MPa，满足试验设计的强度要求，且抗压强度越大的组别，其弹性模量也越大。

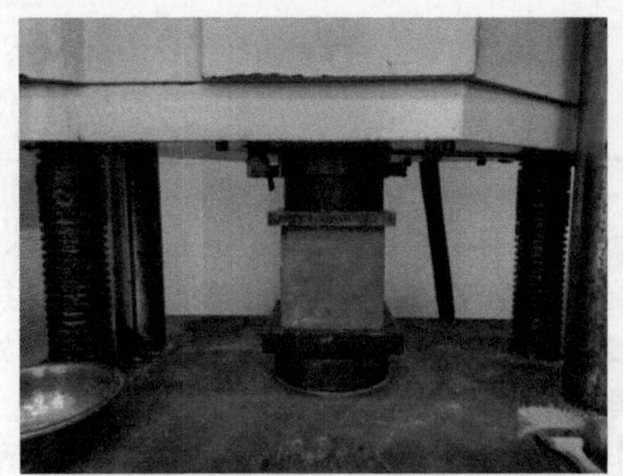

图 9.17　抗压强度和弹性模量测试

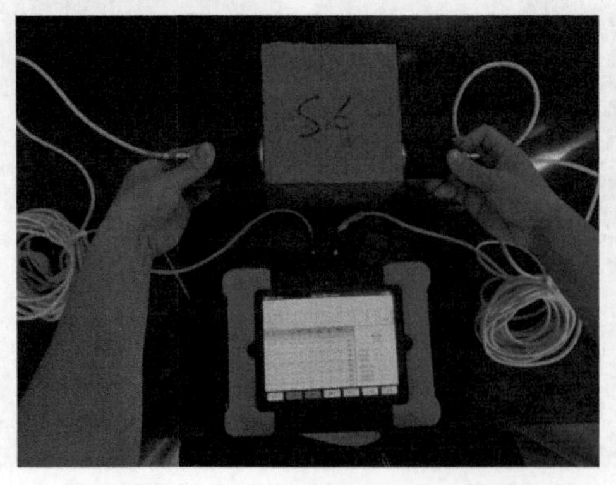
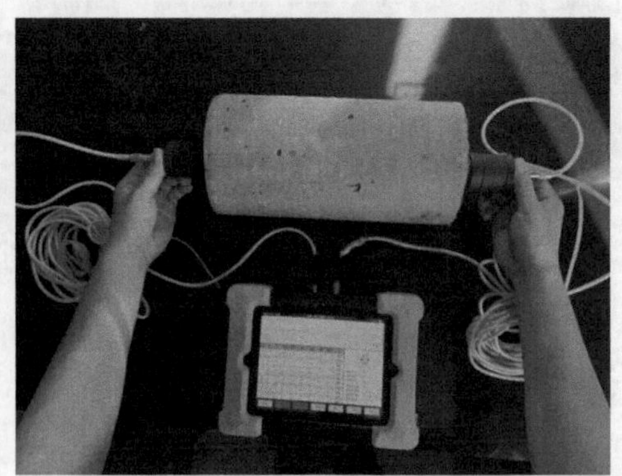

图 9.18　超声波测试抗压试件和弹性模量试件

表9.17 掺膨润土塑性混凝土力学性能试验结果表

编号	强度等级/MPa	膨润土掺量/%	水胶比	抗压强度/MPa		静压弹性模量/GPa		波速/（km/s）					
				试件单值	平均值	试件单值	平均值	抗压试件单值	组别平均值	弹性模量试件单值	组别平均值	抗弯拉试件单值	组别平均值
sx3	1～3	40	1.2	1.48	1.48	0.230	0.226	2.55	2.63	2.46	2.59	1.75	1.82
				1.53		0.218		2.49		2.63			
				1.42		0.202		2.86		2.69			
				1.67	1.69	0.226	0.217	2.66	2.79	2.51	2.56		
				1.58		0.210		3.00		2.51			
				1.82		0.215		2.71		2.65			
				1.69	1.49	0.202	0.218	2.87	3.01	2.57	2.58		
				1.34		0.222		3.02		2.52			
				1.46		0.230		3.13		2.64			
				1.60	1.59	0.211	0.202	2.71	2.82	2.51	2.55		
				1.41		0.208		2.97		2.57			
				1.74		0.187		2.77		2.58			
				1.67	1.66	0.186	0.191	2.74	2.83	2.55	2.44	1.86	1.82
				1.59		0.193		2.94		2.53			
				1.71		0.194		2.80		2.23			
				1.54	1.63	0.185	0.182	2.83	2.73	2.35	2.39		
				1.76		0.176		2.74		2.45			
				1.59		0.185		2.62		2.38			
				1.78	1.63	0.144	0.133	2.82	2.83	2.18	2.22		
				1.75		0.131		2.88		2.23			
				1.37		0.124		2.79		2.26		1.85	
				1.64	1.65	0.157	0.160	2.90	2.92	2.19	2.24		
				1.71		0.170		2.85		2.34			
				1.60		0.153		3.02		2.19			
				1.70	1.74	0.174	0.169	2.87	2.75	2.26	2.26	1.85	1.82
				1.81		0.162		2.68		2.24			
				1.72		0.171		2.69		2.30			
				1.80	1.72	0.183	0.180	3.03	2.84	2.31	2.30		
				1.67		0.172		2.74		2.32			
				1.68		0.185		2.74		2.28			
sx5	3～5	30	1.0	3.97	4.00	0.502	0.496	2.93	2.96	2.77	2.73	1.89	1.92
				4.05		0.481		2.96		2.71			
				3.98		0.505		2.99		2.71			
				3.64	3.76	0.599	0.582	2.91	2.84	2.62	2.56		
				3.71		0.576		2.77		2.68			
				3.93		0.571		2.84		2.38			

续表

编号	强度等级/MPa	膨润土掺量/%	水胶比	抗压强度/MPa		静压弹性模量/GPa		波速/（km/s）					
				试件单值	平均值	试件单值	平均值	抗压试件单值	组别平均值	弹性模量试件单值	组别平均值	抗弯拉试件单值	组别平均值
				4.12		0.496		3.01		2.55			
				3.97	4.01	0.512	0.520	3.08	2.97	2.67	2.64	1.89	
				3.94		0.552		2.84		2.70			
				3.85		0.485		2.93		2.79			
				3.99	3.88	0.479	0.473	2.97	2.89	2.88	2.82		
				3.80		0.455		2.76		2.79			1.92
				4.21		0.561		3.06		2.64			
				4.07	4.12	0.545	0.554	2.93	2.98	2.75	2.70		
				4.08		0.556		2.95		2.71		1.95	
				4.18		0.520		2.97		2.77			
				4.26	4.16	0.509	0.512	3.05	2.98	2.69	2.75		
sx5	3～5	30	1.0	4.04		0.507		2.92		2.79			
				3.95		0.582		2.79		2.82			
				3.82	3.89	0.577	0.575	3.01	2.96	2.72	2.77		
				3.90		0.566		3.07		2.77			
				4.10		0.549		3.00		2.86			
				3.96	4.01	0.531	0.537	2.89	2.97	2.70	2.75		
				3.97		0.531		3.02		2.69			1.92
				3.78		0.596		2.91		2.88			
				3.65	3.70	0.584	0.588	2.78	2.81	2.79	2.84	1.93	
				3.67		0.584		2.74		2.85			
				3.94		0.573		2.82		2.94			
				3.82	3.85	0.558	0.561	2.88	2.88	2.86	2.89		
				3.79		0.552		2.93		2.87			
				5.06		1.090		3.16		2.91			
				5.81	5.42	1.142	1.128	3.26	3.20	2.99	2.96		
				5.39		1.152		3.19		2.98			
				5.24		1.187		3.21		2.89			
				4.76	5.14	1.139	1.160	3.29	3.28	3.01	2.97		
sx4	5～7	30	0.8	5.41		1.154		3.34		3.01		2.04	2.00
				5.43		1.268		3.24		3.12			
				5.44	5.44	1.300	1.275	3.29	3.30	3.18	3.14		
				5.44		1.257		3.38		3.12			
				5.61		1.245		3.24		3.03			
				4.95	5.28	1.270	1.243	3.47	3.53	3.10	3.07	1.97	
				5.28		1.214		3.88		3.08			

续表

编号	强度等级/MPa	膨润土掺量/%	水胶比	抗压强度/MPa		静压弹性模量/GPa		波速/（km/s）					
				试件单值	平均值	试件单值	平均值	抗压试件单值	组别平均值	弹性模量试件单值	组别平均值	抗弯拉试件单值	组别平均值
				5.33		1.193		3.37		2.98			
				4.48	5.21	1.164	1.180	4.57	3.72	3.06	3.01		
				5.83		1.183		3.21		2.99			
				4.96		1.255		3.03		3.11		1.97	
				5.38	5.28	1.203	1.232	2.70	2.89	3.04	3.06		
				5.50		1.238		2.93		3.03			2.00
				5.30		1.126		3.12		2.98			
				5.94	5.48	1.171	1.158	3.01	3.11	2.95	2.96		
sx4	5～7	30	0.8	5.21		1.177		3.20		2.95			
				5.25		1.169		3.12		3.10			
				5.26	5.42	1.233	1.206	2.97	3.09	3.08	3.04	1.99	
				5.75		1.216		3.19		2.94			
				5.19		1.252		3.00		3.00			
				5.01	5.16	1.237	1.222	2.98	3.01	2.98	3.04		
				5.28		1.177		3.04		3.14		1.99	2.00
				5.28	5.51	1.219	1.198	2.88	2.98	3.05	3.04		
				5.67		1.170		2.91		3.01			

2）掺膨润土、黏土塑性混凝土性能试验

（1）掺膨润土、黏土塑性混凝土配合比正交试验方案。

以掺膨润土塑性混凝土优选的正式配合比 sx3、sx5、sx4 为基础，在不改变水胶比、砂率等与塑性混凝土性能有关的基本参数的前提下，尽可能多地加入经济、易得的黏土替代膨润土参与试验，初步考虑膨润土与黏土掺量比分别为 5∶5、4∶6、3∶7。基于 sx3、sx5、sx4 的配合比设计了掺膨润土、黏土塑性混凝土配合比正交试验方案（姚利郎，2015），见表 9.18。

表 9.18　掺膨润土、黏土塑性混凝土配合比正交试验方案表

试验号＼因素	膨润土与黏土掺量比	减水剂掺量/%	水胶比	砂率/%
1	5∶5	5	1.2	52
2	4∶6	5	1.2	52
3	3∶7	5	1.2	52
4	5∶5	3.6	0.8	50
5	4∶6	3.6	0.8	50
6	3∶7	3.6	0.8	50
7	5∶5	2.5	1.0	51
8	4∶6	2.5	1.0	51
9	3∶7	2.5	1.0	51

（2）掺膨润土、黏土塑性混凝土配置强度及基本参数确定。

在初步的配合比正交试验方案确定后，通过调配砂率、单位体积用水量、外加剂掺量等基本参数（王四巍等，2011），结合《水工塑性混凝土配合比设计规程》（DL/T 5786—2019），确定最终的掺膨润土、黏土塑性混凝土配合比基本参数。

配制强度：将塑性混凝土配置强度分为 1～3MPa、3～5MPa 和 5～7Mpa3 个等级。

基本参数确定：混凝土的砂率大小直接影响混凝土的工作性能、强度及耐久性。根据试验的结果选择混凝土的最优砂率。掺膨润土、黏土塑性混凝土砂率、单位用水量和外加剂掺量选择试验成果见表 9.19。

表 9.19　掺膨润土、黏土塑性混凝土砂率、单位体积用水量和外加剂掺量选择试验成果表

膨润土掺量/%	黏土掺量/%	水胶比	砂率/%	单位体积用水量/(kg/m^3)	外加剂掺量/%	坍落度/mm	扩散度/mm
20	20	1.2	52	305	5.0	197	350
				310		182	389
16	24	1.2		295		205	380
				300		185	415
12	28	1.2		280		190	355
				285		174	385

（3）掺膨润土、黏土塑性混凝土推荐配合比及其性能试验研究。

结合掺膨润土、黏土塑性混凝土配合比方案和基本参数选择试验成果，经过研究混凝土坍落度和扩散度与配合比参数的关系，最终确定掺膨润土、黏土塑性混凝土正交试验配合比见表 9.20。

表 9.20　掺膨润土、黏土塑性混凝土正交试验配合比表

试验号	编号	膨润土掺量/%	黏土掺量/%	水胶比	砂率/%	外加剂掺量/%	混凝土材料用量/(kg/m^3)						
							水	水泥	砂	石子	膨润土	黏土	外加剂
1	s1	20	20	1.2	52	5.0	305	153	879	812	51	51	12.7
2	s2	16	24	1.2	52	5.0	295	148	889	820	39	59	12.3
3	s3	12	28	1.2	52	5.0	280	140	903	834	28	65	11.7
4	s4	15	15	0.8	50	3.6	310	271	776	776	58	58	14.0
5	s5	12	18	0.8	50	3.6	295	258	793	793	44	66	13.3
6	s6	9	21	0.8	50	3.6	280	245	810	810	32	74	12.6
7	s7	15	15	1.0	51	2.5	295	207	847	813	44	44	7.4
8	s8	12	18	1.0	51	2.5	280	196	862	828	34	50	7.0
9	s9	9	21	1.0	51	2.5	265	186	877	843	24	56	6.6

正交试验主要以坍落度和扩散度、7d 抗压强度和 28d 抗压强度指标来确定最终正式成型的配合比，相关指标见表 9.21。优选出 28d 抗压强度等级在 1～3MPa 的 s3、3～5MPa

的 s7 和 5～7MPa 的 s6 作为掺膨润土、黏土塑性混凝土正式成型的配合比方案。掺膨润土、黏土塑性混凝土试件正式成型方案见表 9.22。

表 9.21　掺膨润土、黏土塑性混凝土配合比试验性能测试结果表

编号	坍落度/mm	扩散度/mm	7d 抗压强度/MPa	28d 抗压强度/MPa
s1	197	350	1.28	1.82
s2	205	380	1.00	1.79
s3	190	355	1.22	1.99
s4	200	395	5.12	5.49
s5	215	385	5.14	5.55
s6	214	368	4.45	6.39
s7	215	392	2.64	4.52
s8	215	395	2.66	3.27
s9	205	355	2.50	3.08

表 9.22　掺膨润土、黏土塑性混凝土试件正式成型方案一览表

<table>
<tr><th>序号</th><th>强度等级/MPa</th><th>试件尺寸/mm</th><th>组数/组</th><th>备注</th></tr>
<tr><td>1</td><td>1～3</td><td rowspan="3">150×150×150</td><td>10</td><td rowspan="3">测试抗压强度；每个强度等级各 1 个配合比，1 个配合比成型 10 组，共 30 组</td></tr>
<tr><td>2</td><td>3～5</td><td>10</td></tr>
<tr><td>3</td><td>5～7</td><td>10</td></tr>
<tr><td>4</td><td>1～3</td><td rowspan="3">150×150×550</td><td>1</td><td rowspan="3">波测试抗弯拉强度；每个强度等级各 1 个配合比，1 个配合比成型 1 组，共 3 组</td></tr>
<tr><td>5</td><td>3～5</td><td>1</td></tr>
<tr><td>6</td><td>5～7</td><td>1</td></tr>
<tr><td>7</td><td>1～3</td><td rowspan="3">Φ150×300</td><td>10</td><td rowspan="3">测试静压弹性模量；每个强度等级各 1 个配合比，1 个配合比成型 10 组，共 30 组</td></tr>
<tr><td>8</td><td>3～5</td><td>10</td></tr>
<tr><td>9</td><td>5～7</td><td>10</td></tr>
<tr><td>10</td><td>1～3</td><td rowspan="3">上口 175，下口 185，高 150</td><td>1</td><td rowspan="3">测试渗透系数；每个强度等级各 1 个配合比，1 个配合比成型 1 组，共 3 组</td></tr>
<tr><td>11</td><td>3～5</td><td>1</td></tr>
<tr><td>12</td><td>5～7</td><td>1</td></tr>
</table>

塑性混凝土性能包括新拌混凝土工作性能（坍落度、扩散度、表观密度；表 9.23）、硬化混凝土的力学性能（抗压强度、弹性模量、超声波测试混凝土抗压强度）、耐久性能（抗渗等级）。

对优选的 3 个系列（s3、s7、s6）掺膨润土、黏土塑性混凝土分别进行抗压强度测试、弹性模量测试和超声波测试，记录单个试件的测试值，并计算出组别平均值。3 个系列掺膨润土、黏土塑性混凝土共进行抗压强度测试 30 组、弹性模量测试 30 组、超声波测试 63 组，得到的掺膨润土、黏土塑性混凝土力学性能试验结果如表 9.24 所示。

表 9.23 掺膨润土、黏土塑性混凝土工作性能试验结果表

编号	强度等级/MPa	膨润土掺量/%	黏土掺量/%	水胶比	砂率/%	工作性能		
						坍落度/mm	扩散度/mm	表观密度/(kg/m^3)
s3	1～3	12	28	1.2	52	190	355	2188
s7	3～5	15	15	1.0	51	215	392	2208
s6	5～7	9	21	0.8	50	214	368	2216

表 9.24 掺膨润土、黏土塑性混凝土力学性能试验结果表

编号	强度等级/MPa	膨润土掺量/%	黏土掺量/%	抗压强度/MPa		静压弹性模量/GPa		波速/(km/s)					
				试件单值	平均值	试件单值	平均值	抗压试件单值	组别平均值	弹性模量试件单值	组别平均值	抗弯拉试件单值	组别平均值
s3	1～3	12	28	2.35	2.42	0.333	0.334	2.66	2.69	2.45	2.44	1.89	1.92
				2.48		0.313		2.69		2.45			
				2.43		0.356		2.72		2.42			
				2.10	2.07	0.298	0.300	2.63	2.60	2.55	2.56		
				2.03		0.301		2.58		2.56			
				2.08		0.299		2.59		2.57			
				2.40	2.44	0.278	0.276	2.75	2.76	2.36	2.39		
				2.51		0.274		2.74		2.39			
				2.41		0.276		2.79		2.42			
				1.96	1.85	0.248	0.251	2.51	2.51	2.42	2.42		
				1.82		0.255		2.50		2.44			
				1.77		0.250		2.49		2.40			
				2.59	2.51	0.286	0.294	2.88	2.83	2.67	2.65	1.92	1.92
				2.42		0.298		2.80		2.66			
				2.52		0.298		2.81		2.62			
				2.21	2.21	0.249	0.254	2.69	2.68	2.67	2.68		
				2.25		0.255		2.66		2.68			
				2.17		0.258		2.69		2.69			
				2.24	2.16	0.377	0.373	2.66	2.63	2.77	2.76	1.94	
				2.10		0.368		2.60		2.78			
				1.98		0.374		2.63		2.73			
				2.67	2.56	0.314	0.312	2.88	2.87	2.84	2.83		
				2.45		0.312		2.86		2.84			
				2.56		0.310		2.87		2.81			

续表

<table>
<tr><th rowspan="2">编号</th><th rowspan="2">强度等级/MPa</th><th rowspan="2">膨润土掺量/%</th><th rowspan="2">黏土掺量/%</th><th colspan="2">抗压强度/MPa</th><th colspan="2">静压弹性模量/GPa</th><th colspan="6">波速/(km/s)</th></tr>
<tr><th>试件单值</th><th>平均值</th><th>试件单值</th><th>平均值</th><th>抗压试件单值</th><th>组别平均值</th><th>弹性模量试件单值</th><th>组别平均值</th><th>抗弯拉试件单值</th><th>组别平均值</th></tr>
<tr><td rowspan="6">s3</td><td rowspan="6">1～3</td><td rowspan="6">12</td><td rowspan="6">28</td><td>2.65</td><td rowspan="3">2.45</td><td>0.285</td><td rowspan="3">0.285</td><td>2.84</td><td rowspan="3">2.81</td><td>2.65</td><td rowspan="3">2.66</td><td rowspan="6">1.94</td><td rowspan="6">1.92</td></tr>
<tr><td>2.26</td><td>0.288</td><td>2.78</td><td>2.67</td></tr>
<tr><td>2.44</td><td>0.282</td><td>2.81</td><td>2.66</td></tr>
<tr><td>2.76</td><td rowspan="3">2.52</td><td>0.328</td><td rowspan="3">0.327</td><td>2.88</td><td rowspan="3">2.86</td><td>2.70</td><td rowspan="3">2.71</td></tr>
<tr><td>2.35</td><td>0.325</td><td>2.87</td><td>2.71</td></tr>
<tr><td>2.45</td><td>0.328</td><td>2.83</td><td>2.69</td></tr>
<tr><td rowspan="30">s7</td><td rowspan="30">3～5</td><td rowspan="30">15</td><td rowspan="30">15</td><td>4.18</td><td rowspan="3">4.23</td><td>0.507</td><td rowspan="3">0.499</td><td>3.01</td><td rowspan="3">3.05</td><td>3.09</td><td rowspan="3">3.05</td><td rowspan="6">1.99</td><td rowspan="6">2.03</td></tr>
<tr><td>4.29</td><td>0.488</td><td>3.12</td><td>3.10</td></tr>
<tr><td>4.22</td><td>0.502</td><td>3.02</td><td>2.96</td></tr>
<tr><td>4.41</td><td rowspan="3">4.52</td><td>0.512</td><td rowspan="3">0.521</td><td>3.25</td><td rowspan="3">3.19</td><td>3.04</td><td rowspan="3">3.15</td></tr>
<tr><td>4.56</td><td>0.524</td><td>3.16</td><td>3.12</td></tr>
<tr><td>4.59</td><td>0.527</td><td>3.16</td><td>3.29</td></tr>
<tr><td>4.20</td><td rowspan="3">4.16</td><td>0.490</td><td rowspan="3">0.482</td><td>3.22</td><td rowspan="3">3.14</td><td>3.20</td><td rowspan="3">3.24</td><td rowspan="3">1.99</td><td rowspan="12">2.03</td></tr>
<tr><td>4.14</td><td>0.488</td><td>3.10</td><td>3.31</td></tr>
<tr><td>4.14</td><td>0.468</td><td>3.10</td><td>3.21</td></tr>
<tr><td>4.28</td><td rowspan="3">4.37</td><td>0.551</td><td rowspan="3">0.556</td><td>3.29</td><td rowspan="3">3.21</td><td>2.94</td><td rowspan="3">2.99</td><td rowspan="11">2.03</td></tr>
<tr><td>4.40</td><td>0.563</td><td>3.19</td><td>3.01</td></tr>
<tr><td>4.43</td><td>0.554</td><td>3.15</td><td>3.02</td></tr>
<tr><td>4.35</td><td rowspan="3">4.29</td><td>0.488</td><td rowspan="3">0.490</td><td>3.30</td><td rowspan="3">3.25</td><td>3.03</td><td rowspan="3">2.91</td></tr>
<tr><td>4.21</td><td>0.495</td><td>3.22</td><td>2.94</td></tr>
<tr><td>4.31</td><td>0.487</td><td>3.23</td><td>2.76</td></tr>
<tr><td>4.37</td><td rowspan="3">4.41</td><td>0.533</td><td rowspan="3">0.537</td><td>3.39</td><td rowspan="3">3.32</td><td>3.00</td><td rowspan="3">3.08</td></tr>
<tr><td>4.48</td><td>0.545</td><td>3.25</td><td>3.17</td></tr>
<tr><td>4.38</td><td>0.533</td><td>3.32</td><td>3.07</td></tr>
<tr><td>4.39</td><td rowspan="3">4.28</td><td>0.436</td><td rowspan="3">0.429</td><td>3.17</td><td rowspan="3">3.10</td><td>2.93</td><td rowspan="3">2.88</td><td rowspan="12">2.03</td></tr>
<tr><td>4.22</td><td>0.430</td><td>3.08</td><td>2.87</td></tr>
<tr><td>4.23</td><td>0.421</td><td>3.05</td><td>2.84</td><td rowspan="10">2.06</td></tr>
<tr><td>4.33</td><td rowspan="3">4.30</td><td>0.482</td><td rowspan="3">0.476</td><td>3.33</td><td rowspan="3">3.29</td><td>2.99</td><td rowspan="3">2.93</td></tr>
<tr><td>4.27</td><td>0.473</td><td>3.22</td><td>2.91</td></tr>
<tr><td>4.34</td><td>0.473</td><td>3.32</td><td>2.89</td></tr>
<tr><td>4.51</td><td rowspan="3">4.44</td><td>0.521</td><td rowspan="3">0.518</td><td>3.45</td><td rowspan="3">3.38</td><td>3.13</td><td rowspan="3">3.10</td></tr>
<tr><td>4.40</td><td>0.515</td><td>3.39</td><td>3.05</td></tr>
<tr><td>4.41</td><td>0.518</td><td>3.30</td><td>3.12</td></tr>
<tr><td>4.58</td><td rowspan="3">4.48</td><td>0.577</td><td rowspan="3">0.573</td><td>3.34</td><td rowspan="3">3.35</td><td>3.14</td><td rowspan="3">3.19</td></tr>
<tr><td>4.50</td><td>0.574</td><td>3.40</td><td>3.25</td></tr>
<tr><td>4.36</td><td>0.568</td><td>3.31</td><td>3.18</td></tr>
</table>

续表

编号	强度等级/MPa	膨润土掺量/%	黏土掺量/%	抗压强度/MPa		静压弹性模量/GPa		波速/(km/s)					
				试件单值	平均值	试件单值	平均值	抗压试件单值	组别平均值	弹性模量试件单值	组别平均值	抗弯拉试件单值	组别平均值
				6.69		0.740		3.45		3.56			
				6.56	6.68	0.732	0.746	3.49	3.49	3.22	3.47		
				6.79		0.766		3.53		3.63			
				6.68		0.758		3.49		3.45			
				6.58	6.65	0.734	0.760	3.47	3.48	3.33	3.32	2.12	
				6.69		0.788		3.48		3.18			2.13
				6.71		0.881		3.39		3.55			
				6.52	6.49	0.712	0.794	3.28	3.38	3.23	3.35		
				6.24		0.789		3.57		3.27			
				6.98		0.829		3.56		3.45			
				6.59	6.89	0.767	0.795	3.54	3.53	3.34	3.36	2.09	
				7.11		0.789		3.49		3.29			
				6.89		0.659		3.43		3.34			
s6	5～7	9	21	6.53	6.62	0.998	0.830	3.42	3.40	3.41	3.37		
				6.44		0.833		3.35		3.36			
				7.00		0.814		3.55		3.34		2.09	
				6.98	7.07	0.821	0.841	3.49	3.57	3.45	3.35		
				7.23		0.888		3.67		3.26			
				6.78		0.899		3.45		3.45			
				6.66	6.63	0.876	0.862	3.47	3.44	3.34	3.40		2.13
				6.48		0.811		3.40		3.41			
				6.98		0.921		3.65		3.45			
				7.28	7.28	0.834	0.881	3.64	3.62	3.34	3.36		
				7.58		0.888		3.57		3.29		2.18	
				7.09		0.988		3.55		3.34			
				6.99	7.26	0.964	0.947	3.56	3.59	3.45	3.38		
				7.70		0.889		3.66		3.35			

3. 室内对比验证试验

为验证室内所进行的塑性混凝土强度测试成果的有效性，在掺膨润土材料组合系列挑选 10 组（30 个）抗压试件，开展室内塑性混凝土抗压试件超声波测试对比工作（王鹏，2012）。10 组抗压试件均按规范成型，达到 28d 龄期后送至广西水电科学研究院有限公司进行超声波声速（波速）测试。不同组别塑性混凝土超声波测试对比验证试验结果如图 9.19 和表 9.25 所示，对比结果显示两家单位所测结果存在一定差异，同一试件测试结果最小误差为 0，最大误差为 6.0%。

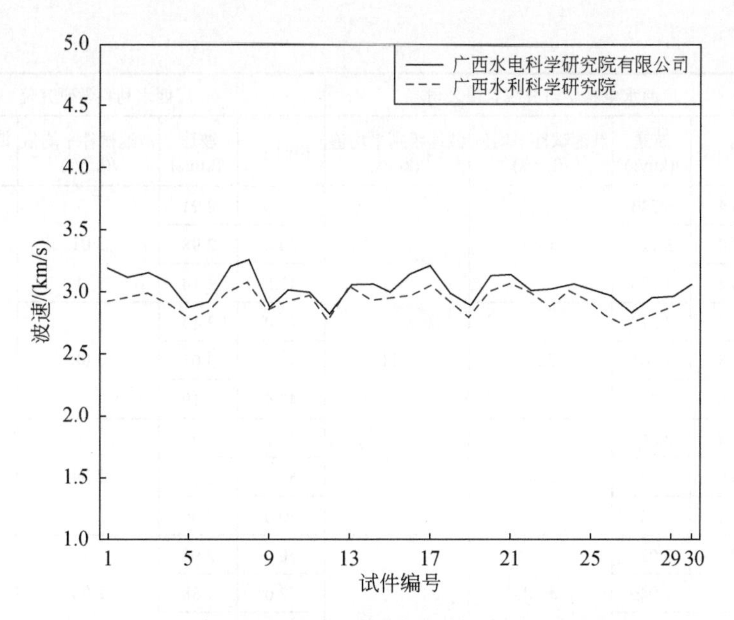

图 9.19　不同组别塑性混凝土超声波测试对比验证试验结果图

表 9.25　不同组别塑性混凝土超声波测试对比验证试验结果表

试件编号	声程/mm	广西水电科学研究院有限公司				广西水利科学研究院				误差/%
		声时/μs	波速/(km/s)	波速试件平均值/(km/s)	波速组别平均值/(km/s)	声时/μs	波速/(km/s)	波速试件平均值/(km/s)	波速组别平均值/(km/s)	
1	150	45.2	3.319	3.19	3.15	49.6	3.02	2.93	2.96	6.0
	150	47.2	3.178			52.4	2.86			
	150	48.8	3.074			51.8	2.90			
2	150	51.2	2.930	3.12		52.8	2.84	2.96		
	150	46.8	3.205			50.0	3.00			
	150	46.4	3.233			49.2	3.05			
3	150	46.4	3.233	3.15		48.6	3.09	2.99		
	150	48.0	3.125			50.2	2.99			
	150	48.4	3.099			51.8	2.90			
4	150	46.8	3.205	3.08	2.96	50.8	2.95	2.91	2.84	4.1
	150	49.6	3.024			53.6	2.80			
	150	50.0	3.000			50.2	2.99			
5	150	52.8	2.841	2.87		54.0	2.78	2.77		
	150	52.8	2.841			56.8	2.64			
	150	51.2	2.930			51.8	2.90			
6	150	50.8	2.953	2.92		55.2	2.72	2.84		
	150	52.0	2.885			53.8	2.79			
	150	51.2	2.930			50.0	3.00			

续表

试件编号	声程/mm	广西水电科学研究院有限公司				广西水利科学研究院				误差/%
		声时/μs	波速/(km/s)	波速试件平均值/(km/s)	波速组别平均值/(km/s)	声时/μs	波速/(km/s)	波速试件平均值/(km/s)	波速组别平均值/(km/s)	
	150	46.4	3.233			51.6	2.91			
7	150	48.0	3.125	3.20		50.4	2.98	3.01		
	150	46.4	3.233			47.8	3.14			
	150	45.2	3.319			48.0	3.13			
8	150	46.8	3.205	3.26	3.11	49.8	3.01	3.08	2.97	4.5%
	150	46.0	3.261			48.4	3.10			
	150	52.4	2.863			55.2	2.72			
9	150	54.0	2.778	2.86		53.8	2.79	2.84		
	150	51.2	2.930			50.0	3.00			
	150	49.6	3.024			50.4	2.98			
10	150	49.2	3.049	3.02		52.0	2.88	2.93		
	150	50.4	2.976			51.0	2.94			
	150	50.0	3.000			49.4	3.04			
11	150	50.8	2.953	3.00	2.95	50.8	2.95	2.97	2.89	2.0
	150	49.2	3.049			51.6	2.91			
	150	54.8	2.737			56.2	2.67			
12	150	53.6	2.799	2.82		54.0	2.78	2.76		
	150	51.2	2.930			53.0	2.83			
	150	48.0	3.125			47.2	3.18			
13	150	49.2	3.049	3.05		49.6	3.02	3.06		
	150	50.4	2.976			50.4	2.98			
	150	48.0	3.125			51.4	2.92			
14	150	49.6	3.024	3.07	2.98	52.6	2.85	2.93	2.98	0
	150	48.8	3.074			49.6	3.02			
	150	49.2	3.049			49.2	3.05			
15	150	51.2	2.930	3.00		51.0	2.94	2.95		
	150	49.6	3.024			52.4	2.86			
	150	48.0	3.125			49.6	3.02			
16	150	48.4	3.099	3.14		51.2	2.93	2.97		
	150	46.8	3.205			50.6	2.96			
	150	47.2	3.178			48.4	3.10			
17	150	47.2	3.178	3.21	3.12	49.0	3.06	3.05	2.98	4.5
	150	46.0	3.261			50.0	3.00			
	150	52.0	2.885			52.2	2.87			
18	150	50.0	3.000	2.99		51.6	2.91	2.92		
	150	48.8	3.074			50.2	2.99			

续表

试件编号	声程/mm	广西水电科学研究院有限公司				广西水利科学研究院				误差/%
		声时/μs	波速/(km/s)	波速试件平均值/(km/s)	波速组别平均值/(km/s)	声时/μs	波速/(km/s)	波速试件平均值/(km/s)	波速组别平均值/(km/s)	
	150	52.4	2.863			56.2	2.67			
19	150	53.2	2.820	2.89		53.2	2.82	2.79		
	150	50.4	2.976			51.8	2.90			
	150	48.8	3.074			51.2	2.93			
20	150	49.2	3.049	3.13	3.00	50.2	2.99	3.01	2.96	1.3
	150	46.0	3.261			48.4	3.10			
	150	46.0	3.261			48.6	3.09			
21	150	49.2	3.049	3.14		48.8	3.07	3.07		
	150	48.4	3.099			49.0	3.06			
	150	49.6	3.024			51.2	2.93			
22	150	50.0	3.000	3.01		50.5	2.97	3.00		
	150	50.0	3.000			48.4	3.10			
	150	49.6	3.024			51.2	2.93			
23	150	50.0	3.000	3.02	3.03	52.2	2.87	2.89	2.97	2.0
	150	49.6	3.024			52.4	2.86			
	150	48.4	3.099			49.4	3.04			
24	150	50.8	2.953	3.07		50.4	2.98	3.02		
	150	47.6	3.151			49.4	3.04			
	150	48.8	3.074			50.2	2.99			
25	150	50.0	3.000	3.03		52.4	2.86	2.91		
	150	49.6	3.024			52.2	2.87			
	150	51.2	2.930			55.6	2.70			
26	150	52.0	2.885	2.97	2.95	54.8	2.74	2.78	2.81	4.7
	150	48.4	3.099			51.6	2.91			
	150	53.6	2.799			52.6	2.85			
27	150	53.6	2.799	2.83		56.6	2.65	2.74		
	150	51.6	2.907			55.0	2.73			
	150	50.0	3.000			55.0	2.73			
28	150	50.0	3.000	2.95		52.6	2.85	2.82		
	150	52.4	2.863			52.2	2.87			
	150	50.0	3.000			52.6	2.85			
29	150	52.0	2.885	2.96	2.99	52.2	2.87	2.88	2.88	3.7
	150	50.0	3.000			51.2	2.93			
	150	49.2	3.049			49.6	3.02			
30	150	48.8	3.074	3.06		50.4	2.98	2.93		
	150	49.2	3.049			53.6	2.80			

9.3.3　现场对比试验

将大坝塑性混凝土防渗心墙现场超声波测试结果代入室内试验所建立的塑性混凝土强度-波速和弹性模量-波速关系曲线，进行大坝防渗心墙体抗压强度和弹性模量推定，将推定结果与设计指标和试验指标进行对比，进行强度-波速和弹性模量-波速关系曲线准确度和适用性分析（李冬雪等，2021；杨巧等，2021）。

1. 现场超声波测试过程

采用跨孔超声波透射法测试塑性混凝土防渗墙的波速，超声波测试布置两孔，孔距为2m，与坝体预留的灌浆孔同孔（封孔前）设备对塑性混凝土防渗墙声速进行检测，对声速进行统计分析。

选取广西屯六水库横斗副坝进行超声波测试，桩号为 HD0+047.0～HD0+049.0，高程为149.8～138.0m。大坝塑性混凝土配合比见表9.26，现场测试过程见图9.20。

表 9.26　大坝塑性混凝土配合比设计指标一览表

名称	水泥/(kg/m³)	砂/(kg/m³)	粗骨料/(kg/m³)	膨润土/(kg/m³)	黏土/(kg/m³)	外加剂/(kg/m³)	自来水/(kg/m³)	坍落度/mm	扩散度/mm	抗压强度/MPa	弹性模量/MPa
屯六水库	181	885	816	98	—	5.021	265	210	370	2～5	≤1000MPa

由表9.26可知，大坝塑性混凝土配合比设计方案中黏土掺量为零，对应“掺膨润土塑性混凝土性能试验”室内研究部分，因此，采用“掺膨润土塑性混凝土性能试验”研究所建立的塑性混凝土强度-波速和弹性模量-波速关系曲线进行心墙抗压强度和弹性模量推定。

图 9.20　广西屯六水库横斗副坝塑性混凝土心墙现场超声波测试

根据室内外工作实际情况，对比试验选取的抗压强度推定值采用如表9.27、表9.28所示的拟合表。

表 9.27　塑性混凝土强度-波速关系曲线

序号	强度等级	表达式	拟合函数类别
1	1～3	y=-8.953+6.728x-1.054x^2	二次函数
2	3～5	y=47.765-32.367x+5.941x^2	
3	5～7	y=-4.027+5.238x-0.719x^2	
4	1～3	y=0.407$x^{1.340}$	幂函数
5	3～5	y=0.713$x^{1.593}$	
6	5～7	y=3.762$x^{0.300}$	

表 9.28　塑性混凝土弹性模量-波速关系曲线

序号	强度等级	表达式	拟合函数类别
1	1～7	y=23.531-18.090x+3.781x^2	二次函数
2		y=0.033$x^{4.213}$	幂函数
3		y=0.063e$^{1.327x}$	指数函数

2. 现场超声波测试结果

横斗副坝采用跨孔超声波透射法测试防渗心墙的波速，检测孔编号为分别 36 和 37，对应桩号分别为 HD0+047.0 和 HD0+049.0，对应孔深分别为 27.4m 和 29.2m，孔口高程为 152.5m。现场采用非金属声波仪设备对其进行检测，测试时探头每间隔 20cm 进行一次声速采样并保存数据，采样次数为 60 次。起始测点高程为 149.8m，对应孔深为 2.7m，测试终点高程为 138.0m，对应孔深为 14.5m，超声波检测段长度为 11.8m，按照《水工混凝土试验规程》（SL/T 352—2020）对波速进行统计分析。

分析表 9.29 和图 9.21 可知，测试段波速变化范围 2.7～3.4km/s，将 60 个测点波速检测成果进行平均，得到横斗副坝塑性混凝土心墙（桩号为 HD0+047.0～HD0+049.0，高程为 149.8～138.0m）波速平均值为 2.94km/s。

表 9.29　横斗副坝塑性混凝土防渗墙检测孔 36 与 37 跨孔超声波测试结果表

测点编号	测点高程/m	孔深/m	声时/μs	波速/(km/s)	测点编号	测点高程/m	孔深/m	声时/μs	波速/(km/s)
1	149.8	2.7	600	3.33	10	148.0	4.5	755	2.65
2	149.6	2.9	580	3.45	11	147.8	4.7	680	2.94
3	149.4	3.1	620	3.23	12	147.6	4.9	840	2.38
4	149.2	3.3	760	2.63	13	147.4	5.1	708	2.82
5	149.0	3.5	658	3.04	14	147.2	5.3	650	3.08
6	148.8	3.7	720	2.78	15	147.0	5.5	740	2.70
7	148.6	3.9	550	3.64	16	146.8	5.7	610	3.28
8	148.4	4.1	732	2.73	17	146.6	5.9	750	2.67
9	148.2	4.3	731	2.74	18	146.4	6.1	580	3.45

续表

测点编号	测点高程/m	孔深/m	声时/μs	波速/(km/s)	测点编号	测点高程/m	孔深/m	声时/μs	波速/(km/s)
19	146.2	6.3	721	2.77	40	142.0	10.5	738	2.71
20	146.0	6.5	760	2.63	41	141.8	10.7	752	2.66
21	145.8	6.7	550	3.64	42	141.6	10.9	650	3.08
22	145.6	6.9	600	3.33	43	141.4	11.1	680	2.94
23	145.4	7.1	710	2.82	44	141.2	11.3	755	2.65
24	145.2	7.3	736	2.72	45	141.0	11.5	590	3.39
25	145.0	7.5	720	2.78	46	140.8	11.7	753	2.66
26	144.8	7.7	760	2.63	47	140.6	11.9	580	3.45
27	144.6	7.9	588	3.40	48	140.4	12.1	693	2.89
28	144.4	8.1	738	2.71	49	140.2	12.3	683	2.93
29	144.2	8.3	569	3.51	50	140.0	12.5	653	3.06
30	144.0	8.5	608	3.29	51	139.8	12.7	750	2.67
31	143.8	8.7	740	2.70	52	139.6	12.9	620	3.23
32	143.6	8.9	755	2.65	53	139.4	13.1	650	3.08
33	143.4	9.1	760	2.63	54	139.2	13.3	710	2.82
34	143.2	9.3	754	2.65	55	139.0	13.5	599	3.34
35	143.0	9.5	580	3.45	56	138.8	13.7	625	3.20
36	142.8	9.7	710	2.82	57	138.6	13.9	588	3.40
37	142.6	9.9	750	2.67	58	138.4	14.1	636	3.14
38	142.4	10.1	950	2.11	59	138.2	14.3	659	3.03
39	142.2	10.3	730	2.74	60	138.0	14.5	641	3.12

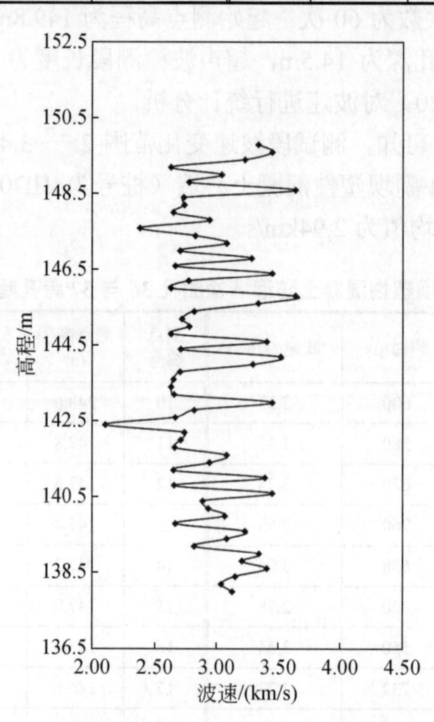

图 9.21　横斗副坝塑性混凝土防渗墙波速随高程变化关系图

3. 现场超声波测试结果对比分析

1）二次函数拟合对比分析

将屯六水库横斗副坝塑性混凝土防渗墙不同高程对应的现场超声波测试结果代入强度与波速二次函数拟合关系式中，结果见表 9.30。图 9.22 展示了防渗心墙抗压强度推定值随高程变化关系。

表 9.30　横斗副坝塑性混凝土防渗墙抗压强度推定结果表（二次函数）

测点编号	测点高程/m	波速/(km/s)	抗压强度推定值/MPa			测点编号	测点高程/m	波速/(km/s)	抗压强度推定值/MPa		
			sx3	sx5	sx4				sx3	sx5	sx4
1	149.8	3.33	1.77	5.89	5.44	31	143.8	2.70	1.53	3.68	4.88
2	149.6	3.45	1.72	6.80	5.49	32	143.6	2.65	1.48	3.71	4.80
3	149.4	3.23	1.79	5.18	5.39	33	143.4	2.63	1.46	3.73	4.78
4	149.2	2.63	1.46	3.73	4.78	34	143.2	2.65	1.48	3.71	4.81
5	149.0	3.04	1.76	4.27	5.25	35	143.0	3.45	1.72	6.80	5.49
6	148.8	2.78	1.61	3.70	4.98	36	142.8	2.82	1.64	3.73	5.02
7	148.6	3.64	1.58	8.63	5.51	37	142.6	2.67	1.50	3.70	4.83
8	148.4	2.73	1.56	3.68	4.92	38	142.4	2.11	0.54	5.96	3.81
9	148.2	2.74	1.57	3.68	4.92	39	142.2	2.74	1.57	3.68	4.93
10	148.0	2.65	1.48	3.71	4.80	40	142.0	2.71	1.54	3.68	4.89
11	147.8	2.94	1.72	3.96	5.16	41	141.8	2.66	1.49	3.71	4.82
12	147.6	2.38	1.09	4.38	4.37	42	141.6	3.08	1.77	4.42	5.28
13	147.4	2.82	1.64	3.74	5.03	43	141.4	2.94	1.72	3.96	5.16
14	147.2	3.08	1.77	4.42	5.28	44	141.2	2.65	1.48	3.71	4.80
15	147.0	2.70	1.53	3.68	4.88	45	141.0	3.39	1.75	6.31	5.47
16	146.8	3.28	1.78	5.51	5.42	46	140.8	2.66	1.48	3.71	4.81
17	146.6	2.67	1.50	3.70	4.83	47	140.6	3.45	1.72	6.80	5.49
18	146.4	3.45	1.72	6.80	5.49	48	140.4	2.89	1.69	3.84	5.10
19	146.2	2.77	1.60	3.70	4.97	49	140.2	2.93	1.71	3.93	5.15
20	146.0	2.63	1.46	3.73	4.78	50	143.8	2.70	1.77	4.36	5.27
21	145.8	3.64	1.58	8.63	5.51	51	143.6	2.65	1.50	3.70	4.83
22	145.6	3.33	1.77	5.89	5.44	52	143.4	2.63	1.79	5.18	5.39
23	145.4	2.82	1.64	3.73	5.02	53	143.2	2.65	1.77	4.42	5.28
24	145.2	2.72	1.55	3.68	4.90	54	143.0	3.45	1.64	3.73	5.02
25	145.0	2.78	1.61	3.70	4.98	55	142.8	2.82	1.76	5.93	5.45
26	144.8	2.63	1.46	3.73	4.78	56	142.6	2.67	1.79	5.03	5.37
27	144.6	3.40	1.74	6.41	5.47	57	142.4	2.11	1.74	6.41	5.47
28	144.4	2.71	1.54	3.68	4.89	58	142.2	2.74	1.78	4.73	5.33
29	144.2	3.51	1.68	7.40	5.50	59	142.0	2.71	1.76	4.25	5.25
30	144.0	3.29	1.78	5.58	5.42	60	141.8	2.66	1.78	4.61	5.32

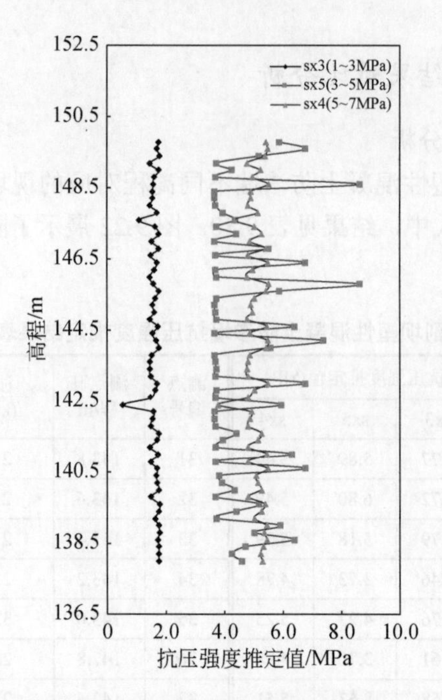

图 9.22 横斗副坝防渗心墙抗压强度推定值随高程变化关系图（二次函数）

结合表 9.31 和图 9.22 可知，3 个强度等级二次函数拟合关系得到的抗压强度推定值存在差异，表现为 sx3（1～3MPa）系列抗压强度推定结果均小于 2.0MPa；sx5（3～5MPa）和 sx4（5～7MPa）系列对应的抗压强度推定结果范围分别为 3.7～8.6MPa（平均值为 5.03MPa）和 4.5～5.5MPa（平均值为 4.61MPa），sx4 系列推定结果数据离散性相对较小。因此，从推定结果与设计指标吻合度来看，sx5（3～5MPa）系列准确度更高，从数据离散性来看，sx4（5～7MPa）系列适用性更好。

表 9.31 3 个强度等级对应二次函数拟合关系式抗压强度推定结果比较表

系列	抗压强度推定值范围/MPa	抗压强度推定平均值/MPa	结果离散性
sx3（1～3MPa）	小于 2	1.61	较小
sx5（3～5MPa）	3.7～8.6	5.03	较大
sx4（5～7MPa）	4.5～5.5	4.61	较小

2）幂函数拟合对比分析

将屯六水库横斗副坝塑性混凝土防渗墙不同高程对应的现场超声波测试结果代入强度与波速幂函数拟合关系式中，得到 3 个系列不同高程对应的心墙抗压强度推定值（胡在良等，2011），推定结果详见表 9.32。图 9.23 展示了防渗心墙抗压强度推定值随高程变化关系。

表 9.32 横斗副坝塑性混凝土防渗墙抗压强度推定结果表（幂函数）

测点编号	测点高程/m	波速/(km/s)	抗压强度推定值/MPa			测点编号	测点高程/m	波速/(km/s)	抗压强度推定值/MPa		
			sx3	sx5	sx4				sx3	sx5	sx4
1	149.8	3.33	2.04	4.85	5.40	31	143.8	2.70	1.54	3.47	5.07
2	149.6	3.45	2.14	5.12	5.45	32	143.6	2.65	1.50	3.37	5.04
3	149.4	3.23	1.96	4.61	5.35	33	143.4	2.63	1.49	3.33	5.03
4	149.2	2.63	1.49	3.33	5.03	34	143.2	2.65	1.50	3.37	5.04
5	149.0	3.04	1.81	4.19	5.25	35	143.0	3.45	2.14	5.12	5.45
6	148.8	2.78	1.60	3.63	5.11	36	142.8	2.82	1.63	3.71	5.13
7	148.6	3.64	2.30	5.57	5.54	37	142.6	2.67	1.51	3.40	5.05
8	148.4	2.73	1.57	3.54	5.09	38	142.4	2.11	1.10	2.33	4.70
9	148.2	2.74	1.57	3.54	5.09	39	142.2	2.74	1.57	3.55	5.09
10	148.0	2.65	1.50	3.37	5.04	40	142.0	2.71	1.55	3.49	5.07
11	147.8	2.94	1.73	3.98	5.20	41	141.8	2.66	1.51	3.39	5.05
12	147.6	2.38	1.30	2.84	4.88	42	141.6	3.08	1.84	4.27	5.27
13	147.4	2.82	1.64	3.73	5.14	43	141.4	2.94	1.73	3.98	5.20
14	147.2	3.08	1.84	4.27	5.27	44	141.2	2.65	1.50	3.37	5.04
15	147.0	2.70	1.54	3.47	5.07	45	141.0	3.39	2.09	4.98	5.43
16	146.8	3.28	2.00	4.73	5.37	46	140.8	2.66	1.51	3.38	5.04
17	146.6	2.67	1.51	3.40	5.05	47	140.6	3.45	2.14	5.12	5.45
18	146.4	3.45	2.14	5.12	5.45	48	140.4	2.89	1.68	3.86	5.17
19	146.2	2.77	1.60	3.62	5.11	49	140.2	2.93	1.72	3.95	5.19
20	146.0	2.63	1.49	3.33	5.03	50	143.8	2.70	1.82	4.24	5.26
21	145.8	3.64	2.30	5.57	5.54	51	143.6	2.65	1.51	3.40	5.05
22	145.6	3.33	2.04	4.85	5.40	52	143.4	2.63	1.96	4.61	5.35
23	145.4	2.82	1.63	3.71	5.13	53	143.2	2.65	1.84	4.27	5.27
24	145.2	2.72	1.55	3.51	5.08	54	143.0	3.45	1.63	3.71	5.13
25	145.0	2.78	1.60	3.63	5.11	55	142.8	2.82	2.05	4.87	5.40
26	144.8	2.63	1.49	3.33	5.03	56	142.6	2.67	1.93	4.55	5.33
27	144.6	3.40	2.10	5.01	5.43	57	142.4	2.11	2.10	5.01	5.43
28	144.4	2.71	1.55	3.49	5.07	58	142.2	2.74	1.89	4.42	5.31
29	144.2	3.51	2.19	5.28	5.49	59	142.0	2.71	1.80	4.18	5.25
30	144.0	3.29	2.01	4.75	5.38	60	141.8	2.66	1.87	4.37	5.29

分析表 9.33 和图 9.23 可知，幂函数拟合关系式准确度和适用性与二次函数拟合关系式结论基本一致：sx5（3～5MPa）系列准确度更高，sx4（5～7MPa）系列适用性更好。

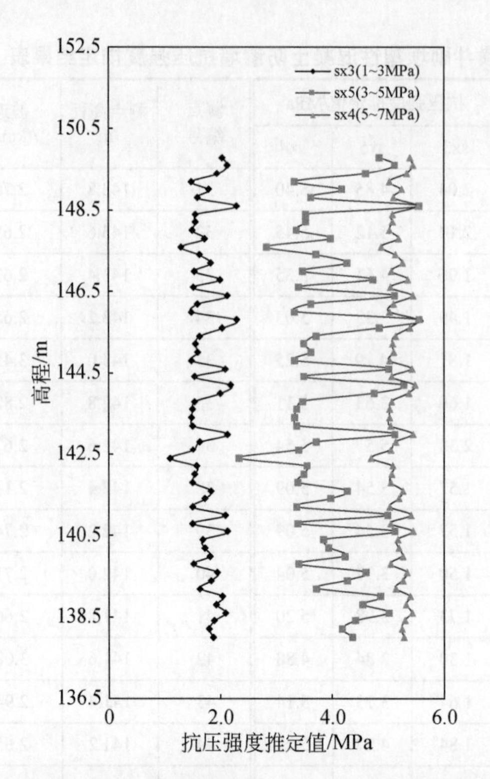

图 9.23 横斗副坝防渗心墙抗压强度推定值随高程变化关系图（幂函数）

表 9.33 3 个强度等级对应幂函数拟合关系式抗压强度推定结果比较表

系列	抗压强度推定值范围/MPa	抗压强度推定值平均值/MPa	结果离散性
sx3（1～3MPa）	1.5～2.1	1.7	较小
sx5（3～5MPa）	3.5～5.1	3.9	较大
sx4（5～7MPa）	4.8～5.4	5.1	较小

将横斗副坝塑性混凝土防渗墙不同高程对应的现场超声波测试结果代入掺膨润土材料组合对应弹性模量-波速拟合关系式中，得到不同函数拟合关系 3 组不同高程对应的心墙弹性模量推定值结果，推定结果详见表 9.34。图 9.24 展示了防渗心墙抗压强度推定值随高程变化关系。

表 9.34 横斗副坝塑性混凝土防渗墙弹性模量推定结果表

测点编号	测点高程/m	波速/(km/s)	弹性模量推定值/GPa			测点编号	测点高程/m	波速/(km/s)	弹性模量推定值/GPa		
			二次函数	幂函数	指数函数				二次函数	幂函数	指数函数
1	149.8	3.33	2.2	3.2	2.5	6	148.8	2.78	0.6	0.8	0.6
2	149.6	3.45	2.6	4.2	3.5	7	148.6	3.64	3.5	6.4	5.7
3	149.4	3.23	1.8	2.5	1.9	8	148.4	2.73	0.6	0.7	0.5
4	149.2	2.63	0.4	0.5	0.4	9	148.2	2.74	0.6	0.7	0.5
5	149.0	3.04	1.2	1.6	1.2	10	148.0	2.65	0.4	0.5	0.4

续表

测点编号	测点高程/m	波速/(km/s)	弹性模量推定值/GPa			测点编号	测点高程/m	波速/(km/s)	弹性模量推定值/GPa		
			二次函数	幂函数	指数函数				二次函数	幂函数	指数函数
11	147.8	2.94	1.0	1.2	0.9	36	142.8	2.82	0.7	0.9	0.6
12	147.6	2.38	0.2	0.2	0.2	37	142.6	2.67	0.5	0.6	0.4
13	147.4	2.82	0.7	0.9	0.7	38	142.4	2.11	0.2	0.1	0.1
14	147.2	3.08	1.3	1.7	1.3	39	142.2	2.74	0.6	0.7	0.5
15	147.0	2.70	0.5	0.6	0.5	40	142.0	2.71	0.5	0.6	0.5
16	146.8	3.28	2.0	2.8	2.2	41	141.8	2.66	0.5	0.5	0.4
17	146.6	2.67	0.5	0.6	0.4	42	141.6	3.08	1.3	1.7	1.3
18	146.4	3.45	2.6	4.2	3.5	43	141.4	2.94	1.0	1.2	0.9
19	146.2	2.77	0.6	0.8	0.6	44	141.2	2.65	0.4	0.5	0.4
20	146.0	2.63	0.4	0.5	0.4	45	141.0	3.39	2.4	3.7	3.0
21	145.8	3.64	3.5	6.4	5.7	46	140.8	2.66	0.5	0.5	0.4
22	145.6	3.33	2.2	3.2	2.5	47	140.6	3.45	2.6	4.2	3.5
23	145.4	2.82	0.7	0.9	0.6	48	140.4	2.89	0.9	1.0	0.8
24	145.2	2.72	0.5	0.6	0.5	49	140.2	2.93	1.0	1.2	0.9
25	145.0	2.78	0.6	0.8	0.6	50	143.8	2.70	1.3	1.7	1.2
26	144.8	2.63	0.4	0.5	0.4	51	143.6	2.65	0.5	0.6	0.4
27	144.6	3.40	2.4	3.8	3.0	52	143.4	2.63	1.8	2.5	1.9
28	144.4	2.71	0.5	0.6	0.5	53	143.2	2.65	1.3	1.7	1.3
29	144.2	3.51	2.9	4.9	4.1	54	143.0	3.45	0.7	0.9	0.6
30	144.0	3.29	2.0	2.9	2.3	55	142.8	2.82	2.2	3.3	2.6
31	143.8	2.70	0.5	0.6	0.5	56	142.6	2.67	1.7	2.3	1.8
32	143.6	2.65	0.4	0.5	0.4	57	142.4	2.11	2.4	3.8	3.0
33	143.4	2.63	0.4	0.5	0.4	58	142.2	2.74	1.5	2.0	1.5
34	143.2	2.65	0.4	0.5	0.4	59	142.0	2.71	1.2	1.5	1.2
35	143.0	3.45	2.6	4.2	3.5	60	141.8	2.66	1.5	1.9	1.4

结合表 9.35 和图 9.24 可知，不同函数拟合关系式得到 3 组弹性模量推定结果范围和平均值存在差异，具体表现为二次函数拟合关系式推定结果在 214～3490MPa；结果离散性相对较小；幂函数拟合关系式弹性模量推定结果在 86～4878Mpa；指数函数拟合关系式弹性模量推定结果在 97～4123MPa。因此，从推定结果与设计指标吻合度和数据离散性来看，二次函数系列强度与弹模关系式准确度更高。

表 9.35　不同函数拟合关系式波速与弹性模量拟合关系式弹性模量推定结果表

函数类型	弹性模量推定值范围/MPa	平均值/MPa	结果离散性
二次函数	214～3490	1094	较小
幂函数	86～4878	1558	较大
指数函数	97～4123	1252	较大

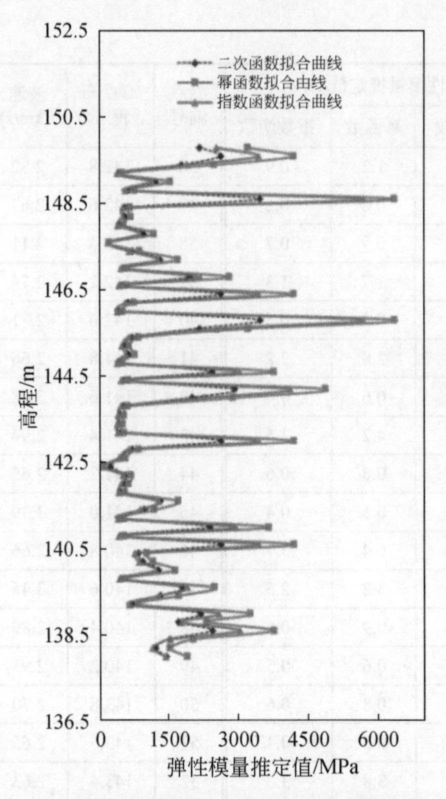

图 9.24 横斗副坝防渗心墙弹性模量推定值随高程变化关系图

9.3.4 塑性混凝土强度、弹性模量关系与波速拟合研究

1. 强度-波速曲线拟合研究

对室内成型的塑性混凝土抗压试件先后进行超声波测试和抗压强度测试，得到了两种材料组合和 3 个强度等级塑性混凝土抗压试件强度与波速的对应关系（王玮，2020）。此外，对在同一强度等级下两种材料组合的塑性混凝土抗压试件强度与波速数据开展关系曲线拟合研究（乔雨等，2016）。

1）掺膨润土塑性混凝土强度与波速关系曲线

试验获取 3 个强度等级（1～3MPa、3～5MPa 和 5～7MPa）掺膨润土塑性混凝土的抗压强度与其相对应的波速，强度和波速均取 1 组 3 个试件测值的平均值作为试验结果。根据实测数据，以最小二乘法计算出曲线的回归方程式，选取二次函数 $y=a+bx+cx^2$、指数函数 $y=ae^{bx}$ 和幂函数 $y=ax^b$ 进行强度与波速关系曲线拟合工作，最后将 3 个强度等级所得对应曲线进行拟合，得到掺膨润土塑性混凝土在 1～7MPa 范围内的强度与波速关系拟合曲线（吴希，2019）。

（1）1～3MPa 强度与波速关系曲线拟合。

通过对 sx3 系列的强度与波速的数据进行拟合，结果发现二次函数形式的拟合曲线拟合程度最好，R^2=0.855，曲线公式为 $y=-8.953+6.728x-1.054x^2$，其中截距（a）的标准误差为 6.144，b 的标准误差为 4.357，c 的标准误差为 0.771；幂函数形式的拟合曲线拟合程度次之，R^2=0.836，曲线公式为 $y=0.407x^{1.340}$，其中 a 的标准误差为 0.830，b 的标准误差为 0.197，如图 9.25 所示；指数函数形式的拟合曲线没有收敛。

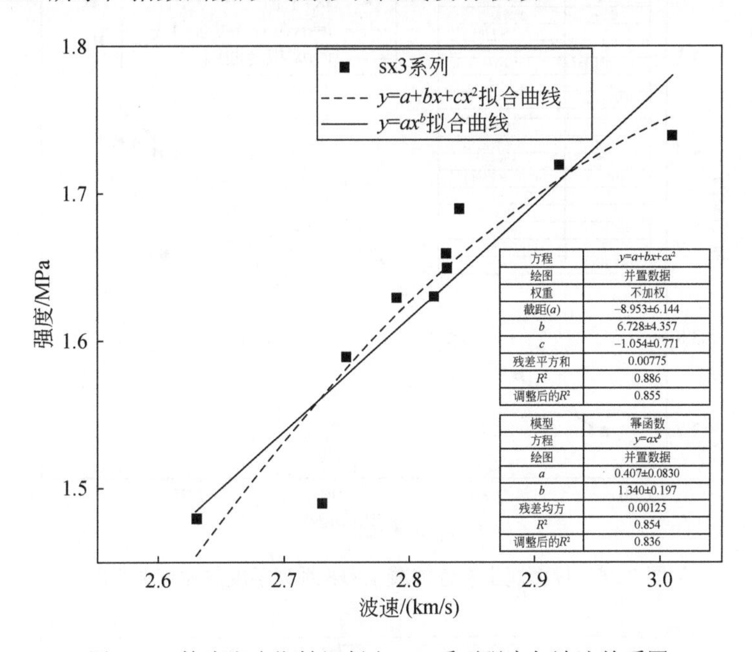

图 9.25 掺膨润土塑性混凝土 sx3 系列强度与波速关系图

（2）3～5MPa 强度与波速关系曲线拟合。

通过对 sx5 系列的强度与波速的数据进行拟合，结果发现幂函数形式的拟合曲线吻合程度最好，R^2=0.830，曲线公式为 $y=0.713x^{1.593}$，其中 a 的标准误差为 0.184，b 的标准误差为 0.240；二次函数形式的拟合曲线吻合程度次之，R^2=0.818，曲线公式为 $y=47.765-32.367x+5.941x^2$，其中截距 a 的标准误差为 69.960，b 的标准误差为 48.210，c 的标准误差为 8.302，如图 9.26 所示；指数函数形式的拟合曲线没有收敛。

（3）5～7MPa 强度与波速关系曲线拟合。

通过对 sx4 系列的强度和波速的数据进行拟合，结果发现二次函数形式的拟合曲线拟合程度最好，R^2=0.948，曲线公式为 $y=-4.027+5.238x-0.719x^2$，其中截距 a 的标准误差为 1.743，b 的标准误差为 1.060，c 的标准误差为 0.160；幂函数形式的拟合曲线拟合程度次之，R^2=0.842，曲线公式为 $y=3.762x^{0.300}$，其中 a 的标准误差为 0.188，b 的标准误差为 0.043，如图 9.27 所示；指数函数形式的拟合曲线没有收敛。

（4）1～7MPa 强度与波速关系曲线拟合。

在对 sx3、sx5、sx4 系列强度-波速曲线拟合后，将拟合程度最好的曲线形式绘制在 1 张图上。由图 9.28 可知，指数函数的拟合曲线未收敛，其余两种函数关系的拟合程度为二次函数＞幂函数，但二者的拟合程度都较差。二次函数形式的拟合曲线 R^2=0.616，曲线公式为 $y=-82.895+50.995x-7.328x^2$，其中截距 a 的标准误差为 23.083，b 的标准误差为 14.712，c 的标准误差为 2.330；幂函数形式的拟合曲线 R^2=0.429，曲线公式为 $y=0.131x^{3.027}$，其中 a

的标准误差为 0.091，b 的标准误差为 0.607。

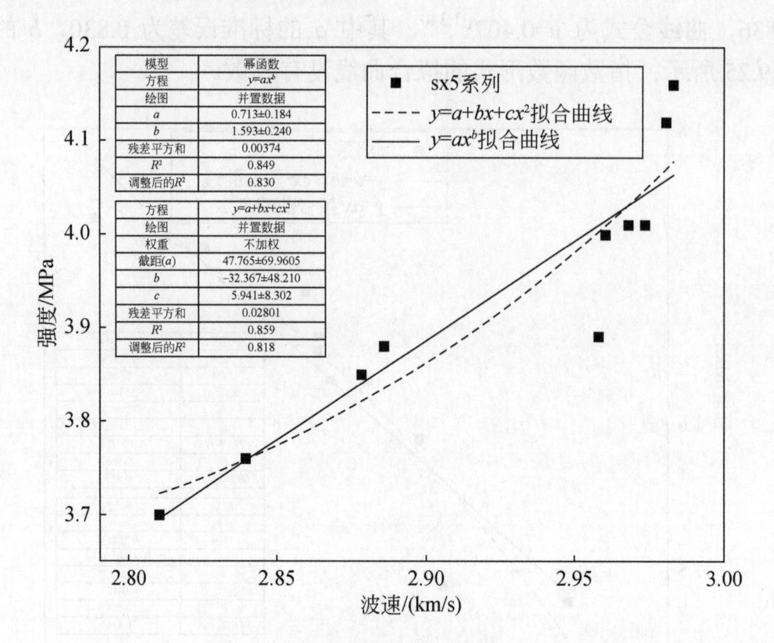

模型 | 幂函数
方程 | $y=ax^b$
绘图 | 并置数据
a | 0.713±0.184
b | 1.593±0.240
残差平方和 | 0.00374
R^2 | 0.849
调整后的R^2 | 0.830
方程 | $y=a+bx+cx^2$
绘图 | 并置数据
权重 | 不加权
截距(a) | 47.765±69.9605
b | −32.367±48.210
c | 5.941±8.302
残差平方和 | 0.02801
R^2 | 0.859
调整后的R^2 | 0.818
sx5系列
$y=a+bx+cx^2$拟合曲线
$y=ax^b$拟合曲线
强度/MPa
波速/(km/s)

图 9.26　掺膨润土塑性混凝土 sx5 系列强度与波速关系图

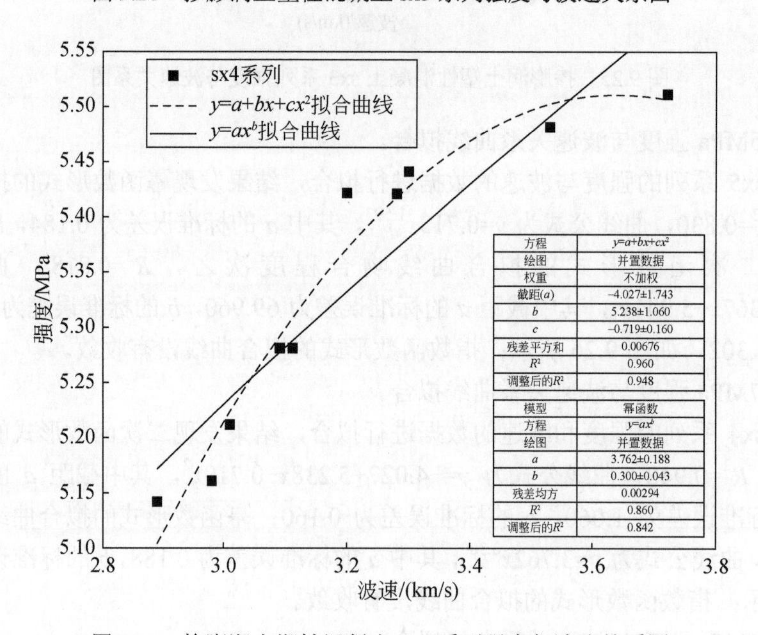

图 9.27　掺膨润土塑性混凝土 sx4 系列强度与波速关系图

此外，不同配合比的强度-波速关系是相对独立互不干扰的，且随着波速的增加，抗压强度也有不同程度的增加。当波速小于 2.8km/s 时，强度小于 2.0MPa，当波速大于 3.1km/s 时，强度大于 5.0MPa，当波速在 2.8～3.1km/s 时，需要具体分析，可以通过测量波速的方式初步推断掺膨润土塑性混凝土抗压试件的强度范围。

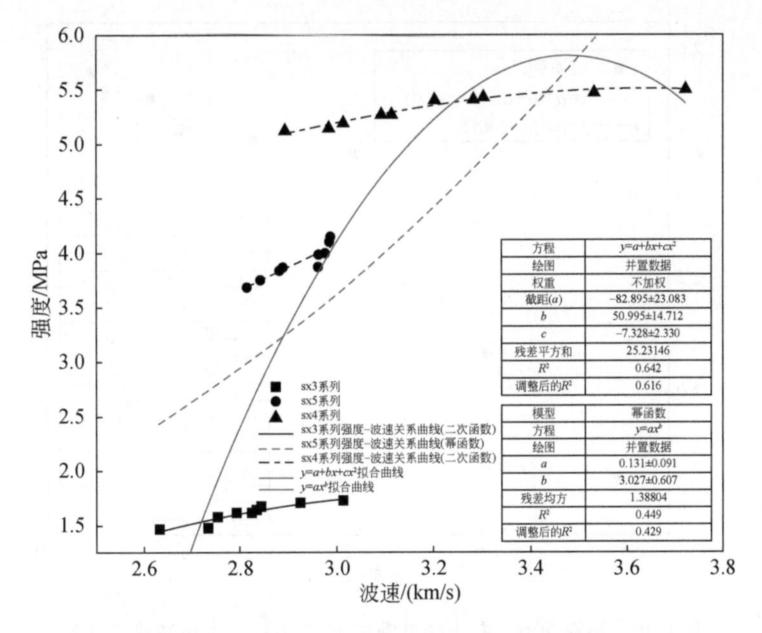

图 9.28　掺膨润土塑性混凝土强度与波速关系图

2）掺膨润土、黏土塑性混凝土强度与波速关系曲线

试验获取 3 个强度等级（1～3MPa、3～5MPa 和 5～7MPa）掺膨润土、黏土塑性混凝土强度的抗压强度与其相对应的波速，强度和波速均取 1 组 3 个试件测值的平均值作为试验结果。根据实测数据，以最小二乘法计算出曲线的回归方程式，选取二次函数 $y=a+bx+cx^2$、指数函数 $y=a\mathrm{e}^{bx}$ 和幂函数 $y=ax^b$ 进行强度与波速关系曲线拟合工作，最后将 3 个强度等级所得对应曲线进行拟合，得到掺膨润土、黏土塑性混凝土在 1～7MPa 范围内的强度与波速关系拟合曲线

（1）1～3MPa 强度与波速关系曲线拟合。

对 s3 系列强度与波速的数据进行拟合，二次函数形式的拟合曲线公式为 $y=-28.639+21.041x-3.546x^2$，$R^2=0.944$，其中截距 a 的标准误差为 10.754，b 的标准误差为 7.963，c 的标准误差为 1.472，曲线拟合程度最好；幂函数形式的拟合曲线拟合程度次之，$R^2=0.901$，曲线公式为 $y=0.261x^{2.178}$，其中 a 的标准误差为 0.065，b 的标准误差为 0.247，如图 9.29 所示；指数函数形式的拟合曲线未收敛。

（2）3～5MPa 强度与波速关系曲线拟合。

对 s7 系列强度与波速的数据进行拟合，二次函数形式的拟合公式为 $y=8.084-3.372x+0.685x^2$，$R^2=0.981$，截距 a 的标准误差为 5.322，b 的标准误差为 3.310，c 的标准误差为 0.514，曲线拟合程度最好；幂函数形式的拟合曲线拟合程度次之，$R^2=0.979$，曲线公式为 $y=1.761x^{0.772}$，a 的标准误差为 0.079，b 的标准误差为 0.038，如图 9.30 所示；指数函数形式的拟合曲线未收敛。

（3）5～7MPa 强度与波速关系曲线拟合。

通过对 s6 系列强度与波速的数据进行拟合，结果发现二次函数形式的拟合曲线拟合程度最好，$R^2=0.949$，曲线公式为 $y=159.179-90.474x+13.407x^2$，其中截距 a 的标准误差为

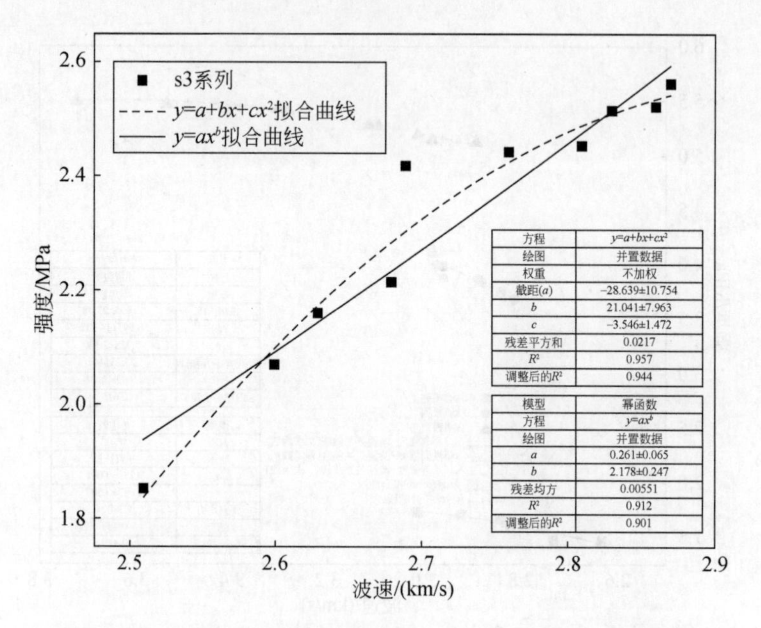

图 9.29 掺膨润土、黏土塑性混凝土 s3 系列强度与波速关系图

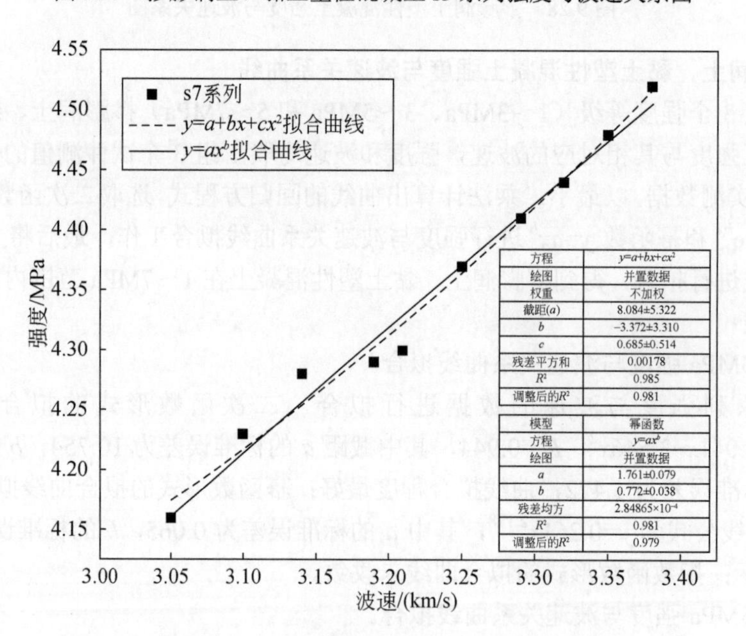

图 9.30 掺膨润土、黏土塑性混凝 s7 系列强度与波速关系图

45.371，b 的标准误差为 25.919，c 的标准误差为 3.705；幂函数形式的拟合曲线拟合程度次之，R^2=0.877，曲线公式为 y=0.797$x^{1.714}$，其中 a 的标准误差为 0.212，b 的标准误差为 0.212，如图 9.31 所示；指数函数形式的拟合曲线没有收敛。

（4）1～7MPa 强度与波速关系曲线拟合。

指数函数形式拟合曲线为 y=0.063e$^{1.327x}$，R^2=0.941，其中 a 标准误差为 0.016，b 标准误差为 0.074；二次函数形式拟合曲线公式为 y=23.531−18.090x+3.781x^2，R^2=0.940，截距 a

的标准误差为 8.841，b 标准误差为 5.781，c 标准误差为 0.935；幂函数形式的拟合曲线公式为 $y=0.033x^{4.213}$，$R^2=0.939$，a 的标准误差为 0.010，b 标准误差为 0.244。3 种函数关系的拟合程度为指数函数＞二次函数＞幂函数，但三者相关系数差别不大，拟合相关性较好。

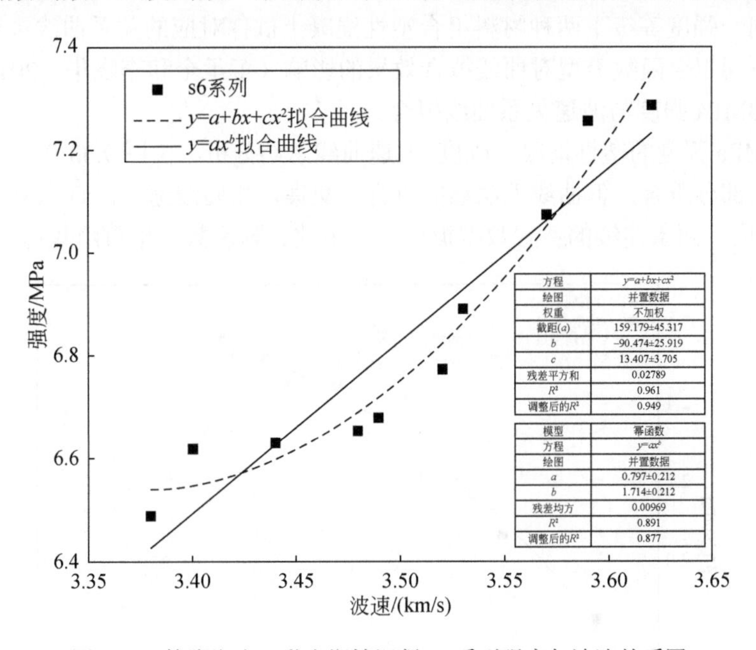

图 9.31　掺膨润土、黏土塑性混凝 s6 系列强度与波速关系图

由图 9.32 可知，不同配合比的强度-波速关系是相对独立互不干扰的，且随着波速的增加，强度也有不同程度的增加。当波速小于 2.9km/s 时，强度小于 3.0MPa；当波速大于

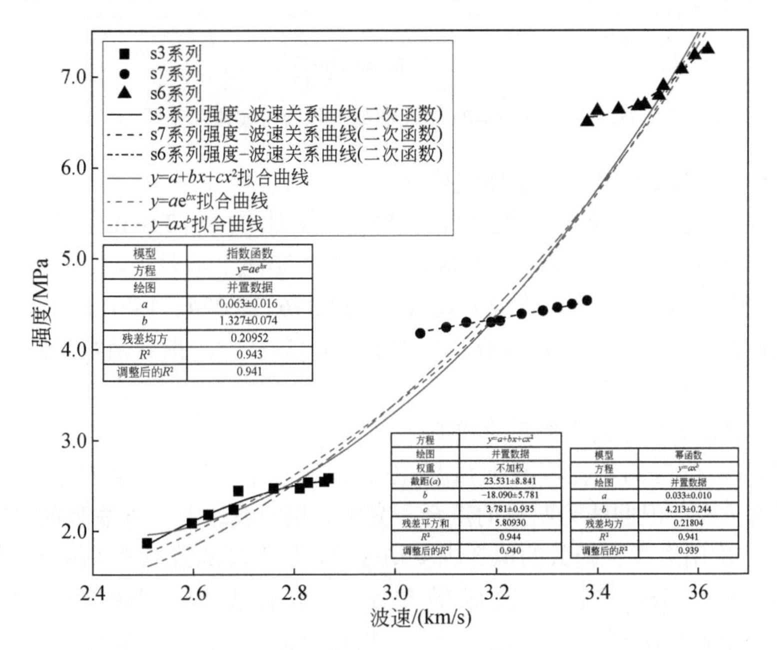

图 9.32　掺膨润土、黏土塑性混凝土强度与波速关系图

3.4km/s 时，强度大于 6.0MPa；当波速在 3.0～3.4km/s 时，强度介于 4～5MPa，可以通过测量波速的方式，初步推断掺膨润土、黏土塑性混凝土抗压试件的强度范围。

3）两种材料组合塑性混凝土强度与波速关系曲线

本节将同一强度等级下两种材料组合塑性混凝土试件对应的关系曲线进行对比及拟合工作，分析不同拟合函数类型对曲线拟合效果的影响（董承全和李晓华，2010）。

（1）1～3MPa 强度与波速关系曲线拟合。

对 1～3MPa 强度的塑性混凝土强度-波速曲线总结分析，由图 9.33 以看出，两条曲线的波速范围大部分重合，但曲线无明显的重合、交集，相同波速下，s3 系列的强度要大于 sx3 系列的强度，两条曲线的并置数据拟合二次函数、幂函数、指数函数均不收敛。

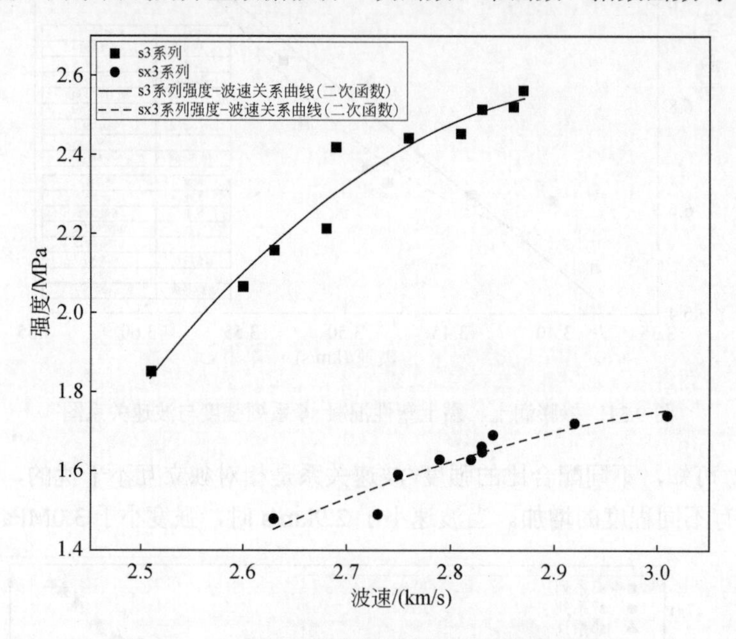

图 9.33　1～3MPa 塑性混凝土强度与波速关系图

（2）3～5MPa 强度与波速关系曲线拟合。

由图 9.34 可知，两条曲线的波速没有重合的范围，2.8～3.0km/s 范围内的材料组合为单掺膨润土，3.0～3.4km/s 范围内的材料组合为掺膨润土和黏土。二次函数形式的拟合曲线拟合程度最好，R^2=0.962，曲线公式为 $y=-13.396+10.024x-1.401x^2$；幂函数形式的拟合曲线拟合程度次之，$R^2$=0.941，曲线公式为 $y=1.359x^{0.992}$，指数函数形式的拟合曲线没有收敛。

（3）5～7MPa 强度与波速关系曲线拟合。

对 5～7MPa 强度的塑性混凝土强度-波速曲线总结分析，两条曲线的波速在 3.4～3.7km/s 范围内重合，但曲线无明显的重合、交集。相同波速下，s6 系列的强度要大于 sx4 系列的强度。二次函数和幂函数的拟合程度均较差，其中幂函数形式的拟合曲线 R^2=0.516，曲线公式为 $y=1.167x^{1.363}$；二次函数形式的拟合曲线 R^2=0.505，曲线公式为 $y=-22.479+14.825x-1.873x^2$，如图 9.35 所示；指数函数形式的拟合曲线没有收敛。

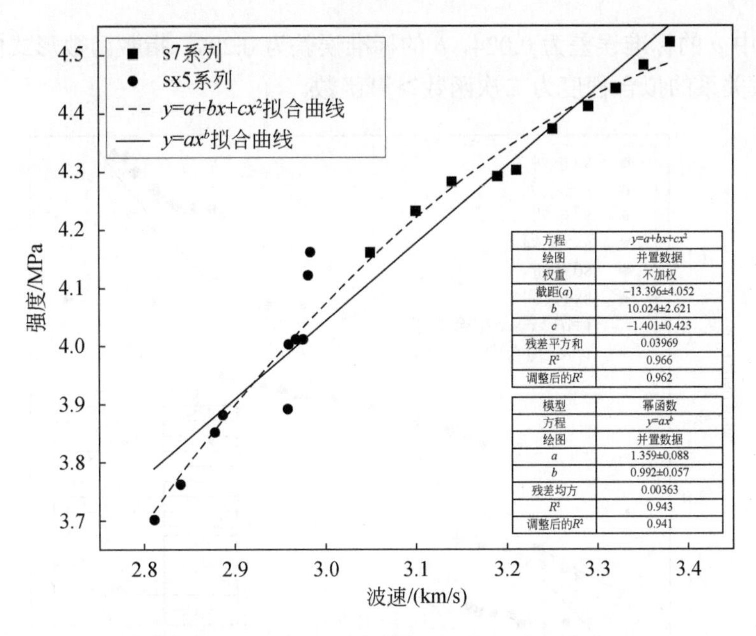

图 9.34　3～5MPa 塑性混凝土强度与波速关系图

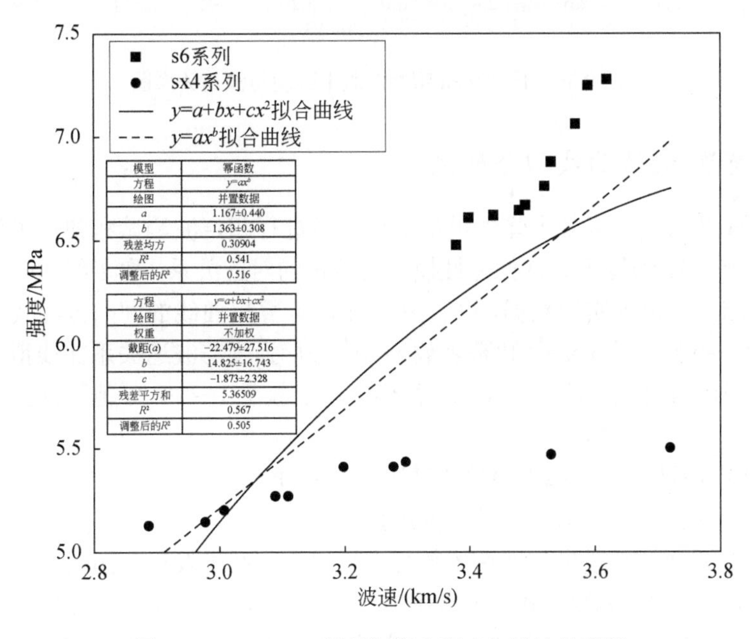

图 9.35　5～7MPa 塑性混凝土强度与波速关系图

（4）1～7MPa 强度与波速关系曲线拟合。

图 9.36 展示了 1～7MPa 塑性混凝土强度-波速曲线，总结分析可知，随着波速的增大，强度也随之增大，二者成正相关。二次函数和幂函数的拟合程度均较差，二次函数形式的拟合曲线公式为 $y=-19.638+10.305x-0.832x^2$，$R^2=0.756$，其中截距 a 的标准误差为 12.387，b 的标准误差为 7.993，c 的标准误差为 1.280；幂函数形式的拟合曲线公式为 $y=0.068x^{3.611}$，

R^2=0.737，其中 a 的标准误差为 0.024，b 的标准误差为 0.297；指数函数形式的拟合曲线没有收敛。函数关系的拟合程度为二次函数＞幂函数。

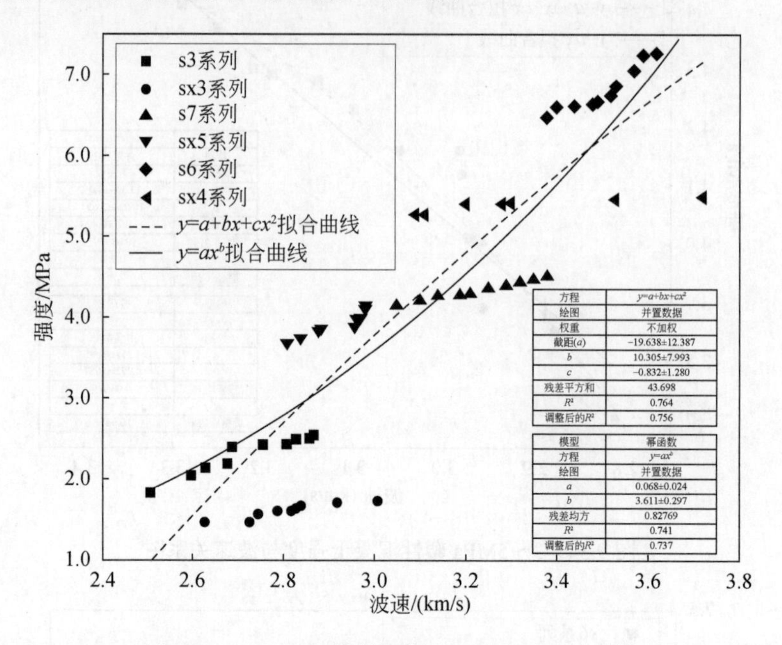

图 9.36　1～7MPa 塑性混凝土强度与波速关系图

2. 弹性模量-波速曲线拟合研究

对室内所成型的塑性混凝土弹性模量试件先后进行超声波测试和弹性模量测试，得到了两种材料组合+3 个强度等级试件弹性模量与波速的对应关系，取 1 组 3 个试件测值的平均值作为试验结果。根据实测数据，以最小二乘法计算出曲线的回归方程式，选取二次函数 $y=a+bx+cx^2$、指数函数 $y=ae^{bx}$ 和幂函数 $y=ax^b$ 进行强度与波速关系曲线拟合工作，最后将 3 个强度等级所得对应曲线进行拟合，得到塑性混凝土 1～7MPa 范围内弹性模量与波速关系拟合曲线（邓昌宁，2013）。

1）掺膨润土塑性混凝土弹性模量与波速关系曲线

（1）1～3MPa 弹性模量与波速关系曲线拟合。

通过对 sx3 系列弹性模量与波速的数据进行拟合，结果发现幂函数形式的拟合曲线吻合程度最好，R^2=0.878，曲线公式为 $y=0.023x^{2.357}$，其中 a 的标准误差为 0.006，b 的标准误差为 0.300；二次函数形式的拟合曲线吻合程度次之，R^2=0.870，曲线公式为 $y=-1.145+0.926x-0.154x^2$，其中截距 a 的标准误差为 1.631，b 的标准误差为 1.358，c 的标准误差为 0.282，如图 9.37 所示；指数函数形式的拟合曲线没有收敛。

（2）3～5MPa 弹性模量与波速关系曲线拟合。

通过对 sx5 系列弹性模量与波速的数据进行拟合，由图 9.38 可知，幂函数形式的拟合曲线吻合程度最好，R^2=0.936，曲线公式为 $y=0.072x^{2.000}$，其中 a 标准误差为 0.013，b 标准误差为 0.177；二次函数形式的拟合曲线吻合程度次之，R^2=0.927，曲线公式为

$y=-0.237+0.174x+0.040x^2$，其中截距 a 的标准误差为 2.434，b 的标准误差为 1.787，c 标准误差为 0.328；指数函数拟合曲线未收敛。

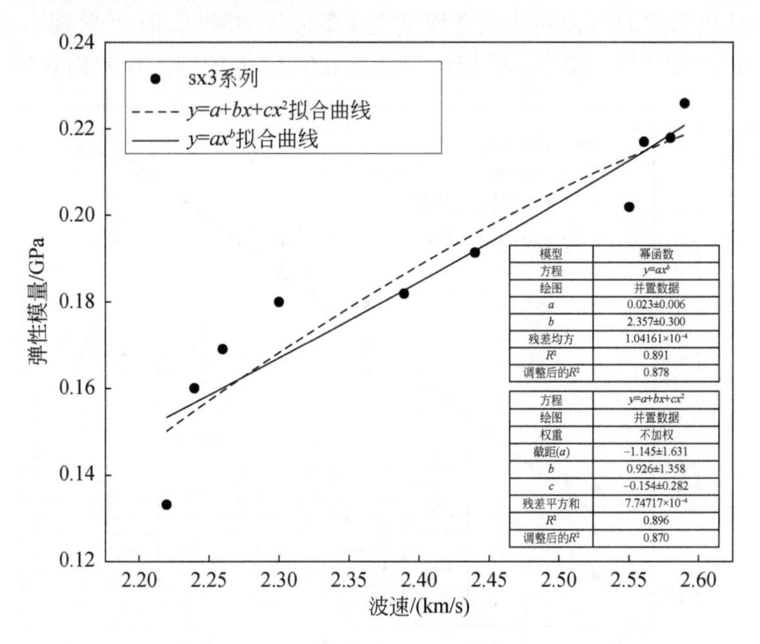

图 9.37　掺膨润土塑性混凝土 sx3 系列弹性模量与波速关系图

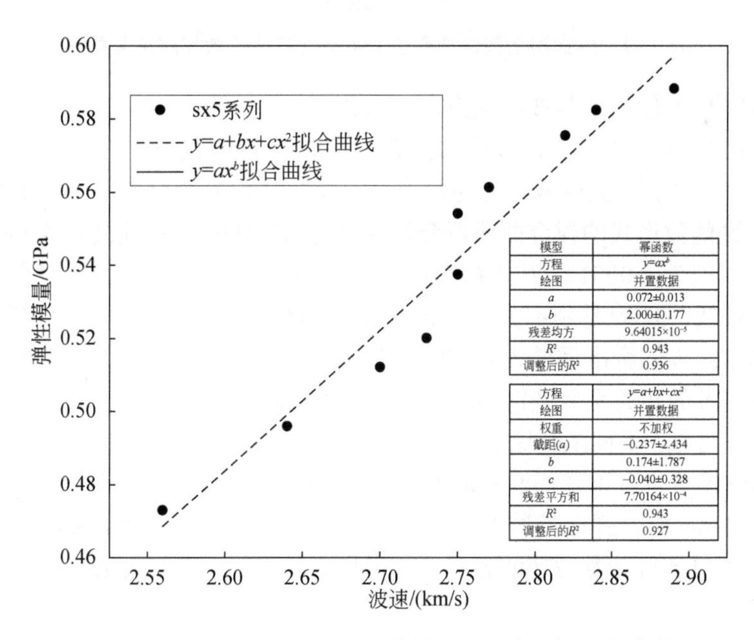

图 9.38　掺膨润土塑性混凝土 sx5 系列弹性模量与波速关系图

（3）5～7MPa 弹性模量与波速关系曲线拟合。

通过对 sx4 系列弹性模量与波速的数据进行拟合，观察图 9.39 发现二次函数形式的拟合曲线拟合程度最好，$R^2=0.928$，曲线公式为 $y=-10.88+7.192x-1.057x^2$，其中截距 a 的标准误差为 10.205，b 的标准误差为 6.716，c 的标准误差为 1.105；幂函数形式的拟合曲线拟合程度次之，R^2=0.927，曲线公式为 y=0.143$x^{1.922}$，其中 a 的标准误差为 0.028，b 的标准误差为 0.179；指数函数形式的拟合曲线拟合程度在 3 条曲线中较低，但 R^2 差别不大，达到 0.924，曲线公式为 y=0.177e$^{0.631x}$，其中 a 的标准误差为 0.032，b 的标准误差为 0.060。

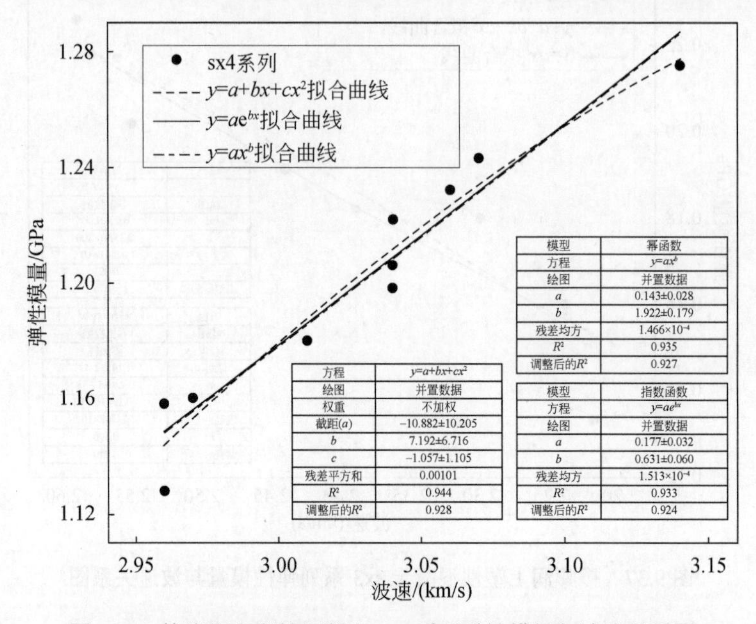

图 9.39　掺膨润土塑性混凝土 sx4 系列弹性模量与波速关系图

（4）1～7MPa 弹性模量与波速关系曲线拟合。

由图 9.40 可知，二次函数形式的拟合曲线拟合程度最好，R^2=0.942，曲线公式为 y=9.427−8.143x+1.787x^2，其中截距 a 的标准误差为 1.939，b 的标准误差为 1.457，c 的标准误差为 0.271；幂函数形式的拟合曲线拟合程度次之，R^2=0.937，曲线公式为 y=0.00025$x^{7.589}$，其中 a 的标准误差为 0.00014，b 的标准误差为 0.500；指数函数形式的拟合曲线拟合程度在 3 条曲线中较低，但 R^2 差别不大，达到 0.934，曲线公式为 y=0.00036e$^{2.659x}$，其中 a 的标准误差为 0.00019，b 的标准误差为 0.176。3 种函数关系的拟合程度为二次函数＞幂函数＞指数函数，但三者的相关系数差别不大，拟合相关性较好。

进一步分析可知，不同配合比的弹性模量-波速关系是相对独立互不干扰的，且随着波速的增加，弹性模量也有不同程度的增加。当波速小于 2.5km/s 时，弹性模量小于 0.3GPa；当波速大于 3.0km/s 时，弹性模量大于 1.0GPa，当波速在 2.7～2.9km/s 时，弹性模量介于 0.4～0.7GPa，可以通过测量波速的方式，初步推断掺膨润土塑性混凝土弹模试件的弹性模量范围。

2）掺膨润土、黏土塑性混凝土弹性模量与波速关系曲线

（1）1～3MPa 弹性模量与波速关系曲线拟合。

通过对 s3 系列弹性模量与波速的数据进行拟合，结果发现二次函数形式的拟合曲线吻合程度最好，R^2=0.951，曲线公式为 y=2.788−2.167x+0.463x^2，其中截距 a 的标准误差为 1.024，b 的标准误差为 0.792，c 的标准误差为 0.153；幂函数形式的拟合曲线吻合程度次之，

R^2=0.912，曲线公式为 y=0.039$x^{2.115}$，其中 a 的标准误差为 0.008，b 的标准误差为 0.222，见图 9.41；指数函数形式的拟合曲线没有收敛。

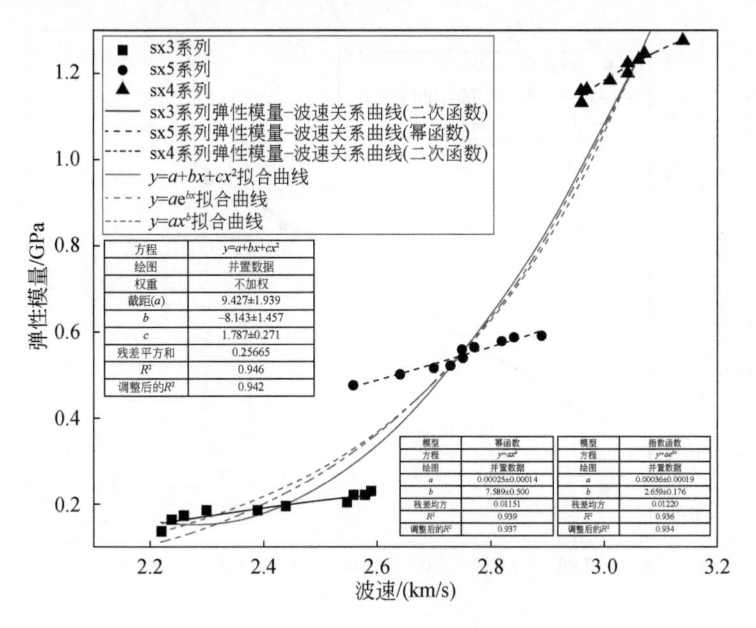

图 9.40　掺膨润土塑性混凝土弹性模量与波速关系图

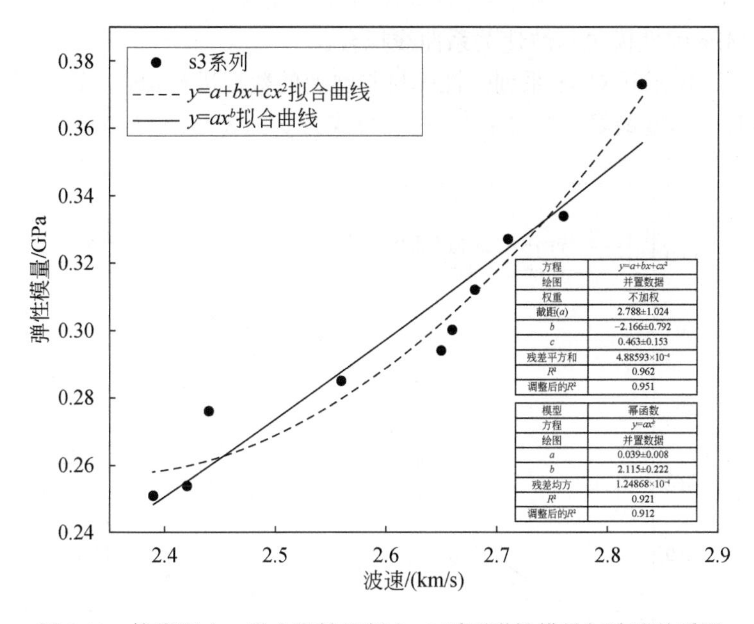

图 9.41　掺膨润土、黏土塑性混凝土 s3 系列弹性模量与波速关系图

（2）3～5MPa 弹性模量与波速关系曲线拟合。

通过对 s7 系列弹性模量与波速的数据进行拟合，结果发现幂函数形式的拟合曲线吻合程度最好，R^2=0.927，曲线公式为 y=0.055$x^{1.995}$，其中 a 的标准误差为 0.011，b 的标准误差为 0.187；二次函数形式的拟合曲线吻合程度次之，R^2=0.917，曲线公式为

y=−0.757+0.497x−0.027x^2，其中截距 a 的标准误差为 3.027，b 的标准误差为 1.985，c 的标准误差为 0.325，见图 9.42；指数函数形式的拟合曲线没有收敛。

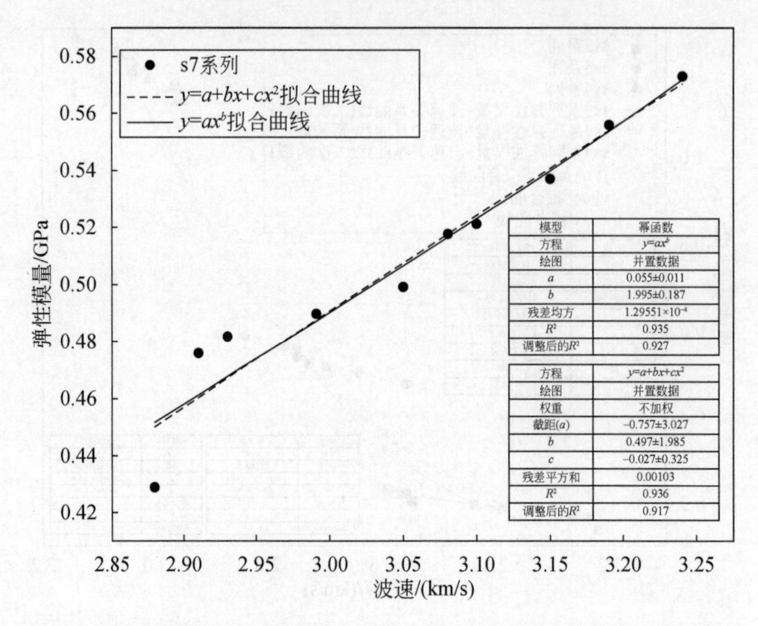

图 9.42　掺膨润土、黏土塑性混凝土 s7 系列弹性模量与波速关系图

（3）5～7MPa 弹性模量与波速关系曲线拟合。

由图 9.43 可知，通过对 s6 系列弹性模量与波速的数据进行拟合，结果发现二次函数形式的拟合曲线吻合程度最好，R^2=0.896，曲线公式为 y=−78.751+44.921x−6.321x^2，其中截距

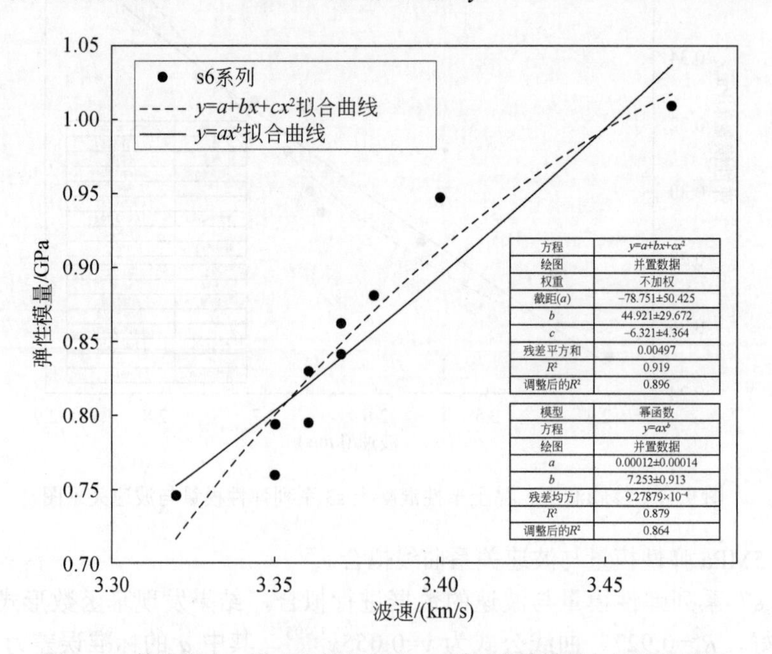

图 9.43　掺膨润土、黏土塑性混凝土 s6 系列弹性模量与波速关系图

a 的标准误差为 50.425，b 的标准误差为 29.672，c 的标准误差为 4.364；幂函数形式的拟合曲线吻合程度次之，R^2=0.864，曲线公式为 $y=0.00012x^{7.253}$，其中 a 的标准误差为 0.00014，b 的标准误差为 0.913；指数函数形式的拟合曲线没有收敛。

（4）1～7MPa 弹性模量与波速关系曲线拟合。

由图 9.44 可知，3 种函数关系的拟合程度为二次函数＞指数函数＞幂函数，但三者的相关系数差别不大，拟合相关性较好。二次函数形式的拟合曲线拟合程度最好，R^2=0.968，曲线公式为 $y=4.400-3.349x+0.679x^2$，其中截距 a 的标准误差为 0.722，b 的标准误差为 0.494，c 的标准误差为 0.084；指数函数形式的拟合曲线拟合程度次之，R^2=0.964，曲线公式为 $y=0.007\mathrm{e}^{1.425x}$，其中 a 的标准误差为 0.001，b 的标准误差为 0.061；幂函数形式的拟合曲线拟合程度在 3 条曲线中较低，但 R^2 差别不大，达到 0.953，曲线公式为 $y=0.004x^{4.313}$，a 的标准误差为 0.001，b 的标准误差为 0.216。

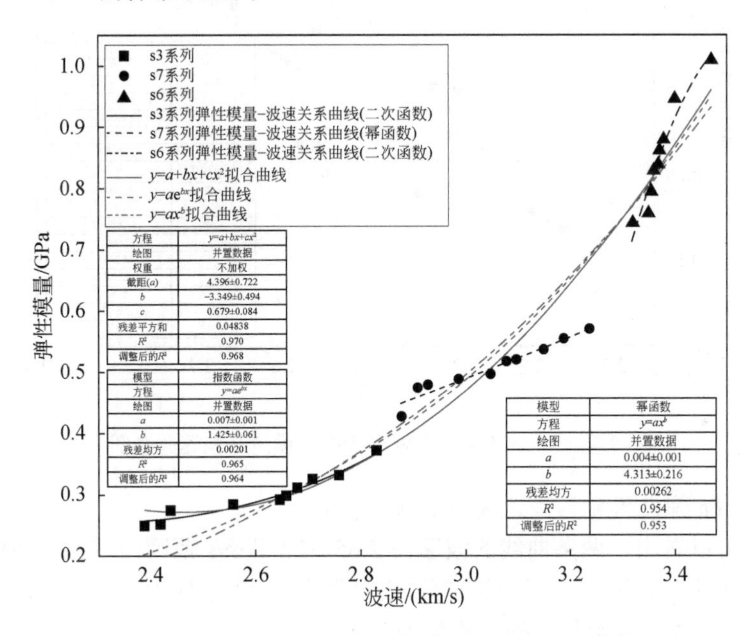

图 9.44　掺膨润土、黏土塑性混凝土弹性模量与波速关系图

进一步分析可知，不同配合比的弹性模量–波速关系是相对独立互不干扰的，且随着波速的增加，弹性模量也有不同程度的增加。当波速小于 2.8km/s 时，弹性模量小于 0.4GPa；当波速大于 3.1km/s 时，弹性模量大于 0.7GPa，当波速为 2.9～3.2km/s 时，弹性模量介于 0.5～0.65GPa，可以通过测量波速的方式，初步推断掺膨润土、黏土塑性混凝土弹性模量试件的弹性模量范围。

3）两种材料组合塑性混凝土弹性模量与波速关系曲线

本节将同一强度等级下两种材料组合塑性混凝土试件对应的弹性模量与波速关系曲线进行对比及拟合工作（胡在良和张佰战，2011）。

（1）1～3MPa 弹性模量与波速关系曲线拟合。

对 1～3MPa 强度的塑性混凝土弹性模量–波速曲线分析，由图 9.45 可以看出，两条曲线的波速在 2.4～2.6km/s 范围内重合，相同波速下，s3 系列的弹性模量要大于 sx3 系列的弹性模量。对两条曲线的并置数据拟合二次函数、幂函数、指数函数，结果发现幂函数形式的拟合曲线拟合程度最好，R^2=0.767，曲线公式为 $y=0.010x^{3.467}$，其中 a 的标准误差为 0.004，b 的标准误差为 0.452；二次函数形式的拟合曲线拟合程度次之，R^2=0.753，曲线公式为 $y=0.856-0.823x+0.229x^2$，其中截距 a 的标准误差为 1.531，b 的标准误差为 1.226，c 的标准误差为 0.245；指数函数形式的拟合曲线没有收敛。

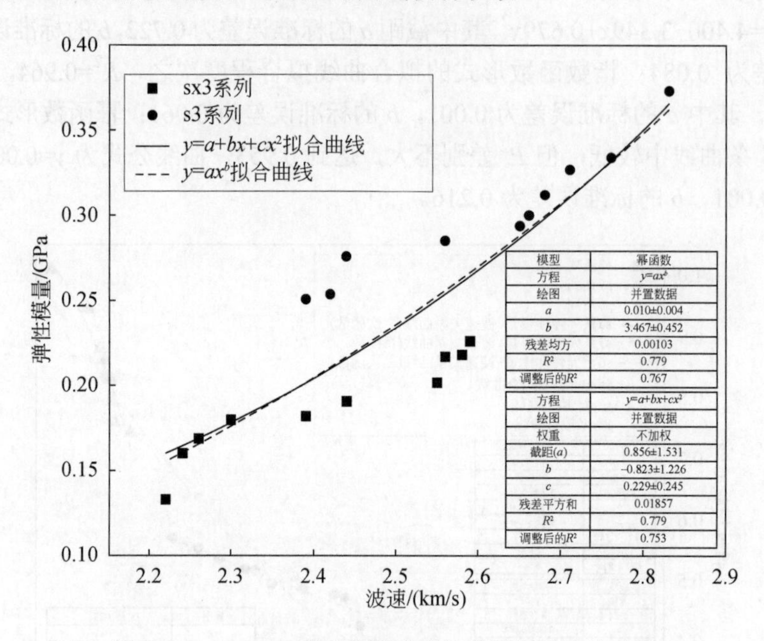

模型	幂函数
方程	$y=ax^b$
绘图	并置数据
a	0.010±0.004
b	3.467±0.452
残差均方	0.00103
R^2	0.779
调整后的R^2	0.767

方程	$y=a+bx+cx^2$
绘图	并置数据
权重	不加权
截距(a)	0.856±1.531
b	−0.823±1.226
c	0.229±0.245
残差平方和	0.01857
R^2	0.779
调整后的R^2	0.753

图 9.45　1～3MPa 塑性混凝土弹性模量与波速关系图

（2）3～5MPa 弹性模量与波速关系曲线拟合。

由图 9.46 可以看出，两条曲线的波速在 2.85～2.95km/s 范围内重合，但曲线无明显的重合、交集，相同波速下，sx5 系列的弹性模量要大于 s7 系列的弹性模量，两条曲线的并置数据拟合二次函数、幂函数、指数函数均不收敛。

（3）5～7MPa 弹性模量与波速关系曲线拟合。

由图 9.47 可以看出，两条曲线的波速没有重合的范围，且曲线无明显的重合、交集。波速在 2.8～3.1km/s 范围内的材料组合为单掺膨润土，3.3～3.5km/s 范围内的材料组合为掺膨润土和黏土。结果显示 3 种函数曲线拟合程度均较差，指数函数形式拟合曲线 R^2=0.678，公式为 $y=15.719e^{-0.857x}$，a 标准误差为 6.779，b 标准误差为 0.137；幂函数形式拟合曲线 R^2=0.675，公式为 $y=23.858x^{-2.720}$，a 的标准误差为 11.959，b 的标准误差为 0.437；二次函数形式拟合曲线 R^2=0.661，公式为 $y=5.576-1.970x+0.171x^2$，其中截距 a 的标准误差为 15.587，b 标准误差为 9.780，c 标准误差为 1.530。

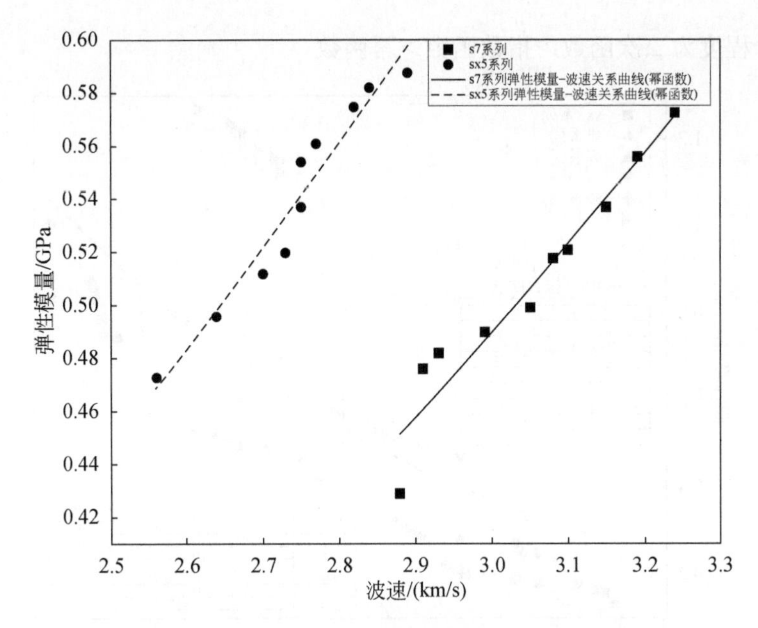

图 9.46　3～5MPa 塑性混凝土弹性模量与波速关系图

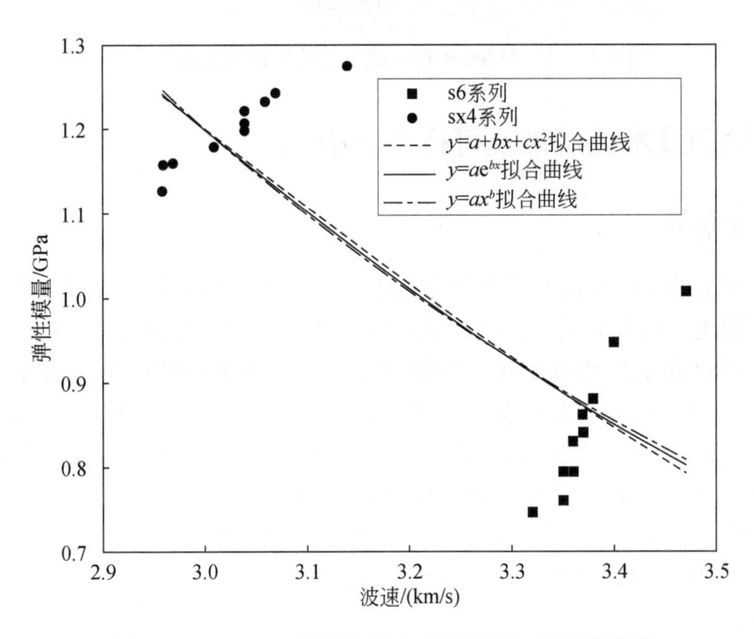

图 9.47　5～7MPa 塑性混凝土弹性模量与波速关系图

（4）1～7MPa 弹性模量与波速关系曲线拟合。

图 9.48 展示了 1～7MPa 塑性混凝土弹性模量-波速曲线。3 种函数拟合程度均较差，二次函数形式的拟合曲线公式为 $y=-5.022+3.217x-0.433x^2$，$R^2=0.530$，截距 a 的标准误差为 2.126，b 的标准误差为 1.499，c 标准误差为 0.262；幂函数形式的拟合曲线公式为 $y=0.019x^{3.247}$，$R^2=0.472$，其中 a 的标准误差为 0.011，b 的标准误差为 0.524；指数函数形式的拟合公式为 $y=0.026e^{1.076x}$，$R^2=0.451$，其中 a 标准误差为 0.014，b 标准误差为 0.177。

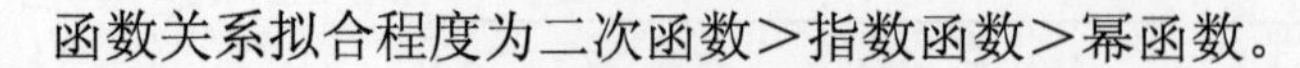
函数关系拟合程度为二次函数＞指数函数＞幂函数。

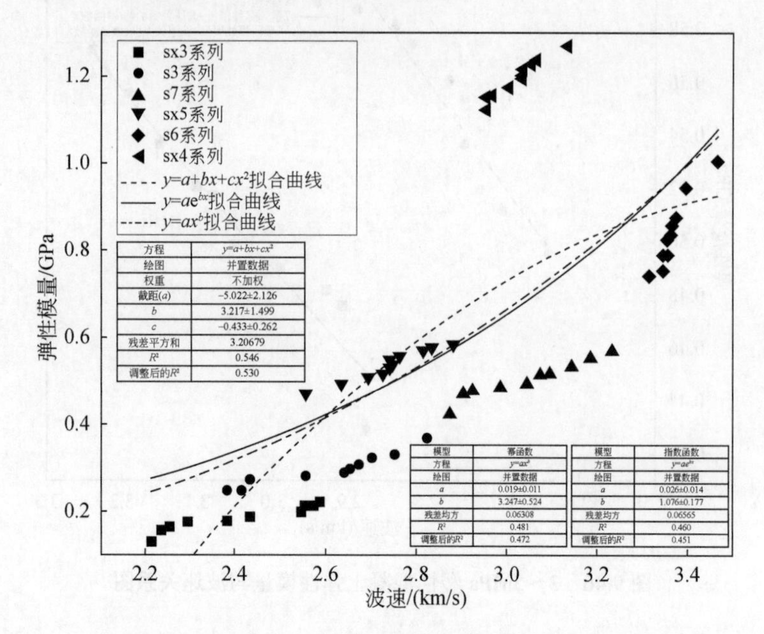

图 9.48 1～7MPa 塑性混凝土弹性模量与波速关系图

9.3.5 检测技术经济性及可行性分析

1. 经济性分析

本节研究采用的超声波法是近年来塑性混凝土防渗心墙的无损检测方法之一，与传统的钻孔取芯法相比，具有无损、高效、成本较低等优点，在其他行业得到广泛应用。结合《2019 年版广西水利工程质量检测试验收费项目及标准指导性意见（试行）》（桂水检协〔2019〕2 号文）、《工程勘察设计收费管理规定》（计价格〔2002〕10 号）规定，埋管法超声波测试深度≤30m，每个剖面 500 元，芯样抗压强度测试 250 元/组，弹性模量测试 1000 元/组，钻孔费约 500 元/m，预埋管 60～80 元/m。钻孔取芯 1m 约花费 1～2 小时，超声波测试一个剖面约花费 1～2 小时。超声波测试获得的超声波数据通过强度-波速曲线和弹性模量-波速曲线可推导出强度推定值和弹性模量推定值。

最小节约成本：

[（500 元/m×10m+250 元+1000 元）-（80 元/m×10m+500 元）] /（500 元/m×10m+250 元+1000 元）×100%=79.2%

最大节约成本：

[（500 元/m×10m+250 元+1000 元）-（60 元/m×10m+500 元）] /（500 元/m×10m+250 元+1000 元）×100%=82.4%

最小节约时间：

[（1 小时/m×10m）-2 小时] /（1 小时/m×10m）×100%=80%

最大节约时间：

［（2 小时/m×10m）-1 小时］/（2 小时/m×10m）×100%=95%

对比传统的钻孔取芯法和超声波法的检测成本和工作耗时，超声波法相较钻孔取芯法节约了 79.2%～82.4%的成本和 80%～95%的时间，如表 9.36 所示。因此，从节约经济和时间成本角度看，超声波法用于塑性混凝土防渗心墙的质量评估具有较好的经济性。

表 9.36　防渗心墙质量超声波法与钻孔取芯法对比一览表

方法	钻孔费用	预埋管费用	检测单价		总价/元	与钻孔取芯法对比节约成本	耗时/小时
			抗压强度	弹性模量			
钻孔取芯法	500 元/m	—	250 元/组	1000 元/组	6250	—	10～20
超声波法	—	60～80 元/m	500 元/剖面		1100～1300	79.2%～82.4%	1～2

注：钻孔深度约 10m。

2. 可行性分析

在现场进行检测过程中，由于塑性混凝土强度等级低，施工过程复杂，防渗心墙具有较大隐蔽性，施工实体整体质量难以保证，将塑性混凝土防渗心墙现场超声波测试的波速数据代入室内试验得到的拟合关系式，导出的强度和弹性模量推定值是评估塑性混凝土防渗心墙质量的重要指标（沙玲等，2007）。为了验证超声波法的可行性，将导出的推定值与防渗心墙设计指标和试验实测值进行对比，发现心墙抗压强度推定值范围和弹性模量推定值范围与设计指标范围基本一致，但是强度推定值和弹性模量推定值与试验实测值仍有一定的误差，可能是由于下列原因导致的：

（1）所使用的掺膨润土塑性混凝土强度-波速曲线和弹性模量-波速曲线拟合关系式本身存在误差，R^2 越接近 1，拟合误差越小，推定值越接近实测值；

（2）室内与室外声波测试设备不一致，室内超声波测试使用的是海创高科 HC-U81 型多功能混凝土超声波检测仪，室外现场超声波测试使用的是非金属声波仪；

（3）室内成型塑性混凝土试件与大坝塑性心墙存在尺寸上的差异，室内试验成型的抗压试件尺寸为 150mm×150mm×150mm 立方体，弹性模量试件为尺寸 Φ150mm×300mm 圆柱体，而现场的声波测试则是布置孔距 2m 的检测孔进行检测；

（4）塑性混凝土密度、均匀性和含水率等指标也是波速的重要影响因素，关系曲线拟合过程中未考虑其他的影响因素。

因此，基于大量室内试验得到的强度、弹性模量与波速关系式需引入修正系数，提高推定值准确度，提升超声波法实际应用的可行性。

参 考 文 献

蔡向阳，铁永波. 2016. 我国山区城镇地质灾害易损性评价研究现状与趋势. 灾害学, 31(4): 200-204.

曹云. 2005. 堤防风险分析及其在板桥河堤防中的应用. 南京：河海大学硕士学位论文.

岑威钧，任旭华，李启升. 2007. 复杂地形条件下高面板堆石坝的应力变形特性. 河海大学学报（自然科学版）, 35(4): 452-455.

陈肇和，李其军. 2000. 漫坝风险分析在水库防洪中的应用. 中国水利, (9): 73-75.

程怡. 2010. 高土石坝三维动力稳定分析研究. 大连：大连理工大学硕士学位论文.

迟守旭. 2004. 基于 ANSYS 的土石坝三维非线性有限元计算方法研究及实现. 天津：天津大学硕士学位论文.

党发宁，谭江. 2007. 深覆盖层土石坝三维有限元应力应变分析. 西北水力发电, (1): 70-73.

邓昌宁. 2013. 超声回弹综合法检测混凝土强度中波速测量方法研究. 北方交通, (1): 42-45.

邓扬，陆金琦，余信江，等. 2023. 一种结合弹性波 CT 正演模拟与钻孔注水法的防渗墙检测方法研究. 计算机测量与控制, 10: 1-8.

丁树云，蔡正银. 2008. 土石坝渗流研究综述. 人民长江, (2): 33-36.

董承全，李晓华. 2010. 浅谈高性能混凝土波速强度试验误差分析. 科技创新导报, (5): 40, 42.

风险管理编写组. 1994. 风险管理. 成都：西南财经大学出版社.

葛巍. 2016. 土石坝施工与运行风险综合评价. 郑州：郑州大学博士学位论文.

顾淦臣，黄金明. 1991. 混凝土面板堆石坝的堆石本构模型与应力变形分析. 水力发电学报, (1): 12-24.

顾淦臣，张振国. 1988. 钢筋混凝土面板堆石坝三维非线性有限元动力分析. 水力发电学报, (1): 26-45.

郭德全，严军，杨兴国，等. 2014. 瀑布沟高土石坝三维非线性有限元分析. 人民黄河, 36(5): 93-95.

郭凤清，屈寒飞，曾辉，等. 2013. 基于 MIKE21 的潜江蓄滞洪区洪水危险性快速预测. 自然灾害学报, (3): 144-152.

郭兴文，江泉，王德信. 1999. 面板坝接缝不锈钢波纹状止水片试验研究. 水利水电技术, 30(3): 57-58.

郭跃. 2005. 灾害易损性研究的回顾与展望. 灾害学, (4): 92-96.

国家统计局人口和社会科技统计司. 2003. 中国人口统计年鉴：2003. 北京：统计出版社.

韩朝军，王琪，王锦. 2019. 土石坝三维有限元建模软件开发与工程应用. 西北水电, (6): 131-135.

何报寅，张海林，张穗，等. 2002. 基于 GIS 的湖北省洪水灾害危险性评价. 自然灾害学报, (4): 84-89.

何刚. 2003. 大洪河土坝监测资料分析与风险研究. 成都：四川大学硕士学位论文.

何晓燕，孙丹丹，黄金池. 2008. 大坝溃决社会及环境影响评价. 岩土工程学报, (11): 1752-1757.

胡孟凡，欧斌，张才溢，等. 2023. 基于 PSO-BP 模型的土石坝渗流预测研究. 水电能源科学, 41(12): 90-92.

胡在良，张佰战. 2011. 高性能混凝土桩的应力波波速试验研究. 土木工程与管理学报, 28(1): 59-63.

胡在良，张佰战，董承全，等. 2011. 铁路高性能混凝土基桩检测波速与强度关系的研究. 铁道建筑, (7): 94-98.

黄海鹏. 2015. 土石坝服役风险及安全评估方法研究. 南昌：南昌大学硕士学位论文.

黄建和. 1994. 加拿大不列颠哥伦比亚水电局的风险分析方法. 水利水电快报, (11): 4-9.
黄明镇, 金海. 2021. 一种新的土石坝三维有限元参数化建模方法. 厦门大学学报(自然科学版), 60(6): 1071-1076.
黄诗峰. 1999. 洪水灾害风险分析的理论与方法研究. 北京: 中国科学院地理科学与资源研究所博士学位论文.
姜庆玲. 2015. 土坝水库汛期分期调度防洪风险定量评估模型研究. 南宁: 广西大学硕士学位论文.
姜树海. 1993. 水库调洪演算的随机数学模型. 水科学进展, (4): 294-300.
姜树海. 1994. 随机微分方程在泄洪风险分析中的运用. 水利学报, (3): 1.
姜树海等. 2005. 洪灾风险评估和防洪安全决策. 北京: 中国水利水电出版社.
蒋巧玲, 朱琦. 2010. 浅议塑性混凝土防渗墙应用中应注意的问题. 广西水利水电, (4): 16-18.
蒋勇军, 况明生, 匡鸿海, 等. 2001. 区域易损性分析、评估及易损度区划——以重庆市为例. 灾害学, (3): 59-64.
金菊良, 魏一鸣, 杨晓华. 1998. 基于遗传算法的神经网络及其在洪水灾害承灾体易损性建模中的应用. 自然灾害学报, 7(2): 53-60.
金菊良, 魏一鸣, 付强, 等. 2002. 洪水灾害风险管理的理论框架探讨. 水利水电技术, (9): 40-42.
金明. 1991. 水力不确定性及其在防洪泄洪系统风险分析中的影响. 河海大学学报, (1): 40-45.
巨浪. 2016. 浅谈混凝土防渗墙质量控制及检测技术. 低碳世界, (21): 165-166.
雷群华. 2006. 考虑地基防渗墙弹塑性的土石坝三维有限元分析. 南京: 河海大学硕士学位论文.
李成杰, 裴峥. 2009. 无线信号服从瑞利分布的验证方法. 通信技术, 42(5): 51-53.
李冬雪, 杨康, 何兆益, 等. 2021. 混凝土中的声发射波速特性及其在源定位中的应用. 应用声学, 40(3): 400-406.
李红梅, 李树山, 刘璐璐, 等. 2016. 塑性混凝土弹性模量试验方法的探讨. 混凝土, (11): 152-154.
李继华. 1994. 蒙特卡罗（Monte Carlo）法. 建筑结构, (11): 3-8.
李杰. 2010. 大掺量粉煤灰混凝土弹性模量试验研究. 杨凌: 西北农林科技大学硕士学位论文.
李君纯, 李雷, 盛金保, 等. 1999. 水库大坝安全评判的研究. 水利水运科学研究, (1): 77-83.
李雷, 周克发. 2006. 大坝溃决导致的生命损失估算方法研究现状. 水利水电科技进展, (2): 76-80.
李雷, 王仁钟, 盛金保, 等. 2006. 大坝风险评价与风险管理. 北京: 中国水利水电出版社.
李南生, 唐博, 谈风婕, 等. 2013. 基于统一强度理论的土石坝边坡稳定分析遗传算法. 岩土力学, 34(1): 243-249.
李曙雄, 杨振海. 2002. 舍选法的几何解释及其应用. 数理统计与管理, (4): 40-43.
林鹏智, 陈宇. 2018. 基于贝叶斯网络的梯级水库群漫坝风险分析. 工程科学与技术, 50(3): 46-53.
刘娟奇, 王志强, 梁收运. 2014. 库水位下降对新集水库均质土坝渗流及稳定性影响分析. 水利与建筑工程学报, 12(6): 38-43.
刘希林. 2000. 区域泥石流风险评价研究. 自然灾害学报, (1): 54-61.
刘希林, 莫多闻. 2002. 泥石流易损度评价. 地理研究, (5): 569-577.
刘希林, 莫多闻, 王小丹. 2001. 区域泥石流易损性评价. 中国地质灾害与防治学报, (2): 7-12.
刘晓龙. 2020. 机制砂高强混凝土强度和弹性模量试验研究. 四川水泥, (12): 17-18.
卢陈涛. 2018. 基于三维动力有限元分析大坝安全性态. 大坝与安全, (3): 1-6.

罗德河，李玉起，史文杰. 2023. 基于水库溃坝洪水特征量的淹没危险性研究. 人民珠江, 44(z1): 129-133.
罗祖德. 1990. 灾害论. 杭州：浙江教育出版社.
吕满英. 2002. 考虑洪水过程不确定性的泄洪风险分析. 乌鲁木齐：新疆农业大学硕士学位论文.
麻荣永，黄海燕，廖新添. 2004. 土坝漫坝模糊风险分析. 安全与环境学报, (5): 15-18.
毛德华，王立辉. 2002. 湖南城市洪涝易损性诊断与评估. 长江流域资源与环境, (1): 89-93.
毛德华，何梓霖，贺新光，等. 2009a. 洪灾风险分析的国内外研究现状与展望(I)——洪水为害风险分析研究现状. 自然灾害学报, 18(1): 139-149.
毛德华，贺新光，彭鹏，等. 2009b. 洪灾风险分析的国内外研究现状及展望(II)——防洪减灾过程风险分析研究现状. 自然灾害学报, 18(1): 150-157.
梅亚东，谈广鸣. 2002. 大坝防洪安全的风险分析. 武汉大学学报(工学版), (6): 11-15.
莫崇勋. 2014. 水库土石坝工程洪水分期调度关键技术及应用. 北京：科学出版社.
莫崇勋，刘方贵. 2010. 水库土坝漫坝风险度评价方法及应用研究. 水利学报, 41(3): 319-324.
莫崇勋，杨绿峰，麻荣永，等. 2010. 水库土坝漫坝危险度评价. 人民黄河, 32(5): 134-135, 137.
牛运光. 2004. 滑坡处理工程实例连载之十五　水库土石坝滑坡事故经验教训综述. 大坝与安全, (6): 69-77.
潘海平. 2014. 土石坝漫坝风险度研究. 人民长江, 45(S1): 152-156.
彭奇林. 1998. 瑞利分布的特征. 河南机专学报, (1): 44-47.
彭雪辉. 2003. 风险分析在我国大坝安全上的应用. 南京：南京水利科学研究院硕士学位论文.
乔雨，卢晓春，赵欢，等. 2016. 冻融循环与硫酸盐侵蚀耦合作用下湿筛混凝土超声波波速与抗压强度的关系. 水电能源科学, 34(12): 125-127.
饶为胜，唐艳梅. 2020. 均质土坝三维动力响应分析. 科技创新与应用, (9): 6-9.
沙玲，杜时贵，陈龙珠. 2007. 不同检测方法对混凝土波速的影响研究. 工程地质学报, 15(1): 124-128.
邵北筠. 2002. 大坝失事概率估算方法在量化风险评价中的应用现状. 大坝与安全, (1): 47-50.
沈珠江. 1984. 土的三重屈服面应力应变模式. 固体力学学报, (2): 163-174.
盛之会. 2012. 高性能混凝土弹性模量影响因素试验研究. 铁道建筑技术, (4): 103-105.
施国庆，周之豪. 1990. 洪灾损失分类及其计算方法探讨. 海河水利, (3): 42-45.
宋来福，孔宪京，徐斌，等. 2021. 基于Copula函数的土石坝三维坝坡稳定可靠度分析. 大连理工大学学报, 61(1): 92-103.
宋帅奇. 2015. 塑性混凝土强度和变形性能及其计算方法. 郑州：郑州大学博士学位论文.
孙锐娇，杜伟超，谢谟文. 2017. 基于 HEC-RAS 与 ArcGIS 的水库溃坝风险分析. 测绘地理信息, 42(3): 98-101.
谭福林. 2008. 土坝坝肩山体渗水的危害及治理探讨. 吉林水利, (7): 58-60.
唐寿同. 1996. 土石坝安全评估. 大坝与安全, (4): 1-6.
王春光. 2021. 水利工程防渗墙塑性混凝土弹性模量控制. 云南水力发电, 37(8): 14-16.
王佳雯. 2017. 混凝土抗压强度与动弹性模量关系试验研究. 武汉：湖北工业大学硕士学位论文.
王鹏. 2012. 塑性混凝土弹性模量测试及力学性能研究. 杨凌：西北农林科技大学硕士学位论文.
王四巍，于怀昌，高丹盈，等. 2011. 塑性混凝土弹性模量室内试验研究. 水文地质工程地质, 38(3): 73-76.
王薇. 2012. 土石坝安全风险分析方法研究. 天津：天津大学博士学位论文.

王玮. 2020. 不同养护周期对混凝土波速特征的影响研究. 建材与装饰, (10): 44-45.
王一汉, 陈云鹏, 刘建华. 2012. 降雨入渗对土石坝边坡稳定性影响的分析研究. 公路工程, 37(3): 99-102.
王愉龙. 2020. 早期受冻环境下钢筋混凝土抗拉强度及弹性模量研究. 粘接, 41(2): 130-134.
文彦君. 2012. 陕西省自然灾害的社会易损性分析. 灾害学, 27(2): 77-81.
吴希. 2019. 地下室增层环境下混凝土构件超声波波速-应变关系研究. 杭州: 浙江理工大学硕士学位论文.
吴中如, 金永强, 马福恒, 等. 2008. 水库大坝的险情识别. 中国水利, (20): 32-33.
向立云. 2013. 洪水资源化:概念、途径与策略. 中国三峡(科技版), (3): 16-23.
谢崇宝, 袁宏源, 郭元裕. 1997. 水库防洪全面风险率模型研究. 武汉水利电力大学学报, 30(2): 71-74.
谢江红. 2010. 土石坝静力有限元分析. 黑龙江科技信息, (15): 233.
熊明. 1999. 三峡水库防洪安全风险研究. 水利水电技术, (2): 39-42.
徐祖信, 郭子中. 1989. 开敞式溢洪道泄洪风险计算. 水利学报, (4): 50-54.
杨百银, 王锐琛, 安占刚. 1999. 单一水库泄洪风险分析模式和计算方法. 水文, (4): 5-12.
杨巧, 李富民, 李晟文, 等. 2021. 不同水胶比自密实混凝土的强度及波速测试研究. 南通职业大学学报, 35(1): 95-100.
杨智睿. 2003. 下坂地土石坝三维静应力与变形计算分析. 西安: 西安理工大学硕士学位论文.
姚利郎. 2015. 高性能混凝土弹性模量与抗压强度试验研究. 山西交通科技, (3): 3-5.
余峰, 唐小松, 荣冠, 等. 2022. 基于贝叶斯理论的土石坝结构风险分析. 武汉大学学报(工学版), 55(12): 1204-1212.
袁梅, 赵家声. 2010. 防渗墙塑性混凝土弹性模量试验方法的研究. 云南水力发电, 26(5): 134-138.
曾治丽, 李亚安, 金贝立. 2010. 任意分布随机序列的产生方法. 声学技术, 29(6): 651-654.
张冬霁, 卢廷浩. 1998. 一种土与结构接触面模型的建立及其应用. 岩土工程学报, 20(6): 65-69.
张乐乐. 2015. 土石坝坝体三维静力有限元计算分析——以轮台五一水库为例. 甘肃水利水电技术, 51(6): 23-27.
张艳红, 吴勇. 2004. 基于 Monte Carlo 方法的任意概率密度随机数字信号发生器设计. 电子科技, (8): 45-48.
张一凡. 2009. 西南山区城镇地质灾害易损性评价方法研究. 成都: 成都理工大学硕士学位论文.
赵雪莹, 王昭升, 盛金保. 2017. 梯级水库溃坝洪水模拟. 人民长江, 48(11): 32-35.
郑俊峰, 陈晓燕, 马正, 等. 2022. 土石坝加固拓宽坝体变形及稳定性分析. 山东大学学报(工学版), 52(1): 85-92.
郑敏生, 钱镜林, 苏玉杰. 2010. 考虑非饱和区的土石坝渗流分析. 水力发电学报, 29(1): 186-191.
周乐. 2014. 土石坝的渗流特性分析及数值模拟. 大连: 大连理工大学硕士学位论文.
朱晓玲, 姜浩. 2007. 任意概率分布的伪随机数研究和实现. 计算机技术与发展, (12): 116-118.
Afshar A, Mariño M A. 1990. Optimizing spillway capacity with uncertainty in flood estimator. Journal of Water Resources Planning and Management, 116(1): 71-84.
Archer D R, Fowler H J. 2008. Using meteorological data to forecast seasonal runoff on the River Jhelum, Pakistan. Journal of Hydrology, 361(1): 10-23.
Ashkar F, Bobée B. 1986. Variance of the T-year event in the log Pearson type-3 distribution—comment. Journal of Hydrology, 84(1): 181-185.

Ataie-Ashtiani B, Lockington D A, Volker R E. 1995. Removing numerically induced dispersion from finite difference models for solute and water transport in unsaturated soils—Comment. Soil Science, 160(6): 442-443.

Brown C A, Graham W J. 1988. Assessing the threat to life from dam failure. Water Resources Bulletin, 6(24): 1303-1309.

Corsanego A, Solari G, Stura D. 1984. A comparison of approximate techniques for non-linear seismic soil response. Earthquake Engineering & Structural Dynamics, 12(4): 451-466.

Corsanego A, Giorgini G, Roggeri G. 1993. Rapid evaluation of an indicator of seismic vulnerability in small urban nuclei. Natural Hazards, (8): 109-120.

Desai C S, Zaman M M, Lightner J G, et al. 1984. Thin-layer element for interfaces and joints. International Journal for Numerical and Analytical Methods in Geomechanics, 8(1): 19-43.

Deyle R E, French S P, Olshansky R B. 1998. Hazard Assessment: the Factual Basis for Planning and Mitigation. Washington DC: Joseph Henry Press: 119-166.

Duckstein L, Bogardi I, David L. 1980. Multi objective control of nutrient loading into a Lake. IFAC Proceedings Volumes, 13(3): 413-418.

Duncan J M, Chang C. 1970. Nonlinear analysis of stress and strain in soils. Journal of the Soil Mechanics and Foundations Division, 96(5): 1629-1653.

Fernández B, Sales J D. 1999. Return period and risk of hydrologic events I: mathematical. Journal of Hydrologic Engineering, 6(4): 358-363.

Ferreira F H, Walton M. 2005. World Development Report 2006: Equity and Development. Washington, DC: World Bank Publications.

Futter M R, Mawdllsey J A, Metcalfe A V. 1991. Short-term flood risk prediction: a comparison of the cox regression model and a conditional distribution model. Water Resources, 1997: 27.

Goodman R E, Taylor R L, Brekke T L. 1968. A model for the mechanics of jointed rock. Journal of the Soil Mechanics and Foundations Division, 94(3): 637-659.

Griffiths D V, Lane P A. 2001. Slope stability analysis by finite elements. Geotechnique, 51(7): 653-654.

Hardin B O, Drnevich V P. 1972. Shear modulus and damping in soils: design equations and curves. Journal of the Soil mechanics and Foundations Division, 98(7): 667-692.

Ikeda. 1998. Risk analysis in Japan—ten years of SRA Japan and a research agenda toward the 21st century. Beijing: International Academic Publishers: 145-151.

IUGS. 1997. Quantitative risk assessment for slopes and landslides—the state of the art. In: Cruden D M, Fell R (eds). Landslide Risk Assessment. Rotterdam: A A Balkema: 3-12.

Kappos A J, Tylianidis S K C, Pitilakis K. 1998. Development of seismic risk scenarios based on a hybrid method of vulnerability assessment. Natural Hazards, 17(2): 177-192.

Kulhawy F H, Duncan J M. 1972. Stresses and movements in Oroville Dam. Journal of the Soil Mechanics and Foundations Division, 98(7): 653-665.

Lempérière F, Royet P, Blanc P. 2001. Low cost methods for safety improvement of medium and small dams. In: Midttomme G H, Honningsvag B, Repp K, et al (eds). Dams in a European Context. Proceedings of the

ICOLD European Symposium, 25 to 27 June 2001, Geiranger, Norway: 443-450.

Longhurst R. 1995. The assessment of community vulnerability in hazard prone areas. The Royal Society Disaster, 3(19): 269-270.

Luo J K, 李雷, 盛金保. 2008. 中国与加拿大的大坝安全管理比较及对策建议. 中国水利, (20): 29-31.

Maskrey A. 1989. Disaster Mitigation: A Community Based Approach. Oxford: Oxfam.

Oden J T, Demkowicz L, Rachowicz W. 1989. Toward a universal hp adaptive finite element strategy, Part 2: a posteriori error estimation. Computer Methods in Applied Mechanics and Engineering, 77(1-2): 113-180.

Panizza M. 1996. Environmental Geomorphology. Amsterdam: Elsevier.

Schmertmann J H. 1963. Generalizing and measuring the hvorsley effective components of shear resistance with discussion. ASTM Special Technical Publications, (361): 147-161.

Sen Z. 1999. Simple risk calculations in dependent hydrological series. Hydrological Sciences Journal, 44(6): 871-878.

Todorovic P, Zelenhasic E. 1970. A stochastic model for flood analysis. Water Resources Research, 6(6): 1641-1648.

Tung Y K, Mays L W. 1981. Optimal risk-based design of flood levee systems. Water Resources Research, 17(4): 843-852.

United Nations Department of Humanitarian Affairs. 1991. Mitigating natural disasters: phenomena, effects, and options: a manual for policy makers and planners. UN Publications New York.

United Nations Department of Humanitarian Affairs. 1992. Internationally agreed glossary of basic terms related to disaster management. UN DHA (United Nations Department of Humanitarian Affairs), Geneva.

US Department of the Interior, Bureau of Reclamation. 2003. Dam safety risk analysis methodology. Denver, Colorado: Technical Service Center.

Wilson K C. 1972. Benefit-accuracy relationship for small structure design floods. Water Resources Research, 8(2): 508-512.

Williams A C, Young P C, Smith M L. 1985. Risk Management and Insurance. New York: McGraw-Hill Publishing Company.

Wisner B, O'Keefe P, Westgate K. 1977. Global systems and local disasters: the untapped power of peoples' science. Disasters, 1(1): 47-57.

Yen B C. 1970. Risks in hydrologic design of engineering projects. Journal of the Hydraulics Division, 96(4): 959-966.

Zienkiewicz O C, Humpheson C, Lewis R W. 1975. Associated and non-associated visco-plasticity and plasticity in soil mechanics. Geotechnique, 25(4): 671-689.